한번에 합격하기

KB144349

TS 한국교통안전공단 시행

화물운송종사 자격시험

[자주 출제되는 **핵심이론**
➕ **출제예상문제** ➕ **모의고사**]

| 화물운송종사 자격시험연구회 지음 |

BM (주)도서출판 **성안당**

■ 도서 A/S 안내

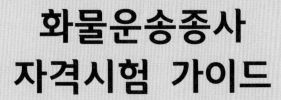

화물운송종사 자격시험 가이드

1 화물운송종사 자격시험

   화물자동차 운전자의 전문성 확보를 통해 운송서비스 개선, 안전운행 및 화물운송업의 건전한 육성을 도모하기 위해 '2004년 7월 21일'부터 한국교통안전공단이 국토교통부로부터 사업을 위탁받아 화물운송종사 자격시험을 시행하고 있으며, 화물운송 자격시험 제도를 도입하여 화물종사자의 자질을 향상시키고 과실로 인한 교통사고를 최소화하는 데 기여하고자 한다.

2 자격취득절차

응시조건 및 시험일정 확인 ▷ 시험접수 ▷ 시험응시 ▷ 합격자 법정교육 ▷ 자격증 교부

3 응시자격

(1) **연령** : 만 20세 이상
(2) **운전경력**
   ① 운전면허 1종 또는 2종 면허(소형 제외) 이상 소지자로 운전면허 보유(소유)기간이 만 2년(일, 면허취득일 기준, 운전면허 정지기간과 취소기간은 제외)이 경과한 사람[운전면허 2종 보통 취득기간 1년 → 운전경력 1년으로 시험응시 불가, 원동기 면허 1년+운전면허 1종 보통 1년 → 운전경력 1년으로 시험응시 불가(원동기 면허는 제외), 운전면허 1종 보통 3년 취득(음주운전으로 취소)+운전면허 1종 보통 5년 → 운전경력 8년으로 시험응시 가능]
   ② 운전면허 1종 또는 2종 면허(소형 제외) 이상 소지자로 사업용(영업용 노란색 번호) 운전경력이 1년 이상인 사람
   ※ 위 ①, ② 응시요건 2가지 중 하나만 해당되면 시험 응시

- 운전면허 보유(소유)기간이 만 2년(일, 면허취득일 기준, 운전면허 정지기간과 취소기간은 제외)이 경과한 사람
- 운전면허 경력 인정은 2종 보통 이상만 인정(2종 소형 및 원동기 면허 보유기간 제외)
- 운전경력은 운전면허 취득일이 2년 이상 보유(소유) 또는 사업용 운전경력이 1년 이상인 경우에 한함
- 사업용 운전경력 중 화물종사자의 경우 2005년 1월 21일부터 자격증 없이는 운행이 불가하여, 2005년 1월 21일 이후 자격증 없이 운전한 불법 사업용 운전경력은 인정 불가

(3) 국토교통부령이 정하는 운전적성정밀검사 기준에 적합한 자(시험 접수일 기준)

운전적성정밀검사 대상자 유형

① 운전적성정밀검사를 받지 않은 사람 → 운전적성정밀검사(신규검사)를 받고 원서접수 실시
② 운전적성정밀검사(신규검사)를 받고 3년이 경과되지 않은 사람 → 원서접수 실시
③ 운전적성정밀검사(신규검사)를 받은 후 3년이 경과한 경우 → 운전적성정밀 신규검사를 다시 받고 원서접수 실시

※ 운전적성정밀검사의 유효기간은 3년이며, 3년이 경과된 분은 운전적성정밀검사(신규검사)를 다시 해야 함

(4) 화물자동차운수사업법 제9조의 결격사유에 해당되지 않는 사람으로 결격사유는 다음과 같다.

① 화물자동차운수사업법을 위반하여 징역 이상의 실형을 선고받고 그 집행이 끝나거나(집행이 끝난 것으로 보는 경우를 포함) 집행이 면제된 날부터 2년이 지나지 아니한 자
② 화물자동차운수사업법을 위반하여 징역 이상의 형의 집행유예선고를 받고 그 유예기간 중에 있는 자
③ 제23조 제1항 제1호부터 제6호까지의 규정에 의하여 화물운송종사 자격이 취소된 날부터 2년이 경과되지 아니한 자
④ 자격시험일 전 또는 교통안전체험교육일 전 5년간 다음의 어느 하나에 해당하는 사람 (2017년 7월 18일 이후에 발생한 건만 해당됨)
  - 도로교통법 제93조 제1항 제1호부터 제4호까지에 해당하여 운전면허가 취소된 사람
  - 도로교통법 제43조를 위반하여 운전면허를 받지 아니하거나 운전면허의 효력이 정지된 상태로 같은 법 제2조 제21호에 따른 자동차 등을 운전하여 벌금형 이상의 형을 선고받거나 같은 법 제93조 제1항 제19호에 따라 운전면허가 취소된 사람
  - 운전 중 고의 또는 과실로 3명 이상이 사망(사고발생일부터 30일 이내에 사망한 경우를 포함한다)하거나 20명 이상의 사상자가 발생한 교통사고를 일으켜 도로교통법 제93조 제1항 제10호에 따라 운전면허가 취소된 사람

⑤ 자격시험일 전 또는 교통안전체험교육일 전 3년간 도로교통법 제93조 제1항 제5호 및 제5호의2에 해당하여 운전면허가 취소된 사람(2017년 7월 18일 이후에 발생한 건만 해당됨)

4 시험접수

(1) 인터넷접수 : 화물운송종사 자격시험 홈페이지(https://lic.kotsa.or.kr)

※ 운전적성정밀 신규검사를 받은 지 3년 미만인 사람

(2) 원서접수시간 : 선착순 예약 접수(접수인원 초과 시 타 지역 또는 다음 차수 접수 가능)

(3) 수수료

① 시험응시 수수료 : 11,500원

② 합격자 교육 수수료 : 11,500원

③ 자격증 교부 수수료 : 10,000원

(4) 준비물

① 운전면허증(모바일 운전면허증 제외)

② 6개월 이내 촬영한 3.5×4.5cm 컬러사진(미제출자에 한함)

5 시험시간 및 시험과목

(1) 시험시간

시험등록	시험시간	상시 CBT 필기시험일(토요일, 공휴일 제외)	
		CBT 전용 상설시험장	정밀검사장 활용 CBT 비상설 시험장
시작 20분 전	80분	서울 구로, 수원, 대전, 대구, 부산, 광주 인천, 춘천, 청주, 전주, 창원, 울산, 화성 (13개 지역)	서울 노원, 상주, 제주, 의정부, 홍성 (5개 지역)
		매일 4회(오전 2회, 오후 2회) ※ 대전, 부산, 광주는 수요일 오후 항공 CBT 시행	매주 화, 목 오후 2회

① 시험장 사정에 따라 시험시행 횟수는 변경될 수 있음

② 1회차 09:20~10:40, 2회차 11:00~12:20, 3회차 14:00~15:20, 4회차 16:00~17:20

③ 접수인원 초과(선착순)로 접수 불가능 시 타 지역 또는 다음 차수 접수 가능

④ 시험 당일 준비물 : 운전면허증(모바일 운전면허증 제외)

(2) **시험과목**

시험시간	과목명	출제문항 수 (총 80문항)	합격기준
총 80분	교통 및 화물 관련 법규	25	총점 100점 중 60점(총 80문제 중 48문제) 이상 획득 시 합격
	화물취급요령	15	
	안전운행요령	25	
	운송서비스	15	

❻ 합격자 발표 및 응시자격 미달·결격사유 해당자 처리

(1) **합격자 발표** : 시험 종료 후 시험 시행장소에서 발표

(2) **응시제한 및 부정행위 처리**
- 시험 시작시간 이후에 시험장에 도착한 사람은 응시 불가
- 시험 도중 무단으로 퇴장한 사람은 재입장 할 수 없으며 해당 시험 종료처리
- 부정행위 또는 주의사항이나 시험감독의 지시에 따르지 아니하는 사람은 즉각 퇴장조치 및 무효처리하며, 향후 2년간 공단에서 시행하는 자격시험의 응시자격 정지

❼ 합격자 교육 안내 및 자격증 교부

(1) **교육대상** : 화물운송종사자격 필기시험 합격자

(2) **교육시간** : 8시간(화물자동차 운수사업법 시행규칙 제18조의7 제1항)

(3) **준비사항** : 합격자 온라인 교육 신청에서 교육을 신청 후 모든 과정 수료(본인인증 필요)

(4) **교육일시 및 방법** : 합격자 온라인 교육
① 온라인 교육은 인터넷상에서 동영상을 시청하여 온라인으로 교육을 이수하는 시스템
② 교육 신청 후 교육 사이트로 이동하면 '나의 강의실 > 학습현황 > 학습 중 과정'의 [화물운송종사 자격시험 합격자 온라인 교육]과정 학습창을 클릭하여 수료합격자 교육 신청

8 상시 CBT 필기 시험장

(1) 전용 상시 CBT 필기 시험장(주차시설이 없으므로 대중교통 이용 필수)

시험장소	주 소	안내전화
서울본부(구로)	08265 서울 구로구 경인로 113(오류동 91-1) 구로검사소 내 3층	(02) 372-5347
경기남부본부(수원)	16431 경기 수원시 권선구 수인로 24(서둔동 9-19)	(031) 297-9123
대전충남본부(대전)	34301 대전 대덕구 대덕대로 1417번길 31(문평동 83-1)	(042) 933-4328
대구경북본부(대구)	42258 대구 수성구 노변로 33(노변동 435)	(053) 794-3816
부산본부(부산)	47016 부산 사상구 학장로 256(주례3동 1287)	(051) 315-1421
광주전남본부(광주)	61738 광주 남구 송암로 96(송하동 251-4)	(062) 606-7634
인천본부(인천)	21544 인천 남동구 백범로 357(간석동 172-1)	(032) 830-5930
강원본부(춘천)	24399 강원 춘천시 동내면 10(석사동)	(033) 240-0101
충북본부(청주)	28455 충북 청주시 흥덕구 사운로 386번길 21(신봉동 260-6)	(043) 266-5400
전북본부(전주)	54885 전북 전주시 덕진구 신행로 44(팔복동 3가 211-5)	(063) 212-4743
경남본부(창원)	51391 경남 창원시 의창구 차룡로 48번길 44, 창원스마트타워 2층	(055) 270-0550
울산본부(울산)	44721 울산 남구 번영로 90-1(달동 1296-2)	(052) 256-9372
드론자격시험센터	18247 경기 화성시 송산면 삼존로 200(삼존리 621-1)	(031) 645-2100

(2) 운전정밀검사장 활용 CBT 시험장(주차시설이 없으므로 대중교통 이용 필수)

시험장소	주 소	안내전화
서울본부(노원)	01806 서울 노원구 공릉로 62길 41(하계동 252) 노원검사소 내 2층	(02) 973-0586
제주본부(제주)	63326 제주시 삼봉로 79(도련2동 568-1)	(064) 723-3111
상주교통안전체험 교육센터(상주)	37257 경북 상주시 청리면 마공공단로 80-15호(마공리 1238번지)	(054) 530-0115
경기북부본부	11708 경기 의정부시 평화로 285(호원동 441-9)	(031) 837-7602
홍성검사소	32244 충남 홍성군 충서로 1207(남장리 217)	(041) 632-4328

9 수험생 유의사항

(1) 운전면허증 지참 : 시험 당일 응시자는 반드시 운전면허증을 지참하여야 함

(2) 답안지 작성 요령 : 답안은 반드시 80문제 모두 정답을 체크해야 하며, 80분이 경과하면 문제를 다 풀지 못해도 자동으로 제출됨, 수험번호, 성명, 교시명 등 작성된 기록은 반드시 확인해야 함

(3) 부정행위 안내 : 부정행위를 한 수험자에 대하여는 당해 시험을 무효로 하고 한국교통안전공단에서 시행되는 국가자격시험 응시자격을 2년 제한하는 등의 조치를 받음

※ 모든 안내 사항은 변동될 수 있으므로 정확한 정보는 공단 홈페이지를 참조

화물운송 종사자격시험 응시원서

※ 뒤쪽의 작성방법을 읽고 작성하시기 바랍니다. (앞 쪽)

접수번호		접수일		발급일		처리기간	즉시

수험번호

응시자	성명		주민등록번호		신청일로부터 6개월 내에 촬영된 사진 (3.5cm×4.5cm)
	전화번호				
	주소				
	운전면허증	번호		발급 연월일	

운전경력	년 월 일부터 년 월 일까지 근무
	년 월 일부터 년 월 일까지 근무

시험장소

「화물자동차 운수사업법 시행규칙」 제18조의5에 따라 화물운송 종사자격시험에 응시하기 위하여 원서를 제출합니다.

년 월 일

응시자 (서명 또는 인)

한국교통안전공단 이사장 귀하

응시자 제출서류	여객자동차 운수사업용 자동차 또는 화물자동차 운수사업용 자동차를 1년 이상 운전한 경력을 증명할 수 있는 서류(운전경력이 3년 미만인 경우만 제출합니다)
한국교통안전공단 이사장 확인사항	1. 운전면허증(사본) 2. 운전경력증명서(경찰서장 발행)

행정정보 공동이용 동의서

본인은 이 건 업무 처리와 관련하여 「전자정부법」 제36조제1항에 따른 행정정보의 공동이용을 통하여 위의 확인사항을 확인하는 것에 동의합니다.
※ 응시자가 확인에 동의하지 않는 경우에는 해당 서류를 직접 제출해야 합니다.

응시자 (서명 또는 인)

- 자 르 는 선 -

화물운송 종사자격시험 응시표

수험번호		시험장소		신청일로부터 6개월 내에 촬영된 사진 (3.5cm×4.5cm)
성명		생년월일		

년 월 일

한국교통안전공단 이사장 직인

210mm×297mm[백상지 80g/㎡(재활용품)]

응시원서 작성방법

1. 주소란은 우편물 수취 가능한 주소를 적습니다.
2. 전화번호란은 연락 가능한 전화번호를 적습니다.
3. 운전경력란은 가장 최근 운전경력부터 차례로 적습니다.
4. 제출서류란은 해당 사항에 √표시합니다.
5. 수험번호, 시험장소란은 적지 않습니다.

유의사항

1. 시험장에서는 답안지 작성에 필요한 컴퓨터용 수성사인펜만을 사용할 수 있습니다.
2. 시험 시작 30분 전에 지정된 좌석에 앉아야 하며, 응시표와 신분증을 책상 오른쪽 위에 놓아 감독관의 확인을 받아야 합니다.
3. 응시 도중에 퇴장하거나 좌석을 이탈한 사람은 다시 입장할 수 없으며, 시험실에서는 흡연·담화·물품대여를 금지합니다.
4. 부정행위자, 규칙위반자 또는 주의사항이나 감독관의 지시에 따르지 않은 사람은 바로 퇴장하게 되며, 그 시험을 무효로 합니다.
5. 그 밖의 자세한 것은 감독관의 지시에 따라야 합니다.

차 례

제1편

교통 및 화물 관련 법규

핵심이론

핵심 001 도로교통법의 목적

도로에서 일어나는 교통상의 위험과 장애를 방지·제거하여 안전하고 원활한 교통을 확보함에 있다.

핵심 002 도로

도로법에 의한 도로, 유료도로법에 의한 유료도로, 농어촌도로 정비법에 따른 농어촌도로, 그 밖에 현실적으로 불특정 다수의 사람 또는 차마가 통행할 수 있도록 공개된 장소로서, 안전하고 원활한 교통을 확보할 필요가 있는 장소를 말한다(편도, 이도, 농도 포함).

핵심 003 자동차전용도로

자동차만이 다닐 수 있도록 설치한 도로(고속도로, 서울 올림픽대로, 부산의 동부간선도로, 서울 외곽순환도로, 서울의 강남·강북대로 등)

핵심 004 차도

연석선(차도와 보도를 구분하는 돌 등으로 이어진 선, 안전표지 또는 그와 비슷한 인공구조물을 이용하여 경계(境界)를 표시하여 모든 차가 통행할 수 있도록 설치된 도로의 부분이다.

핵심 005 보도

연석선, 안전표지나 그와 비슷한 인공구조물로 경계를 표시하여 보행자(유모차 및 보행보조용 의자차를 포함)가 통행할 수 있도록 된 도로의 부분이다.

핵심 006 신호기

도로교통에서 문자·기호 또는 등화(燈火)를 사용하여 진행·정지·방향전환·주의 등의 신호를 표시하기 위하여 사람이나 전기의 힘으로 조작하는 장치

핵심 007 차로

차마가 한 줄로 도로의 정하여진 부분을 통행하도록 차선으로 구분한 차도의 부분을 말한다.

핵심 008 교차로

십자로, T자로나 그 밖에 둘 이상의 도로(보도와 차도가 구분되어 있는 도로에서는 차도)가 교차하는 부분을 말한다.

핵심 009 운전

도로에서 술에 취한 상태에서의 운전금지, 과로한 때 등의 운전금지, 사고 발생 시의 조치 등은 도로 외의 곳을 포함에서 차마를 그 본래의 사용방법에 따라 사용하는 것 및 조종을 포함한다.

핵심 010 일시정지

차 또는 노면전차의 운전자가 그 차의 바퀴를 일시적으로 완전히 정지시키는 것

핵심 011 중앙선

차마의 통행을 방향별로 명확하게 구분하기 위하여 도로에 황색 실선이나 황색 점선 등의 안전표지로 표시한 선 또는 중앙분리대나 울타리 등으로 설치한 시설물을 말하며, 가변차로(可變車路)가 설치된 경우에는 신호기가 지시하는 진행방향의 가장 왼쪽에 있는 황색 점선을 말한다.

핵심012. 차의 개념

도로교통법은 차와 자동차의 개념을 달리 규정한다. 차는 자동차, 건설기계, 원동기장치자전거, 자전거 또는 가축의 힘이나 그 밖의 동력으로 도로에서 운전되는 것을 말한다.

핵심013. 자동차

철길이나 가설된 선을 이용하지 아니하고 원동기를 사용하여 운전되는 차(견인되는 자동차도 자동차의 일부로 본다)로서 승용·승합·화물·특수·이륜자동차(원동기장치 자전거 제외) 및 건설기계관리법 제26조 제1항 단서에 따른 건설기계(덤프트럭 등)를 말한다.

핵심014. 노면전차

도시철도법 제2조 제2호에 따른 노면전차로서 도로에서 궤도를 이용하여 운행되는 차

핵심015. 황색 등화의 뜻(원형 등화)

① 차마는 정지선이 있거나 횡단보도가 있을 때에는 그 직진이나 교차로의 직전에 정지하여야 한다.
② 이미 교차로에 차마의 일부라도 진입한 경우에는 신속히 교차로 밖으로 진행한다.
③ 차마는 우회전을 할 수 있고, 우회전을 하는 경우에는 보행자의 횡단을 방해하지 못한다.

핵심016. 보행신호등의 종류와 뜻

① 녹색의 등화 : 횡단보도 횡단을 할 수 있다.
② 녹색 등화의 점멸 : 횡단 시작 불가, 횡단 중인 보행자는 신속하게 횡단 완료 또는 횡단을 중지하고 보도로 되돌아와야 한다.
③ 적색의 등화 : 횡단보도 횡단금지

핵심017. 교통안전표지의 종류

주의, 규제, 지시 등을 표시하는 표지판이나 도로바닥에 표시하는 문자, 기호, 선 등의 노면표시를 말한다.

핵심018. 노면표시의 3가지 기본 색상의 의미

① 백색 : 동일방향의 교통류 분류 및 경계표시
② 황색 : 반대방향의 교통류 분리 또는 도로이용제한 및 지시(중앙선 표시, 노상장애물 중 도로중앙장애물 표시, 주차금지 표시, 정차·주차금지 표시 및 안전지대 표시)
③ 청색 : 지정방향의 교통류 분리 표시(버스전용차로 표시 및 다인승 차량전용차선 표시)
④ 적색 : 어린이 보호구역 또는 주거지역 안에 설치하는 속도제한 표시의 테두리선에 사용

핵심019. 노면표시 중 점선의 의미 : 허용

※ 실선 : 제한, 복선 : 의미의 강조

핵심020. 고속도로 외의 도로·고속도로 3차로 이상의 통행차의 기준

고속도로 외의 도로	왼쪽 차로	승용자동차 및 경형·소형·중형 승합자동차
	오른쪽 차로	대형 승합자동차, 화물자동차, 특수자동차, 건설기계, 이륜자동차, 원동기장치 자전거
고속도로 편도 3차로 이상	1차로	앞지르기를 하려는 승용자동차 및 앞지르기를 하려는 경형·소형·중형 승합자동차. 다만, 차량통행량 증가 등 도로상황으로 인하여 부득이하게 시속 80킬로미터 미만으로 통행할 수밖에 없는 경우에는 앞지르기를 하는 경우가 아니라도 통행할 수 있다.
	왼쪽 차로	승용자동차 및 경형·소형·중형 승합자동차
	오른쪽 차로	대형 승합자동차, 화물자동차, 특수자동차, 법 제2조 제18호 나목에 따른 건설기계

핵심021 차마의 운전자가 도로의 중앙이나 좌측부분을 통행할 수 있는 경우

① 도로가 일방통행인 경우
② 도로파손, 공사, 장애 등으로 도로의 우측부분을 통행할 수 없는 경우
③ 도로 우측부분의 폭이 6m가 되지 아니하는 도로에서 다른 차를 앞지르려는 경우
④ 도로 우측부분의 폭이 차마의 통행에 충분하지 아니한 때
⑤ 가파른 비탈길의 구부러진 곳에서 교통의 위험을 방지하기 위하여 시·도경찰청장이 필요하다고 인정하여 구간 및 통행방법을 지정하고 있는 경우에 그 지정에 따라 통행하는 경우

핵심022 승차 또는 적재의 제한에 대한 경찰서장 허가 경우

① 전신, 전화, 전기공사, 수도공사, 제설작업, 그 밖의 공익을 위한 공사 또는 작업을 위하여 부득이 화물차의 승차정원을 넘어서 운행하려는 경우
② 분할할 수 없어 화물차의 적재중량 및 적재용량의 기준을 적용할 수 없는 화물을 수송한 경우
※ 위험표지 부착 : 너비 30cm, 길이 50cm 이상의 빨간 헝겊(밤에는 반사체로 된 표지 부착 후 운행)을 달고 운행한다.

핵심023 편도 2차로 이상 모든 고속도로의 속도

① 최고속도 매시 100km와 최저속도 매시 50km : 승용, 승합, 1.5톤 이하 화물차
② 최고속도 매시 80km와 최저속도 매시 50km : 적재중량 1.5톤 초과 화물차, 특수차, 건설기계, 위험물운반차
③ 편도 1차로 고속도로 : 최고속도 매시 80km

핵심024 중부(제2중부선) 및 서해안, 논산~천안 간, 고속도로의 속도

① 승용, 승합, 적재중량 1.5톤 이하 화물차 : 최고속도 매시 120km와 최저속도 매시 50km
② 적재중량 1.5톤 초과 화물차, 특수차, 건설기계, 위험물운반차 : 최고속도 매시 90km, 최저속도는 매시 50km

핵심025 이상기후 시의 자동차의 운행속도

① 비가 내려 노면이 젖어 있는 때 또는 눈이 20mm 미만 쌓인 경우 : 최고속도의 20/100을 줄인 속도로 운행한다.
② 폭우, 폭설, 안개 등으로 가시거리 100m 이내인 경우, 노면의 결빙, 눈이 20mm 이상 쌓인 때 : 최고속도의 50/100을 줄인 속도로 운행한다.

핵심026 서행

차가 즉시 정지할 수 있는 느린 속도로 진행하는 것을 의미한다.
※ 이행해야 할 장소 : 교통정리 없는 교차로, 도로가 구부러진 부근, 비탈길의 고갯마루 부근, 가파른 비탈길의 내리막길, 교차로에서 좌·우회전할 때 등

핵심027 일시정지

반드시 차가 멈추어야 하되 얼마의 시간 동안 정지 상태를 유지해야 하는 교통상황의 의미(정지 상황의 일시적 전개).
① 횡단보도 횡단하기 직전
② 철길 건널목 통과 직전
③ 맹인이 도로 횡단(맹인안내견을 동반 횡단 시)
④ 어린이가 보호자 없이 도로를 횡단하고 있을 때
⑤ 지체장애인이 지하도·육교 이용 불능으로 도로 횡단 시

⑥ 적색등화의 점멸인 경우 정지선, 횡단보도가 있는 때에 그 직전, 교차로 직전에 일시정지

핵심 028 동시에 교차로에 진입할 때의 양보운전

① 도로의 폭이 좁은 도로에서 진입하려는 경우에는 도로의 폭이 넓은 도로로부터 진입하는 차에 진로를 양보
② 동시에 진입하려고 하는 경우에는 우측 도로에서 진입하는 차에 진로를 양보
③ 좌회전하려고 하는 경우에는 직진하거나 우회전하려는 차에 진로를 양보

핵심 029 긴급자동차의 우선 통행과 특례

① 도로 중앙이나 좌측부분 통행
② 정지를 하여야 하는 경우에도 정지하지 않을 수 있다.
③ 자동차의 속도제한, 앞지르기 금지, 끼어들기 금지의 규정을 적용받지 아니한다(다만, 긴급하고 부득이한 경우에 한하고, 앞지르기 방법은 제외된다).

핵심 030 긴급자동차 접근 시의 피양

① 교차로 또는 그 부근 : 모든 차의 운전자는 긴급차가 접근 시 교차로를 피하여 도로의 우측 가장자리에 일시 정지하여야 한다.
② 교차로 또는 그 부근 외의 곳 : 모든 차의 운전자는 위 ①에 따른 곳 외의 곳에서 긴급차가 접근하는 경우에는 긴급자동차가 우선 통행할 수 있도록 진로를 양보하여야 한다.

핵심 031 비탈진 좁은 도로, 좁은 도로에서의 진로양보

① 비탈진 좁은 도로에서 교행 시 상행차가 하행차에게 우측 가장자리로 진로를 양보하여 하행차가 우선통행

② 비탈진 좁은 도로 외의 좁은 도로에서 화물적재(사람 태움)차와 빈 자동차가 교행 시는 빈차가 우측 가장자리로 진로를 양보하여 화물 적재차가 우선통행을 한다.

핵심 032 자동차 관리법 등에 의한 "정비 불량차"를 운전 시 처벌 대상자

모든 차의 사용자, 정비책임자, 운전자

핵심 033 정비 불량차의 정비기간을 정하여 그 차의 사용정지를 할 수 있는 기간

10일의 범위 이내

핵심 034 자동차 운전면허의 응시대상 연령

① 원동기장치자전거면허 : 16세 이상
② 제1종 및 제2종 보통면허 : 18세 이상
③ 제1종 운전면허 중 대형 또는 특수면허 : 19세 이상과 운전경력 1년 이상(이륜차는 제외)

핵심 035 제1종 특수면허(트레일러, 레커)로 운전할 수 있는 자동차

① 대형견인차 : 견인형 특수자동차·제2종 보통면허로 운전할 수 있는 차량
② 소형견인차 : 총중량 3.5톤 이하의 견인형 특수자동차·제2종 보통면허로 운전할 수 있는 차
③ 구난차 : 구난형 특수자동차·제2종 보통면허로 운전할 수 있는 차량

핵심 036 제1종 보통면허로 운전할 수 있는 차

① 적재중량 12톤 미만의 화물자동차
② 승차정원 15인승 이하의 승합차
③ 총중량 10톤 미만의 특수자동차(구난차 등은 제외)
④ 건설기계(도로를 운행하는 3톤 미만의 지게차에 한정)
⑤ 원동기장치자전거

핵심037 운전면허 응시 결격기간 5년

음주운전, 과로, 질병, 약물의 영향 또는 공동위험행위금지규정 위반으로 교통사고를 야기하여 사람을 사상한 후 구호조치 및 사고발생 신고 의무를 위반한 경우, 그 취소된 날로부터(효력 정지기간 운전 중 도주·사고 시에는 취소된 날로부터)

핵심038 운전면허가 취소된 날(위반한 날)부터 2년 결격기간

① 음주운전 금지 또는 측정거부 2회(무면허 운전금지 포함) 이상 위반·취소 시
② 무자격자가 운전면허 취득한 경우
③ 거짓이나 부정한 방법으로 면허 취득한 경우
④ 면허효력 정지기간 중 운전 또는 갈음하는 증명을 발급받은 때
⑤ 타인의 자동차 등을 훔치거나 빼앗은 경우
⑥ 무면허 운전 2회 이상 위반(효력 정지기간 운전 포함)으로 취소된 경우
⑦ 공동위험행위 금지위반을 2회 이상 위반하여 취소된 경우(무면허 운전 포함)

핵심039 자동차 등 대 사람의 교통사고일 경우 쌍방과실인 때 벌점기준

그 벌점을 2분의 1로 감경한다.

핵심040 혈중알코올농도 0.03~0.08% 미만일 때 벌점

100점

핵심041 속도위반 60km/h 초과 위반하였을 때의 벌점(80km/h~100km/h 미만 : 80점)

60점

핵심042 고속도로 버스전용(다인승전용)차로, 통행구분 위반(중앙선 침범), 속도위반(40km/h 초과 60km/h 이하), 철길

건널목 통과방법, 운전면허증 제시의무 또는 경찰공무원이 운전자 신원확인을 위한 질문에 불응, 고속도로·자동차전용도로 갓길 통행 위반 시 벌점

30점

핵심043 신호·지시위반, 운전 중 휴대용 전화 사용, 속도위반(20km 초과 40km 이하) 위반

15점

핵심044 4톤 초과 화물자동차, 특수자동차, 건설기계 : 40km/h 초과 60km/h 이하 속도위반 시 범칙금액(어린이 보호구역)

13만 원, 4톤 이하 화물자동차는 12만 원
※ 어린이 보호구역 내에서 속도위반 60km/h 초과 시 4톤 초과차 16만 원, 4톤 이하 15만 원

핵심045 4톤 초과 화물자동차 등 : 신호·지시위반, 중앙선 침범, 철길 건널목 통과방법위반, 운전 중 휴대용 전화 사용, 고속도로·자동차 전용도로 갓길통행, 운전 중 운전자가 볼 수 있는 위치에 영상표시, 운전 중 영상표시장치 조작 위반 시 범칙금

7만 원

핵심046 4톤 초과 화물자동차 : 보행자 통행방해(보호 불이행), 정차·주차방법 위반, 안전(난폭) 운전위반, 화물 적재함에의 승객탑승운행 행위 위반, 주차금지 위반 시 범칙금

5만 원

핵심047 어린이 보호구역 및 노인·장애인 보호구역 내 신호, 지시 위반, 횡단보도 보행자 횡단방해 위반 시(4톤 초과 화물자동차 또는 특수자동차 범칙금액)

13만 원(4톤 이하 화물자동차 12만 원)

핵심048 **어린이보호구역 및 노인 · 장애인 보호구역 내 속도위반 40km/h 초과 60km/h 이하의 범칙금액**

4톤 초과 화물, 특수자동차 : 13만 원(20km/h 초과 40km/h 이하 : 10만 원, 20km/h 이하 : 6만 원)

※ 4톤 이하 화물자동차

    ① 40km/h 이하 : 12만 원

    ② 20km/h 초과~40km/h 이하 : 9만 원

    ③ 20km/h 이하 : 6만 원

핵심049 **어린이보호구역 및 노인 · 장애인 보호구역 내 통행금지, 제한위반, 보행자 통행방해 또는 보호 불이행, 주차금지, 정차 · 주차방법, 정차 · 주차금지 위반, 정차 · 주차 위반 조치불응 위반 시 범칙금액**

① 4톤 초과 화물 또는 특수자동차 : 9만 원
② 4톤 이하 화물자동차 : 8만 원

핵심050 **교통사고처리특례법의 제정목적**

① 교통사고 일으킨 운전자 형사처벌특례
② 교통사고로 인한 피해의 신속한 회복 촉진
③ 국민생활의 편익 증진

핵심051 **교통사고를 야기하고 도주한 운전자에 적용되는 법률 명칭**

특정범죄가중처벌 등에 관한 법률 제5조의3에 따라 가중처벌한다.

핵심052 **교통사고로 인한 사망시간**

교통사고에 의한 사망은 교통사고가 주된 원인이 되어 교통사고 발생 시부터 30일 이내에 사람이 사망한 사고를 말한다(교통안전법). 사고로부터 72시간 내 사망한 경우 벌점 90점 부과(다만, 72시간이 경과된 이후라도 사망

원인이 교통사고인 경우는 사고운전자에게 형사적 책임이 있다.)

※ 사망사고는 반의사 불법죄의 예외로 규정되어 형사처벌이 된다.

핵심053 **무기 또는 5년 이상의 징역**

피해자를 사망에 이르게 하고 도주하거나 도주 후 피해자가 사망한 경우

핵심054 **신호위반의 종류**

① 사전출발 신호위반
② 주의(황색) 신호에 무리한 진입
③ 신호 무시하고 진행한 경우

핵심055 **신호기의 황색주의 신호의 기본 시간**

3초(큰 교차로는 6초)

핵심056 **신호기의 적용범위**

원칙 : 해당 교차로와 횡단보도에만 적용한다.

※ 확대 적용될 수 있는 경우

    ① 신호기의 직접 영향 지역

    ② 신호기지주위치 내의 지역

    ③ 대향차선에 유턴 허용 지역 : 신호기 적용 유턴허용지점까지 확대적용

핵심057 **중앙선 침범이 적용되는 사례**

① 고의 또는 의도적인 중앙선 침범(좌측 도로나 건물 등으로 가기 위해 회전, 오던 길로 되돌아가기 위해 유턴 등)
② 현저한 부주의로 중앙선 침범 이전에 선행된 중대한 과실사고(커브길 과속운행, 빗길과속 등)
③ 고속도로, 자동차전용도로에서 횡단, 유턴, 후진 중 사고로 중앙선 침범(예외 : 도로보수유지 작업차, 긴급자동차, 사고응급조치작업차)

핵심 058. 과속의 개념

① 일반적인 과속 : 도로교통법에서 규정된 법정속도와 지정속도를 초과한 경우

② 교통사고 처리특례법상의 과속 : 도로교통법에서 규정된 법정속도와 지정속도를 매시 20km 초과한 경우

핵심 059. 경찰에서 사용 중인 속도추정방법

① 운전자의 진술

② 스피드 건

③ 타고그래프(운행기록계)

④ 제동흔적

핵심 060. 최고속도의 20/100을 줄인 속도로 운행하여야 할 경우

① 비가 내려 노면이 젖어 있거나

② 눈이 내려 20mm 미만 쌓여 있는 때

핵심 061. 최고속도의 50/100을 줄인 속도로 운행하여야 할 경우

① 폭우, 폭설, 안개 등으로 가시거리가 100m 이내일 때

② 노면의 결빙(살짝 얼은 경우 포함)

③ 눈이 20mm 이상 쌓여 있을 때

핵심 062. 철길 건널목의 종류

① 1종 건널목 : 차단기, 건널목 경보기 및 교통안전표지가 설치되어 있는 경우

② 2종 건널목 : 경보기와 철길 건널목 교통안전표지만 설치

③ 3종 건널목 : 철길 건널목 교통안전표지만 설치

핵심 063. 횡단보도에서 이륜차(자전거, 오토바이)와 사고발생 시의 결과 조치

형태	결과	조치
이륜차를 타고 횡단보도 통행 중 사고	이륜차를 보행자로 볼 수 없고 제차로 간주하여 처리	안전운행 불이행 적용
이륜차를 끌고 횡단보도 보행 중	보행자로 간주	보행자 보호의무 위반 적용
이륜차를 타고 가다 멈추고 한 발은 페달에 한 발은 노면에 딛고 서 있던 중 사고	보행자로 간주	보행자 보호의무 위반 적용

핵심 064. 무면허운전사고의 정의

① 운전면허를 받지 아니하거나

② 면허있는 자가 도로에서 무면허자에게 운전 연습을 시키던 중 사고를 야기한 경우

③ 운전면허 효력 정지 중 운전

④ 국제운전면허증 소지자가 운전금지된 경우 또는 국제운전면허증 발급일로부터 1년이 지나 운전하다가 사고 난 경우

핵심 065. 무면허운전사고의 성립요건 중 "운전자 과실의 예외사항"

운전면허가 취소상태이나 취소처분(통지) 전 운전(피해자적 예외 : 대물피해만 입은 경우 보험면책 합의)

핵심 066. 음주(주취)운전에 해당되는 사례(도로)

① 도로에서 운전한 때

② 불특정 다수의 사람 또는 차마의 통행을 위하여 공개된 장소

③ 공개되지 않은 통행로(공장, 관공서, 학교, 사기업 등 정문과 같이 차단기에 의해 도로와 차단되어 관리되는 장소의 통행로)

④ 술을 마시고 주차장 또는 주차선 안에서 운전해도 처벌대상이 된다.

핵심 067. 음주운전에 해당하지 않는 사례

도로교통법에서 정한 음주기준(혈중알코올농도 0.03 이상)에 해당하지 않은 때

핵심 068 개문발차 사고의 성립요건

항목	내용	예외사항
자동차적 요건	승용, 승합, 화물, 건설기계 등 자동차에만 적용	이륜, 자전거 등은 제외
피해자적 요건	탑승객이 승하차 중 개문된 상태로 발차하여 승객이 추락하여 인적 피해를 입은 경우	적재된 화물이 추락하여 발생한 경우
운전자의 과실	차의 문이 열려 있는 상태로 발차한 경우	차량정차 중 피해자의 과실사고와 차량 뒤 적재함에서의 추락사고의 경우

핵심 069 화물자동차 운수사업법의 목적

① 화물자동차 운수사업의 효율적 관리 및 건전하게 육성
② 화물의 원활한 운송
③ 공공복리증진에 기여함

핵심 070 경형(일반형)화물자동차 및 경형특수 자동차의 배기량

배기량 1,000cc 미만(길이 : 3.6m, 너비 : 1.6m, 높이 : 2.0m 이하인 것)

① 대형화물자동차 : 최대 적재량이 5톤 이상 총중량이 10톤 이상인 것
② 특수자동차의 대형 : 총중량이 10톤 이상인 것
③ 소형화물자동차 : 최대적재량이 1톤 이하와 총중량이 3.5톤 이하인 것
④ 특수자동차의 소형 : 총중량이 3.5톤 초과 10톤 미만인 것

핵심 071 화물자동차 유형별 세부기준 중 "특수자동차의 구난형"

고장·사고 등으로 운행이 곤란한 자동차를 구난·견인할 수 있는 구조인 것

① 특수용도형 화물자동차 : 청소차, 살수차, 소방차, 냉장·냉동차, 곡물·사료운반차 등
② 특수작업형 특수자동차 : 고소작업차, 고가사다리 소방차, 오가크레인 등

핵심 072 화물자동차 운송사업의 정의

다른 사람의 요구에 응하여 화물자동차를 사용하여 화물을 유상으로 운송하는 사업을 말한다.

핵심 073 영업소

주사무소 외의 장소에서 다음에 해당하는 사업을 영위하는 것을 말한다.

① 국토교통부장관으로부터 화물자동차 운송사업의 허가를 받은 자 또는 화물자동차 운송가맹사업자가 화물자동차 운송사업의 허가를 받은 자 또는 화물자동차 운송가맹사업자가 화물자동차를 배치하여 그 지역의 화물을 운송하는 사업
② 국토교통부장관으로부터 화물자동차 운송주선사업의 허가를 받은 자가화물운송을 주선하는 사업

핵심 074 화물자동차 운송사업의 허가권자

국토교통부장관(신고업무는 협회에 위탁)

① 허가 및 변경허가업무는 시·도지사에게 위임됨
② 허가사항 변경신고의 대상 중 주사무소, 영업소, 화물취급소의 이전에 있어 "주사무소 이전의 경우"에는 관할관청의 행정구역 내에서의 이전을 한한다(협회에 신고로 종료됨).

핵심075. 화물자동차 운송사업의 허가결격사유

① 피성년후견인 및 피한정후견인
② 파산선고를 받고 복권되지 아니한 자(운송사업 허가자에만 결격자임)
③ 화물자동차 운수사업법 위반으로 징역 이상 실형을 받고 그 집행이 끝나거나 집행이 면제된 날부터 2년이 지나지 아니한 자
④ 화물자동차 운수사업법 위반으로 징역 이상의 형에 대해 집행유예를 선고받고 그 유예기간 중에 있는 자
⑤ 다음의 사유로 인하여 허가가 취소된 후 2년이 지나지 아니한 자
  ㉠ 부정한 방법으로 허가를 받은 경우
  ㉡ 허가를 받은 후 6개월간의 운송실적이 국토교통부령으로 정하는 기준에 미달할 경우
  ㉢ 부정한 방법으로 변경허가를 받거나 변경허가를 받지 아니하고 허가사항을 변경한 경우
  ㉣ 허가기준을 충족하지 못하게 된 경우
  ㉤ 3년마다 허가기준에 관한 사항을 신고하지 아니하였거나 거짓으로 신고한 경우 등

핵심076. 운송사업자의 운송약관신고

국토교통부장관(위임 : 시·도지사에게)에게 신고(이를 변경하고자 하는 때에도 시·도지사에 신고)

핵심077. 화물의 멸실, 훼손, 인도의 지연(적재물 사고)으로 발생한 운송사업자의 손해배상책임의 관련법

상법 제135조를 준용한다.

핵심078. 화물의 멸실 등 상법 제135조를 적용할 때 화물의 인도기한을 경과한 후의 기간

3개월 이내에 인도되지 않으면 화물은 멸실될 것으로 본다.

핵심079. 화물의 멸실 등으로 손해배상에 관한 분쟁조정업무를 위탁할 수 있는 기관

소비자기본법에 따른 한국소비자원 또는 같은 법에 등록된 소비자단체에 위탁할 수 있다.

핵심080. 적재물 배상보험 등의 의무가입 대상자

① 최대적재량 5톤 이상 : 총중량이 10톤 이상인 화물자동차
  ㉠ 일반형, 밴형 및 특수용도형 화물자동차
  ㉡ 견인형특수자동차를 소유하고 있는 운송사업자
② 일반화물 운송주선사업자와 이사화물 운송주선사업자
※ 의무가입 제외자 : 경제적 가치가 없는 화물을 운송하는 차량으로서 고시하는 화물자동차
  ㉠ "건축폐기물, 쓰레기" 운반차
  ㉡ 배출가스 저감장치를 부착함에 따라 총중량이 10톤 이상이 된 화물자동차 중 최대 적재량이 5톤 미만인 화물자동차

핵심081. 적재물 배상책임보험 또는 공제가입 범위

사고 건당 각각 2천만 원(이사화물 운송주선사업자는 500만 원) 이상의 금액을 지급할 책임을 지는 보험에 가입

① 운송사업자 : 각 화물자동차별로 가입
② 운송주선사업자 : 각 사업자별로 가입
③ 운송가맹사업자 : 최대적재량이 5톤 이상이거나, 총중량이 10톤 이상인 화물자동차 중 일반형, 밴형 및 특수용도형 화물자동차와 견인형 특수자동차를 직접 소유한 자는 각 화물차별 및 각 사업자별로, 그 외에는 각 사업자별로 가입

핵심082 적재물 배상책임보험 또는 공제에 가입하지 아니한 사업자에 과태료 처분

① 화물자동차 운송사업자
- ㉠ 가입하지 않은 기간이 10일 이내인 경우 15,000원
- ㉡ 가입하지 않은 기간이 10일 초과한 경우 15,000원에 11일째부터 기산하여 1일당 5,000원을 가산한 금액
- ㉢ 과태료 총액 : 자동차 1대당 50만 원을 초과하지 못한다.

② 화물자동차 운송주선사업자
- ㉠ 가입하지 않은 기간이 10일 이내인 경우 30,000원
- ㉡ 가입하지 않은 기간이 10일 초과한 경우 30,000원에 11일째부터 가산하여 1일당 10,000원을 가산한 금액
- ㉢ 과태료 총액 : 100만 원을 초과하지 못한다.

③ 화물자동차 운송가맹사업자
- ㉠ 가입하지 않은 기간이 10일 이내인 경우 150,000원
- ㉡ 가입하지 않은 기간이 10일 초과인 경우 150,000원에 11일째부터 기산하여 1일당 5만 원을 가산한 금액
- ㉢ 과태료 총액 : 자동차 1대당 500만 원을 초과하지 못한다.

핵심083 화물자동차 운전자의 연령, 운전경력 등의 요건

① 연령 : 20세 이상
② 운전경력 : 2년 이상(여객 또는 화물자동차 운수사업용 자동차 운전경력은 1년 이상)

핵심084 화물자동차 운수사업법을 위반하여 행정처분을 할 때 "효력 정지기간"

6개월 이내에 기간을 정하여 자격의 효력을 정지시킬 수 있다.

핵심085 화주가 부당한 운임이나 요금을 지불하였을 때, 환급을 요구할 수 있는 대상자

"운송사업자"에게 환급 요청을 할 수 있다.

핵심086 업무개시명령과 명령권자

① 업무개시명령 : 운송사업자나 운수종사자가 정당한 사유 없이 집단으로 화물운송을 거부하여 화물운송에 커다란 지장을 주어 국가경제에 매우 심각한 위기를 초래하거나 초래할 우려가 있다고 인정할 만한 상당한 이유가 있으면 업무개시를 명할 수 있다.
② 명령권자 : 국토교통부장관
③ 국무회의의 심의의결을 거쳐서 명한다.
- ㉠ 업무개시를 명한 때 : 구체적인 이유 및 향후 대책을 국회소관 상임위원회에 보고
- ㉡ 운송사업자 또는 운수종사자가 정당한 사유 없이 집단으로 화물운송 거부나, 업무개시 명령을 위반 시 행정처분
- ㉢ 1차 위반 : 자격정지 30일, 2차 위반 : 자격 취소
- ㉣ 벌칙 : 3년 이하의 징역 또는 3천만 원 이하의 벌금

핵심087 화물자동차 운송사업자에게 사업정지 처분에 갈음하여 부과하는 과징금의 한도와 용도

① 2천만 원 이하 부과
② 용도는 화물터미널이나 공동차고지의 건설 및 확충, 공영차고지의 설치·운영사업, 특별(광역)시장 또는 특별자치도지사, 시·도지사가 설치·운영하는 운수 종사자의 교육시설에 대한 비용 보조사업, 경영개선, 화물에 대한 정보제공사업 등

핵심088 화물자동차 운송사업의 허가취소사유

운송사업자가 다음의 어느 하나에 해당되면 그 허가를 취소하거나, 6개월 이내의 기간을 정하여 그 사업의 전부 또는 일부의 정지를 명하거나 감차 조치를 명할 수 있다(※ 시, 도지사에게 위임).

① 부정한 방법으로 운송사업 허가(변경허가)를 받은 경우(반드시 취소)
② 법인의 임원 중 부적격 결격자가 있는 경우 3개월 이내에 개임하지 않는 때(기간 내 개임하면 예외임)
③ 화물운송종사 자격이 없는 자에게 화물을 운송하게 한 경우
④ 정당한 사유 없이 업무개시명령에 따라 이행하지 아니한 경우
⑤ 중대한 교통사고 또는 빈번한 교통사고로 인하여 많은 사상자[사상의 정도는 중상(3주 이상)]을 발생하게 한 경우
⑥ 화물자동차 교통사고와 관련하여 거짓이나 그 밖의 부정한 방법으로 보험금을 청구하여 금고 이상의 형을 선고받고 그 형이 확정된 경우(반드시 취소)

핵심089 화물자동차운전 중 중대한 교통사고의 범위

① 교통사고처리특례법 제3조 제2항 단서(사고야기 도주, 피해자 유기 및 도주)
② 정비불량 교통사고
③ 전복, 추락 다만, 운수종사자에게 귀책사유가 있는 경우만 해당함
④ 법 제19조 제2항에 따른 빈번한 교통사고는 사상자가 발생한 교통사고가 별표 1 제12호 나목에 따른 교통사고지수 또는 교통사고 건수에 이르게 된 경우로 한다.
　　㉠ 5대 이상의 차량을 소유한 운송사업자 : 해당 연도의 교통사고 지수가 3 이상인 경우

　　㉡ 5대 미만의 차량을 소유한 운송사업자 : 해당 사고 이전 최근 1년 동안에 발생한 교통사고가 2건 이상인 경우
※ 사상의 정도 : 중상 이상

핵심090 화물자동차 운송주선사업의 허가기준

사무실 : 영업에 필요한 면적

핵심091 운전적성 정밀검사기준 중 특별검사

① 교통사고로 중상 이상의 사상사고를 일으킨 사람
② 과거 1년간 운전면허 행정처분기준에 따라, 산출된 누산점수가 81점 이상인 사람이 수검대상이다.

> • 종류 : 신규검사, 자격유지검사, 특별검사
> • 신규검사 : 신규로 여객자동차 운송사업용 자동차를 운전하려고 하는 사람의 검사

핵심092 화물운송종사 자격시험에 합격한 자의 교통안전교육 수강시간

8시간

핵심093 화물운송종사 자격증명의 게시 장소

자동차 안 앞면 오른쪽 위에 항상 게시하고 운행한다.

핵심094 화물자동차 운수사업의 지도·감독권자

국토교통부장관은 위임사항으로 시·도지사의 권한으로 정한 사무를 지도·감독한다.

핵심095 벌칙 : 3년 이하 징역 또는 3천만 원 이하 벌금

화물운송사업자 또는 운수종사자가 정당한 사유 없이 화물운송 거부 시 업무개시명령을 위반한 때(명령자 : 국무회의 의결을 거쳐 국토교통부장관이 명령한다.)

핵심 096. 과태료 : 50만 원 이하의 과태료

① 화물운송종사 자격을 받지 아니하고 운전업무에 종사한 자
② 거짓이나 부정한 방법으로 화물운송종사 자격을 취득한 자
③ 운수종사자의 교육을 받지 아니한 자

핵심 097. 자동차관리법의 제정목적

① 자동차를 효율적으로 관리
② 자동차의 성능 및 안전을 확보
③ 공공복리를 증진함에 있다.

핵심 098. 자동차 관리법의 적용이 제외되는 자동차

① 건설기계관리법에 따른 건설기계
② 농업기계화촉진법에 따른 농업기계
③ 군수품관리법에 따른 차량
④ 궤도 또는 공중선에 의하여 운행되는 차량
⑤ 의료기기법에 따른 의료기기

핵심 099. 자동차 차령기산일

① 제작연도에 등록한 자동차 : 최초의 신규 등록일
② 제작연도에 등록되지 아니한 자동차 : 제작연도의 말일

핵심 100. 화물자동차

화물을 운송하기에 적합하게 바닥면적이 최소 $2m^2$ 이상(소형·경형 화물차로서 이동용 음식판매 용도인 경우에는 $0.5m^2$ 이상, 그 밖에 특수용도형의 경형 화물자동차는 $1m^2$ 이상)의 적재공간을 갖춘 자동차를 말한다.

핵심 101. 자동차 등록의 종류(구분)

① 신규등록　　　② 변경등록
③ 이전등록　　　④ 말소등록

핵심 102. 자동차 등록번호판의 부착 또는 봉인을 하지 아니한 자의 벌칙

과태료 50만 원(자동차등록신청자)

핵심 103. 자동차 등록번호판을 가리거나 알아보기 곤란한 때와 그러한 자동차를 운행한 때의 벌칙(과태료)

① 1차 과태료 : 50만 원
② 2차 과태료 : 150만 원
③ 3차 과태료 : 250만 원
※ 고의로 자동차등록번호판을 가리거나 알아보기 곤란하게 한 자는 1년 이하의 징역 또는 1,000만 원 이하의 벌금

핵심 104. 변경등록을 하여야 하는 사항

① 차대번호
② 자동차 소유자의 성명 및 주민등록번호
③ 원동기 형식
④ 자동차 사용본거지
⑤ 사용자의 용도
※ 기간 또는 벌칙
　① 신청기간 만료일부터 90일 이내인 때 과태료 2만 원
　② 신청기간 만료일부터 90일 초과한 경우에 174일 이내인 경우 2만 원에 91일째부터 계산하여 매 3일 초과 시마다 과태료 1만 원
　③ 신청기간이 175일 이상인 경우 30만 원

핵심 105. 이전등록을 하여야 할 경우

① 등록된 자동차를 양수받는 자는 시·도지사에게 자동차 소유권의 이전등록을 신청하여야 한다.
② 자동차를 양수한 자가 다시 제3자에게 양도하려는 경우에는 양도 전에 자기명의로 이전등록을 하여야 한다(사유발생일로부터 15일 이내, 증여 : 20일 이내, 상속 : 6개월 이내).

③ 자동차를 양수한 자가 이전등록을 신청하지 아니한 경우에는 그 양수인에 갈음하여 양도자가 신청할 수 있다.

④ 이전등록을 신청받은 시·도지사는 등록을 수리하여야 한다.

핵심106 등록된 자동차에 대한 말소신청 사유

① 자동차해체 재활용업의 등록을 한 자에게 폐차를 요청한 경우

② 자동차 제작·판매자 등에 반품한 경우

③ 여객자동차 운수사업법에 따른 차령의 초과 및 면허, 등록, 인가, 신고가 실효되거나 취소된 경우

④ 자동차를 수출하는 경우

※ 기간경과 시의 과태료

　① 신청기간 만료일부터 10일 이내인 경우 : 과태료 5만 원

　② 신청기간 만료일부터 10일 초과 54일 이내인 경우 : 5만 원에서 11일째부터 계산하여 1일마다 1만 원을 더한 금액

　③ 신청지연기간이 55일 이상인 경우 : 50만 원

핵심107 자동차 사용자가 당해 자동차 안에 자동차등록증을 갖춰두지 아니하고 운행한 때의 벌칙

① 벌칙 : 과태료 벌칙은 삭제됨(2015. 8.11)

② 자동차등록증이 없어지거나 알아보기 곤란하게 된 경우에는 재발급 신청을 하여야 한다.

핵심108 자동차의 튜닝(구조변경) 승인권자

① 원칙 : 사장, 군수, 구청장

② 위탁 : 한국교통안전공단법에 의거 한국교통안전공단에 위탁되었다.

핵심109 자동차검사의 종류

① 신규검사　　　② 정기검사
③ 튜닝(구조변경)검사　　④ 임시검사

핵심110 자동차 정기검사 유효기간

차종	비사업용 승용 및 피견인 자동차	사업용 승용 자동차	경형·소형의 승합 및 화물 자동차	사업용 대형 화물 자동차		중형 승합 자동차 및 사업용 대형 승합 자동차		그 밖의 자동차	
차령				2년 이하	2년 경과	8년 이하	8년 초과	5년 이하	5년 경과
유효기간	2년 (최초 4년)	1년 (최초 2년)	1년	1년	6개월	1년	6개월	1년	6개월

※ 검사유효기간 연장사유 : 천재지변, 기타 부득이한 사유(전시, 사변, 비상사태, 도난, 사고 발생, 압류 등)로 정기검사를 수검 불능 시에는 그 기간을 연장 또는 유예할 수 있다.

핵심111 자동차 종합검사기간이 지난 자에 대한 독촉

자동차 소유자에게 10일 이내와 20일 이내에

① 자동차 종합검사기간이 지난 사실

② 종합검사의 유예가 가능한 사유와 그 신청방법

③ 미수검하는 경우 부과되는 과태료 금액과 근거 법규

등을 알리며 독촉한다.

핵심112 자동차 정기검사나 종합검사를 받지 아니한 때의 벌칙

① 검사를 받아야 할 기간 만료일부터 30일 이내인 경우 과태료 2만 원

② 검사를 받아야 할 기간 만료일부터 30일을 초과 114일 이내인 경우 2만 원에 31일째부터 계산하여 매 3일 초과 시마다 1만 원을 더한 금액

③ 검사지연기간이 115일 이상인 경우 30만 원

• 자동차 정기검사의 기간은 검사유효기간 만료일 전후 각각 31일 이내로 한다.
• 검사유효기간 만료일과 기간 만료일과는 다른 의미이다. 과태료 부과는 기간만료일부터 계산하여 부과된다.

핵심113 자동차 정기검사유효기간 만료일과 배출가스 정밀검사유효기간 만료일이 다른 경우의 자동차 검사

처음 도래하는 자동차 정기검사유효기간 만료일에 종합검사를 받아야 한다.

핵심114 도로법의 제정목적

① 국민이 안전하고 편리하게 이용할 수 있는 도로건물
② 공공복리 향상
③ 도로망의 정비와 적정한 도로관리

핵심115 도로의 종류와 등급(열거순위)

① 고속국도　　② 일반국도
③ 특별(特別)시도　　④ 광역(廣域)시도
⑤ 지방도　　⑥ 시도(市道)
⑦ 군도(郡道)　　⑧ 구도(區道)

핵심116 도로에 관한 금지행위와 벌칙

① 도로를 파손하는 행위
② 도로에 토석(土石), 입목・죽(竹) 등 장애물을 쌓아놓는 행위
③ 그 밖에 도로의 구조나 교통에 지장을 주는 행위
※ 벌칙 : 정당한 사유 없이 도로를 파손하여 교통을 방해하거나 교통에 위험을 발생하게 한 자는 10년 이하의 징역이나 1억 원 이하의 벌금

핵심117 차량의 운행제한 대상 차량

① 축하중이 10톤을 초과 또는 총중량이 40톤을 초과한 차량
② 차량폭 2.5m, 높이가 4.0m(도로관리청이 인정 고시한 도로노선은 4.2m), 길이는 16.7m를 초과하는 차량
③ 도로관리청이 안전에 지장이 있다고 인정하는 차량

핵심118 차량의 적재량 측정을 방해한 자

정당한 사유 없이 도로관리청의 재측정 요구에 따르지 아니한 자의 벌칙 : 1년 이하의 징역이나 1천만 원 이하의 벌칙

핵심119 다음의 위반자는 1년 이하의 징역이나 1천만 원 이하의 벌금

정당한 사유 없이 적재량 측정을 위한 도로관리청의 요구에 따르지 아니한 자
※ 벌칙 : 500만 원 이하의 과태료
　① 운행제한을 위반한 차량의 운전자
　② 운행제한 위반의 지시・요구금지를 위반한 자

핵심120 자동차 전용도로를 지정하는 때 관계기관의 의견 청취

① 도로관리청이 국토교통부장관일 경우 : 경찰청장
② 도로관리청이 특별(광역)시장, 도지사, 특별자치도지사일 경우 : 시・도지방경찰청장
③ 도로관리청이 특별자치시장, 시장, 군수, 구청장일 경우 : 관할경찰서장

핵심121

차량을 사용하지 아니하고 자동차 전용도로를 통행하거나 출입한 자의 벌칙 : 1년 이하의 징역이나 1천만 원 이하의 벌금

핵심 122. 대기환경보전법의 제정목적

① 국민건강 및 환경에 관한 위해 예방
② 대기환경을 적정·지속 가능하게 관리·보전
③ 국민이 건강하고 쾌적한 환경에서 생활

핵심 123. 저공해 자동차로 전환·개조할 자동차에 대한 교체·권고·명령·조기에 폐차

① 저공해 자동차로의 전환 또는 개조
② 배출가스 저감장치의 부착 또는 교체 및 배출가스 관련 부품의 교체
③ 저공해엔진(혼소엔진을 포함)으로의 개조 또는 교체

*벌칙 : 300만 원 이하의 과태료

핵심 124. 터미널, 차고지, 주차장 등에서 자동차의 원동기 가동 제한을 위반한 자동차의 운전자에 대한 벌칙(과태료)

① 1차 위반 : 5만 원
② 2차 위반 : 5만 원
③ 3차 이상 위반 : 5만 원

핵심 125. 운행자의 수시 점검

① 시행점검기관 : 환경부 장관·특별(광역)시장·특별자치시장·특별자치도지사, 시장, 군수, 구청장
② 실시장소 : 도로나 주차장 등
③ 자동차 운행자는 당해 점검에 협조하여야 하며 불응, 기피, 방해하여서는 아니 된다.
④ 벌칙 : 200만 원 이하의 과태료 부과

핵심 126. 공회전의 제한장치 부착명령 대상차량

① 시내버스 운송사업에 사용되는 자동차
② 일반 택시 운송사업에 사용되는 자동차
③ 화물자동차 운송사업에 사용되는 최대적재량이 1톤 이하인 밴형 화물자동차로서 택배용으로 사용되는 자동차

핵심 127. 운행차 수시점검의 면제차

① 환경부 장관이 정하는 저공해자동차
② 긴급자동차
③ 군용 및 경호업무용 등 국가의 특수한 공용목적으로 사용되는 자동차

02 출제예상문제

01 도로교통법령

01 도로교통법의 제정목적에 대한 설명이다. 잘못된 문항은?

① 안전하고 원활한 교통의 확보
② 도로운송차량의 안정성 확보와 공공복리 증진
③ 도로교통상의 모든 위험과 장해의 방지 제거
④ 공공복리 증진과 자동차의 성능 및 안전 확보

해설 도로교통법의 제정목적은 ①, ②, ③ 문항이 해당되고, ④의 문항은 자동차관리법 등 제정목적에 해당되므로 정답은 ④이다.

02 도로를 구분하는 "법의 명칭"에 대한 설명이다. 잘못된 것에 해당되는 용어의 문항은?

① 도로교통법에 따른 도로
② 도로법에 따른 도로
③ 유료도로법에 따른 유료도로
④ 농어촌도로 정비법에 따른 농어촌도로

해설 ①의 "도로교통법상의 도로" 명칭은 해당되지 않아 정답은 ①이다.

03 "차도와 보도를 구분하는 돌 등으로 이어진 선"의 도로교통법상 용어로 맞는 문항은?

① 차로(車路)　② 차선(車線)
③ 연석선(連石線)　④ 차도(車道)

해설 "연석선"이 해당되어 정답은 ③이다.

04 "차로와 차로를 구분하기 위하여 그 경계지점을 안전표지로 표시한 선"의 명칭에 해당되는 용어의 문항은?

① 차도(車道)
② 차선(車線)
③ 차로(車路)
④ 횡단보도(橫斷步道)

해설 "차선(車線)"에 해당되어 정답은 ②이다.

05 "보도와 차도가 구분되지 아니한 도로에서 보행자의 안전을 확보하기 위하여 안전표지 등으로 경계를 표시한 도로의 가장자리 부분"의 용어로 맞는 문항은?

① 횡단보도
② 길가장자리구역
③ 교차로(交叉路)
④ 중앙선(中央線)

해설 "길가장자리구역"에 해당되므로 정답은 ②이다.

06 "보행자가 도로를 횡단할 수 있도록 안전표지로 표시한 도로의 부분"의 명칭에 해당되는 용어의 문항은?

① 도로(道路)
② 횡단보도(橫斷步道)
③ 차도(車道)
④ 보도(步道)

Answer　01 ④　02 ①　03 ③　04 ②　05 ②　06 ②

해설 "횡단보도(橫斷步道)"에 해당되므로 정답은 ②에 해당한다.

07 교통안전에 필요한 주의·규제·지시 등을 표시하는 표지판이나 도로의 바닥에 표시하는 기호·문자 또는 선 등의 용어의 명칭에 해당한 문항은?

① 안전표지(安全標識)
② 안전지대(安全地帶)
③ 횡단보도(橫斷步道)
④ 신호기(信號機)

해설 "안전표지(安全標識)"로써 정답은 ①이다.

08 운전자가 승객을 기다리거나 화물을 싣거나 차가 고장나거나 그 밖의 사유로 차를 계속 정지 상태 또는 운전자가 차에서 떠나 즉시 운전할 수 없는 상태에 두는 것의 용어의 명칭에 해당하는 문항은?

① 안전운전(安全運轉)
② 일단정지(一段停止)
③ 정차(停車)
④ 주차(駐車)

해설 "주차(駐車)"에 해당되어 정답은 ④이다.

09 "운전자가 차를 즉시 정지시킬 수 있는 정도의 느린 속도로 진행하는 것"의 용어로 맞는 것에 해당하는 문항은?

① 운행(運行)
② 일시정지(一時停止)
③ 서행(徐行)
④ 일단정지(一段停止)

해설 "서행(徐行)"에 해당되어 정답은 ③이다.

10 "차의 운전자가 그 차의 바퀴를 일시적으로 완전히 정지시키는 것"의 용어 명칭의 문항은?

① 일시정지(一時停止)
② 주차(駐車)
③ 일단정지(一段停止)
④ 정차(停車)

해설 "일시정지(一時停止)"에 해당되므로 정답은 ①이다.

11 농어촌지역 주민의 교통 편익과 생산, 유통활동 등에 공용(共用)되는 공로(公路) 중 고시된 도로의 명칭으로 해당 없는 용어의 문항은?

① 농도(農道)　　② 이도(里道)
③ 사도(私道)　　④ 면도(面道)

해설 "사도(私道)"는 "농어촌도로 정비법에 따른 농어촌도로"에 해당되지 않으므로 정답은 ③이다.

12 차량신호등 "녹색등화"에 대한 설명이다. 틀리게 설명되어 있는 문항은?

① 차마는 직진 또는 우회전할 수 있다.
② 비보호좌회전표지 또는 비보호좌회전표시가 있는 곳에서는 좌회전할 수 있다.
③ 버스전용차로에 있는 차마는 직진할 수 있다.
④ 차마는 화살표시 방향으로 진행할 수 있다.

해설 ④의 문항은 "녹색화살표등화"의 차량신호등으로 문제의 설명과는 다르므로 정답은 ④이다.

13 차마는 다른 교통 또는 안전표지의 표시에 주의하면서 진행할 수 있는 차량신호등(원형등화)으로 맞는 문항은?

① 적색등화의 점멸
② 적색화살표등화의 점멸
③ 황색등화의 점멸
④ 황색화살표등화의 점멸

[해설] 문제의 "황색등화의 점멸"이 맞는 차량신호등이므로 정답은 ③이다.

14 보행자 신호등의 설명이다. 잘못된 문항은?

① 녹색의 등화 : 보행자는 횡단보도를 횡단할 수 있다.
② 녹색의 등화 : 차마는 직진 또는 우회전할 수 있다. 비보호좌회전표지(표시)가 있는 곳에서는 좌회전할 수 있다.
③ 녹색등화의 점멸 : 보행자는 횡단을 시작하여서는 아니 되고, 횡단하고 있는 보행자는 신속하게 횡단을 완료 또는 횡단을 중지하고 보도로 되돌아와야 한다.
④ 적색의 등화 : 보행자는 횡단보도를 횡단하여서는 아니 된다.

[해설] ②의 "녹색의 등화" 설명은 차량신호등(원형등화)에 대한 설명으로 "보행자 신호등"에 대한 설명이 아니므로 정답은 ②이다.

15 버스 신호등에 대한 설명이다. 틀린 문항은?

① 황색의 등화 : 버스차로에 있는 차마는 정지선이 있거나 횡단보도가 있을 때에는 그 직전이나 교차로의 직전에 정지하여야 한다.

② 적색의 등화 : 버스전용차로에 있는 차마는 정지선, 횡단보도 및 교차로의 직전에서 정지하여야 한다.
③ 녹색의 등화 : 버스전용차로에 있는 모든 차마는 직진할 수 있다.
④ 황색등화의 점멸 : 버스전용차로에 있는 차마는 다른 교통 또는 안전표지의 표시에 주의하면서 진행할 수 있다.

[해설] ③의 문항에서 "모든 차마"는 틀리고, "차마"가 옳은 문항으로 정답은 ③이다.

16 교통안전표지 중 "주의표지"가 아닌 표지는?

①
②
③
④

[해설] ④는 "양보표지"로 "규제표지"의 하나로 정답은 ④이다. ①은 "우측차로 없어짐", ②는 "교량", ③은 "상습정체구간"의 표지이다.

17 다음 교통안전표지 중 "지시표지"가 아닌 표지의 문항은?

①
②
③
④

해설 ②의 표지는 "지시표지"가 아니고, "규제표지" 중의 하나이므로 정답은 ②이다. ①은 "좌회전 및 유턴", ③은 "통행우선", ④는 "버스전용도로"의 표지이다.

18 "도로교통의 안전을 위하여 각종 주의, 규제, 지시 등의 내용을 노면에 기호, 문자 또는 선으로 도로사용자에게 알리는 표지" 명칭 용어의 문항은?

① 지시표시
② 노면표지
③ 규제표지
④ 보조표지

해설 문제의 설명 내용은 "노면표시"의 용어 설명으로 정답은 ②이다.

19 노면표시에 사용되는 각종 "선" 용어의 의미를 나타내는 설명이다. 잘못된 설명의 문항은?

① 실선, 점선 : 허용
② 실선 : 제한
③ 복선 : 의미의 강조
④ 점선 : 허용

해설 ①의 규정은 없으므로 정답은 ①이다.

20 고속도로 외의 도로에서 차로에 따른 통행차의 기준이다. 옳은 문항은?

① 오른쪽 차로 : 승용자동차 및 경형・소형・중형 승합자동차
② 왼쪽 차로 : 적재중량이 1.5톤 이하인 화물차
③ 왼쪽 차로 : 대형 승합자동차, 화물자동차, 특수자동차, 건설기계, 이륜자동차, 원동기장치자전거

④ 오른쪽 차로 : 대형 승합자동차, 화물자동차, 특수자동차, 건설기계, 이륜자동차, 원동기장치자전거

해설 통행차의 기준 : 왼쪽 차로-승용자동차 및 경형・소형・중형 승합자동차, 오른쪽 차로-대형 승합자동차, 화물자동차, 특수자동차, 건설기계, 이륜자동차, 원동기장치자전거로 규정되어 있다.
①, ②, ③의 문항은 틀리고, ④의 문항이 맞으므로 정답은 ④이다.

21 고속도로 "편도 3차로 이상"에서 차로에 따른 통행차의 기준에 대한 설명이다. 잘못된 문항의 차로는?

① 1차로 : 앞지르기 차로(승용자동차, 경형・소형・중형 승합자동차)
② 왼쪽 차로 : 승용자동차 및 경형・소형・중형 승합자동차
③ 왼쪽 차로 : 대형 승합자동차, 특수자동차, 건설기계, 화물자동차
④ 오른쪽 차로 : 대형 승합자동차, 화물자동차, 특수자동차, 건설기계

해설 왼쪽 차로 통행차의 기준 : 승용자동차, 경형・소형・중형 승합자동차

22 화물자동차 운행상의 안전기준으로 적재중량은 구조 및 성능에 따르는 적재중량의 몇 퍼센트에 해당하는가로 맞는 문항은?

① 적재중량의 110퍼센트 이내
② 적재중량의 120퍼센트 이내
③ 적재중량의 11할 이내
④ 적재중량의 12할 이내

해설 "적재중량의 110퍼센트 이내"가 해당 규정이므로 정답은 ①이다.

23 화물자동차의 적재용량의 기준에 대한 설명이다. 틀리게 되어 있는 문항은?

① 길이 : 자동차 길이에 그 길이의 10분의 1을 더한 길이(이륜자동차는 적재장치의 길이에 30cm를 더한 길이)

② 높이 : 높이는 지상으로부터 4m의 높이

③ 높이 : 도로구조의 보전과 통행의 안전에 지장이 없다고 인정하여 고시한 도로노선의 경우에는 4.3m의 높이이다.

④ 너비 : 자동차의 후사경으로 뒤쪽을 확인할 수 있는 범위의 너비

[해설] ③의 문항 중 높이는 "4.2m 높이"가 옳은 높이로 정답은 ③이다. 이외에 "소형 3륜자동차는 지상으로부터 2.5m"이다.

24 "편도 2차로 이상" 일반도로의 최고속도에 대한 설명이다. 옳은 문항은?

① 매시 60km 이내
② 매시 70km 이내
③ 매시 80km 이내
④ 매시 90km 이내

[해설] "매시 80km 이내"가 기준으로 정답은 ③이다. ①의 "매시 60km 이내"는 편도 1차로의 최고속도 기준이다.

25 경찰청장이 지정. 고시한 편도 2차로 이상 노선(중부·제2중부고속도로, 서해안고속도로 등) 또는 구간에서 "적재중량 1.5톤 초과 화물자동차, 특수자동차, 위험물운반 자동차, 건설기계"의 최고속도와 최저속도 기준으로 옳은 문항은?

① 최고속도 : 매시 120km, 최저속도 : 매시 50km
② 최고속도 : 매시 100km, 최저속도 : 매시 50km
③ 최고속도 : 매시 80km, 최저속도 : 매시 50km
④ 최고속도 : 매시 90km, 최저속도 : 매시 50km

[해설] 최고속도 : 매시 90km, 최저속도 : 매시 50km가 기준이므로 정답은 ④이다.

26 자동차 전용도로의 최고속도와 최저속도 기준에 대한 설명이다. 옳은 문항은?

① 최고속도 : 매시 100km, 최저속도 : 매시 30km
② 최고속도 : 매시 70km, 최저속도 : 매시 30km
③ 최고속도 : 매시 80km, 최저속도 : 매시 30km
④ 최고속도 : 매시 90km, 최저속도 : 매시 30km

[해설] 최고속도 : 매시 90km, 최저속도 : 매시 30km가 기준이므로 정답은 ④이다.

27 서행의 의미와 서행하여야 하는 장소에 대한 설명이다. 서행하여야 하는 장소가 아닌 문항은?

① 차가 즉시 정지할 수 있는 느린 속도로 진행하는 것을 의미한다(위험 예상한 상황적 대비).

② 교통정리를 하고 있지 아니하는 교차로 또는 비탈길의 고갯마루 부근

③ 어린이가 보호자 없이 도로를 횡단할 때 또는 어린이가 도로에서 놀이를 할 때 등

④ 도로가 구부러진 부근 또는 가파른 비탈길의 내리막

해설 ③의 문항은 "일시정지를 이행해야 할 장소"로 "서행하여야 하는 장소"가 아니므로 정답은 ③이다.

28 모든 차의 운전자가 도로에 설치된 안전지대에 보행자가 있는 경우와 차로가 설치되지 아니한 좁은 도로에서 보행자의 옆을 지나는 경우 안전운전을 하는 요령에 해당되는 문항은?

① 안전거리를 두고 서행한다.
② 일시정지 후 운행을 한다.
③ 시속 30km로 주행한다.
④ 운행 속도대로 운행을 계속한다.

해설 ①의 문항이 옳은 방법으로 정답은 ①이다.

29 교통정리가 없는 교차로에서의 양보운전에 대한 설명으로 틀리게 설명되어 있는 문항은?

① 교차로에서 좌회전하려고 하는 경우에는 직진이나 우회전하는 차에 진로를 양보한다.
② 교차로에 동시에 진입하려고 하는 경우에는 좌측 도로에서 진입하는 차에 양보한다.
③ 동시에 교차로에 진입할 때 도로폭이 좁은 도로에서 진입하는 차는 도로 폭이 넓은 도로로부터 진입하는 차에 진로를 양보한다.
④ 교통정리를 하고 있지 아니한 교차로에 들어가려는 운전자는 이미 교차로에 들어가 있는 다른 차가 있을 때에는 그 차에 진로를 양보하여야 한다.

해설 ②의 문항의 중간에 "좌측 도로에서"의 문항이 틀리고, "우측 도로에서"가 옳은 문항이므로 정답은 ②이다.

30 "교차로 또는 그 부근"에서 긴급자동차가 접근하는 경우에 차마와 노면전차의 피양하는 방법에 대한 설명이다. 맞는 문항의 설명은?

① 일방통행으로 된 도로에서는 우측이나 좌측의 마음 편리한 대로 피하여 정지한다.
② 진행하고 차로로 계속 주행한다.
③ 교차로를 피하여 도로의 좌측 가장자리로 진로를 양보한다.
④ 교차로를 피하여 도로의 우측 가장자리에 일시정지하여야 한다.

해설 ④의 문항 내용이 옳은 피양방법이므로 정답은 ④이다.

31 정비불량차에 해당한다고 인정하는 차가 운행되고 있는 경우 그 차를 정지시켜 점검할 수 있는 관계 공무원에 해당하는 사람인 문항은? (법 제41조 참조)

① 구청 단속공무원
② 정비사자격증소지자
③ 정비책임자
④ 경찰공무원

해설 점검할 수 있는 관계 공무원은 "경찰공무원"으로 정답은 ④이다.

32 제1종 대형 운전면허 시험에 응시할 수 있는 연령과 경력에 대한 설명이다. 옳은 문항은?

① 16세 이상
② 20세 이상, 경력 1년 이상
③ 18세 이상
④ 19세 이상, 경력 1년 이상

해설 "19세 이상, 경력 1년 이상"으로 규정되어 있어 정답은 ④이다.

33 제1종 보통운전면허로 운전할 수 있는 차량에 대한 설명이다. 운전할 수 없는 차량인 문항은?

① 적재중량 12톤 미만의 화물자동차
② 승용자동차·승차정원 15인 이하의 승합자동차
③ 총중량 10톤 미만의 특수자동차(구난차 등은 제외한다)
④ 대·소형 견인차 및 구난차

[해설] 제1종 보통면허로는 "대·소형 견인차 및 구난차는 운전할 수 없으므로" 맞지 않아 정답은 ④이다.

34 위험물 등을 운반하는 적재중량 3톤 이하 또는 적재용량 3천 리터 이하의 화물자동차 운전자는 어느 종류의 운전면허를 소지하고 운전할 수 있는가, 맞는 문항은?

① 제1종 대형면허
② 제2종 보통면허
③ 제1종 보통면허
④ 제1종 특수면허

[해설] "제1종 보통면허를 취득하여 소지하고 있는 자"가 운전을 할 수 있다. 정답은 ③이다. 또한 "제1종 대형면허 소지자"는 "적재중량 3톤 초과 또는 적재용량 3천 리터 초과의 화물자동차"를 운전할 수 있다.

35 무면허운전 금지 규정에 위반하여 자동차 등을 운전하다가 사람을 사상한 후 구호조치 및 사고 발생에 따른 신고를 하지 아니한 경우의 응시기간 제한으로 바르게 설명된 문항은?

① 그 취소된 날부터 5년
② 그 위반한 날부터 5년
③ 그 위반한 날부터 6년
④ 그 취소된 날부터 6년

[해설] "그 위반한 날부터 5년"으로 정답은 ②이다.

36 무면허운전 금지 규정을 3회 이상 위반하여 자동차 및 원동기장치자전거를 운전한 경우에 응시기간의 제한은 몇 년인가?

① 그 위반한 날부터 2년
② 그 위반한 날부터 1년
③ 그 취소된 날부터 1년
④ 그 취소된 날부터 2년

[해설] "그 위반한 날부터 2년"으로 정답은 ①이다.

37 음주운전 금지·음주측정거부 등 술에 취한 상태에서 운전을 하다가 2회 이상 교통사고를 일으킨 경우의 응시제한기간에 대한 설명이다. 그 응시제한기간으로 옳게 설명되어 있는 문항은?

① 그 위반한 날부터 3년
② 운전면허가 취소된 날부터 3년
③ 운전면허가 취소된 날부터 2년
④ 그 위반한 날부터 4년

[해설] 문제의 응시제한 기간은 "운전면허가 취소된 날부터 3년"이 옳으므로 정답은 ②이다.

38 운전면허가 취소된 날부터 2년의 응시 제한 기간의 위반사항들이다. 옳지 않은 문항은?

① 경찰공무원의 음주운전 여부 측정을 3회 이상 위반하여 운전면허가 취소된 경우

② 음주운전 금지 규정을 위반하여 교통사고를 일으켜 운전면허가 취소된 경우

③ 다른 사람의 자동차 등을 훔치거나 빼앗은 경우

④ 공동 위험행위의 금지를 2회 이상 위반하여 운전면허가 취소된 경우

해설 ①의 문항 중간에 "3회 이상"은 틀리고, "2회 이상"이 옳으므로 정답은 ①이다.

39 교통사고 결과에 따른 벌점기준에서 사망시간의 기준과 벌점에 대한 설명이다. 맞는 문항은?

① 36시간(45점) ② 72시간(90점)

③ 48시간(60점) ④ 96시간(100점)

해설 "사망시간 기준은 사고발생 시부터 72시간으로 벌점은 90점"이다. 정답은 ②이다.

40 도로교통법상의 "술에 취한 상태의 기준"에 대한 설명이다. 도로교통법의 기준의 문항은? (혈중알코올농도)

① 혈중알코올농도 : 0.07퍼센트 이상으로 한다.

② 혈중알코올농도 : 0.06퍼센트 이상으로 한다.

③ 혈중알코올농도 : 0.03퍼센트 이상으로 한다.

④ 혈중알코올농도 : 0.05퍼센트 이상~0.1퍼센트이다.

해설 "혈중알코올농도는 0.03퍼센트 이상"이므로 정답은 ③이다.

41 자동차 등을 이용하여 형법상 특수상해(보복운전)를 하며 입건된 때의 벌점이다. 맞는 문항은?

① 100점   ② 60점

③ 90점   ④ 40점

해설 교통방해를 하여 형사입건되었을 때 벌점은 ①의 100점이 부여된다.

42 자동차 등을 이용하여 형법상 살인·시체유기·강도·강제취행을 행하여 입건된 때의 운전면허 행정처분으로 옳은 문항은?

① 운전면허 100일 정지

② 운전면허 9일 정지

③ 운전면허 취소

④ 운전면허 60일 정지

해설 입건되어 구속 시에는 운전면허가 취소되므로 정답은 ③이다.

43 교통법규 위반 시 "벌점 60점에 해당하는 것"으로 옳은 법규 위반 행위 문항은?

① 승객의 차내 소란행위 방치 운전

② 속도위반(60km/h 초과)

③ 공동 위험행위로 형사입건된 때

④ 혈중알코올농도 0.05% 이상 0.1% 미만 시 운전한 때

해설 벌점 40점은 ①, ③ 문항이며, ④의 벌점은 100점으로 정답은 ②이다.

※ 벌점 100점 : 자동차 등을 이용하여 형법상 특수상해 등(보복운전)을 하여 입건된 때

44 교통법규 위반 시 "벌점 30점"의 위반 사항에 대한 설명이다. 벌점 40점에 해당하는 문항은?

① 출석기간 등 범칙금 납부기간 만료 일부터 60일이 경과될 때까지 즉결 심판을 받지 아니한 때

② 속도위반(40km/h 초과 60km/h 이하), 철길 건널목 통과방법 위반

③ 통행구분 위반(중앙선 침범에 한함), 운전면허증 등의 제시의무 위반

④ 고속도로·자동차전용도로 갓길통행

해설 ①의 벌점은 "40점"이며, ②, ③, ④는 30점 으로 정답은 ①이다.

45 교통법규 위반 시 "벌점 15점"에 해당하는 위반사항이다. 위반사항 벌점이 10점에 해당하는 문항은?

① 앞지르기 방법 위반, 안전운전의무 위반, 노상 시비·다툼 등으로 차 마의 통행방해

② 속도위반(20km/h 초과 40km/h 이하)

③ 신호·지시위반, 운전 중 휴대용 전화사용

④ 운전 중 영상표시장치 조작 또는 운 전자가 볼 수 있는 위치에 영상표시 또는 영상표시장치 조작 위반

해설 "앞지르기 방법 위반, 안전운전의무 위반" 등은 "벌점 10점"으로 정답은 ①이며, 이외 에 "운행 기록계 미설치 자동차 운전금지 등 의 위반", "어린이 통학버스운전자의 의무 위반" 등이 있다.

46 교통법규 위반 시 "벌점 10점"에 해당하는 위반사항들이다. 벌점이 다른 문항은?

① 철길 건널목 통과방법 위반

② 통행구분 위반(보도침범, 보도횡단 방법 위반), 안전운전의무 위반

③ 일반도로 전용차로 통행위반

④ 보행자 보호 불이행(정지선 위반 포함)

해설 "철길 건널목 통과방법 위반은 벌점 30점" 으로 정답은 ①이며, 이외에 벌점 10점에는 "노상 시비, 다툼 등으로 차마의 통행 방해행 위" 등이 있다.

47 어린이 보호구역 및 노인·장애인보호 구역에서 "승합자동차 등"이 "신호 또 는 지시를 따르지 않은 차의 고용주 등 에게 부과하는 과태료"에 대한 설명이 다. 맞는 과태료에 해당하는 문항은?

① 과태료 14만 원

② 과태료 13만 원

③ 과태료 16만 원

④ 과태료 17만 원

해설 "과태료 14만 원"으로 정답은 ①이다. ②의 과태료 13만 원은 승용자동차 등의 과태료 에 해당한다.

48 어린이 보호구역 및 노인·장애인보호 구역에서 "승합자동차 등이 정차·주 차금지 위반, 주차금지 위반, 정차·주 차방법 위반 및 시간의 제한"을 위반하 였을 때 고용주 등에게 부과되는 과태 료이다. 옳은 문항은? [( )은 2시간 이상 정차·주차위반 경우]

① 과태료 8(9)만 원

② 과태료 9(12)만 원

③ 과태료 9(10)만 원

④ 과태료 8(10)만 원

해설 "과태료 9(10)만 원"으로 정답은 ③이며, ①의 "과태료 8(9)만 원"은 4톤 이하 화물자동차의 고용주에게 부과되는 과태료 금액이다.

49 어린이 보호구역 및 노인·장애인보호구역에서의 범칙행위 및 범칙금액에 대한 문제이다. 잘못된 문항에 해당되는 항목은?

① 승합자동차 등 : 신호지시 위반·횡단보도 보행자 횡단방해 : 13만 원 (승용자동차 등 12만 원)
② 승용자동차 등 : 60km/h 초과 15만 원, 승합자동차 등 : 40km/h 초과 60km/h 이하 13만 원
③ 승합자동차 : 통행금지위반, 제한위반 9만 원
④ 승합자동차 등 : 주차금지 위반, 정차·주차 방법 위반 등 7만 원

해설 과태료 7만 원이 아닌 8만 원이 맞으므로 정답은 ④이다.

50 승합자동차가 "속도위반(60km/h 초과)"를 하였을 때의 범칙금액의 설명이다. 맞는 문항은?

① 10만 원　　② 11만 원
③ 12만 원　　④ 13만 원

해설 ①, ② 문항은 없는 내용이며 승용자동차는 12만 원, 승합자동차는 13만 원으로 정답은 ④이다.

 02 교통사고처리특례법

01 "차의 교통으로 인하여 사람을 치상하거나 물건을 손괴하는 것"의 교통사고처리특례법상의 명칭에 해당하는 용어의 문항은?

① 추락사고　　② 전복사고
③ 교통사고　　④ 안전사고

해설 법규상의 명칭의 용어는 "교통사고"에 해당되어 정답은 ③이다.

02 차의 운전자가 업무상 과실 또는 중대한 과실로 인하여 사람을 사상에 이르게 한 운전자의 벌칙에 해당한 문항은?

① 2년 이상의 징역 또는 500만 원 이상의 벌금
② 5년 이하의 금고 또는 2천만 원 이하의 벌금
③ 2년 이하의 금고 또는 500만 원 이하의 벌금
④ 5년 이하의 징역 또는 2천만 원 이하의 벌금

해설 "5년 이하의 금고 또는 2천만 원 이하의 벌금"에 처벌하도록 규정되어 있으므로 정답은 ②이다.

03 도로교통법에 규정된 "차의 운전자가 업무상 필요한 주의를 게을리 하거나 중대한 과실로 다른 사람의 건조물이나 그 밖의 재물을 손괴한 때" 당해 운전자에 대한 벌칙에 해당된 문항은?

① 2년 이하의 금고나 500만 원 이상의 벌금
② 1년 이하의 금고나 200만 원 이하의 벌금
③ 1년 이하의 금고나 300만 원 이하의 벌금
④ 2년 이상의 금고나 400만 원 이하의 벌금

해설 도로교통법에 규정된 "재물손괴죄"의 벌칙은 ①과 같이 규정되어 있으므로 정답은 ①이다.

04 교통사고로 피해자를 사망에 이르게 하고 도주하거나, 도주 후에 피해자가 사망한 경우에 도주한 운전자에 대해 적용하고 있는 특별법에 해당하는 특별법 명칭의 문항은?

① 교통사고처리특례법 제3조 제2항

② 도로교통법 제54조 제1항

③ 형법 제268조

④ 특정범죄가중처벌 등에 관한 법률 제5조의 3

[해설] 형법 제268조(업무상 과실·중과실치사상)의 죄를 범한 해당 차량의 사고운전자가 피해자를 구호조치를 아니하고 도주한 경우에는 ④의 "특가법"이 적용되므로 정답은 ④이다.

05 교통사고처리특례법 제3조 제2항의 예외 단서에서 "특례의 적용을 배제"하는 사항이다. 특례적용사항에 해당되는 문항은?

① 신호·지시 위반사고, 무면허운전사고

② 철길 건널목 통과방법 위반사고, 보행자 보호의무 위반사고, 주취운전·약물복용운전 사고

③ 속도위반(20km/h 초과) 과속사고

④ 진로변경방법 위반사고

[해설] "진로변경방법 위반사고"는 범칙금 통고처분 대상으로 정답은 ④이다. 또한, ①, ②, ③ 이외에 "고속도로 등에서 횡단, 유턴, 또는 후진사고", "앞지르기의 방법·금지시기·금지장소 사고" 등이 있다.

06 교통안전법 시행령 별표 3의 2에서 규정된 교통사고로 인한 "사망사고의 범위"에 대한 설명이다. 잘못 설명된 문항은?

① 교통안전법 시행령에서 규정한 사망은 교통사고가 주된 원인이 되어 교통사고 발생 시부터 30일 이내에 사람이 사망한 사고를 말한다.

② 피해자가 교통사고 발생 후 72시간 내 사망하면 벌점 90점이 부과된다.

③ 사고로부터 72시간이 경과된 이후 사망한 경우에는 사망사고가 아니다.

④ 사망사고는 반의사불벌죄의 예외로 규정하여 형법 제268조에 따라 처벌하고 있다.

[해설] "사망시간 72시간은 행정상의 구분일 뿐 72시간이 경과된 이후라도 사망의 원인이 교통사고가 주된 원인인 경우에는 사고운전자에게는 형사적 책임이 부과되므로" 정답은 ③이다.

07 자동차·원동기장치자전거의 교통으로 인하여 "피해자를 사망에 이르게 하고 도주하거나, 도주 후에 피해자가 사망한 경우" 가중처벌의 벌칙으로 맞는 문항은?

① 3년 이상의 유기징역에 처한다.

② 1년 이상의 유기징역 또는 500만 원 이상 3천만 원 이하의 벌금에 처한다.

③ 무기 또는 5년 이하의 징역에 처한다.

④ 무기 또는 5년 이상의 징역에 처한다.

[해설] 문제의 가중처벌 벌칙으로 "무기 또는 5년 이상의 징역에 처한다"로 규정되어 있으므로 정답은 ④이다.

08 자동차·원동기장치자전거의 교통으로 인하여 "사고운전자가 피해자를 사고 장소로부터 옮겨 유기하고 사망에 이르게 하고 도주하거나, 도주 후에 피해자가 사망한 경우"의 가중처벌 벌칙으로 맞는 문항은?

① 사형, 무기 또는 5년 이하의 징역에 처한다.
② 사형, 무기 또는 5년 이상의 징역에 처한다.
③ 무기 또는 5년 이상의 징역에 처한다.
④ 3년 이상의 유기징역에 처한다.

해설 가중처벌 벌칙은 "사형, 무기 또는 5년 이상의 징역에 처한다"로 규정되어 정답은 ②이다.

09 교통사고 발생 시 "도주사고 적용사례"이다. 도주사고가 적용되지 않는 사고의 문항은?

① 피해자가 부상 사실이 없거나 극히 경미하여 구호조치가 필요하지 않은 경우
② 사상 사실을 인식하고도 가버린 경우
③ 피해자를 병원까지만 후송하고 계속 치료받을 수 있는 조치 없이 도주한 경우
④ 사고현장에 있었어도 사고 사실을 은폐하기 위해 거짓진술·신고한 경우

해설 ①의 경우는 "도주가 적용되지 않는 경우"이므로 정답은 ①이다. 또한 ②, ③, ④ 외에 "피해자를 방치한 채 사고현장을 이탈·도주한 경우, 운전자를 바꿔치기하여 신고한 경우" 등이 있다.

10 교통사고 발생 시 "도주가 적용되지 않는 경우"에 대한 설명이다. 도주사고 적용사례에 해당되는 것으로 맞는 문항은?

① 피해자가 부상 사실이 없거나 극히 경미하여 구호조치가 필요하지 않는 경우
② 교통사고 가해운전자가 심한 부상을 입어 타인에게 의뢰하여 피해자를 후송조치한 경우
③ 가해자 및 피해자 일행 또는 경찰관이 환자를 후송조치하는 것을 보고 연락처를 주고 가버린 경우
④ 운전자를 바꿔치기하여 신고한 경우와 부상피해자에 대한 적극적인 구호조치 없이 가버린 경우

해설 ④의 "운전자를 바꿔치기하여 신고한 경우" 등은 도주사고 적용사례이므로 정답은 ④이다.

11 신호위반의 종류에 대한 설명이다. 신호위반이 아닌 것에 해당되는 문항은?

① 황색신호 전에 교차로에 진입한 후 황색신호에 교차로를 통과한 경우
② 주의(황색)신호에 무리한 진입
③ 사전출발 신호위반
④ 신호 무시하고 진행한 경우

해설 "황색신호에 이미 교차로에 진입하여 운행 중인 경우"는 신호위반이 아니므로 정답은 ①이다.

12 황색주의신호의 기본 시간이다. 옳은 문항은?

① 기본 6초　　② 기본 5초
③ 기본 4초　　④ 기본 3초

해설 "황색주의신호의 기본 시간은 3초"이나 큰 교차로는 다소 연장될 수 있어 정답은 ④이다.

13 황색주의신호 개념에 대한 설명이다. 잘못되어 있는 문항은?

① 초당거리 순산 신호위반 입증
② 대부분 선신호 차량 신호위반(단, 후신호 논스톱 사전진입 시는 예외)
③ 선·후 신호 진행차량 간 사고를 예방하기 위한 제도적 장치이다(3초 여유).
④ 황색주의신호 기본은 3초이나 큰 교차로는 다소 연장할 수 있다.

해설 "초당거리 순산 신호위반 입증"은 틀리고 "초당거리 역산 신호위반 입증"이 옳은 문항으로 정답은 ①이다.

14 "신호·지시 위반사고의 성립요건"에 대한 설명이다. 옳지 못한 문항은?

① 장소적 요건 : 신호기가 설치되어 있는 교차로나 횡단보도. 경찰관 등의 수신호
② 피해자적 요건 : 신호·지시 위반 차량에 충돌되어 대물피해를 입은 경우
③ 운전자 과실 : 고의적 과실, 부주의에 의한 과실
④ 시설물의 설치요건 : 특별시장, 광역시장 또는 시장, 군수가 설치한 신호기나 안전표지

해설 ②의 문항 설명은 "피해자적 과실의 예외사항에 해당"하므로 정답은 ②이다.

15 중앙선 침범이 적용되는 사례에 대한 설명이다. 적용사례가 아닌 문항은?

① 제한속력 내 운행 중 미끄러지며 중앙선을 침범한 경우
② 후진으로 중앙선을 넘었다가 다시 진행 차로로 들어오는 경우(대향차의 차량 아닌 보행자를 충돌한 경우도 중앙선 침범 적용)
③ 오던 길로 되돌아가기 위해 유턴(U)하며 중앙선을 침범한 경우
④ 앞지르기 위해 중앙선을 넘어 진행하다 다시 진행차로로 들어오는 경우

해설 ①의 "제한속력 내 운행 중 미끄러지며 중앙선을 침범한 경우"는 중앙선 침범 적용이 불가하므로 정답은 ①이며. ②, ③, ④ 이외에 "중앙선을 침범하거나 걸친 상태로 계속 진행한 경우와 황색점선으로 된 중앙선을 넘어 회전 중 발생한 사고 또는 앞지르기 하던 중 발생한 사고" 등이 있다.

16 교통사고처리특례법상 "중앙선 침범 적용사고"로 "형사입건되는 요건"이다. 공소권 없는 사고로 처리되는 문항은?

① 고의적 유턴, 회전 중 중앙선 침범 사고, 중앙선을 침범하거나 걸친 상태로 계속 진행한 경우 등
② 현저한 부주의로 인한 중앙선 침범 사고(커브길 과속으로 중앙선 침범, 차내 잡담 등 부주의로 인한 중앙선 침범 등)
③ 의도적 U턴, 회전 중 중앙선 침범 사고
④ 사고피양 급제동으로 인한 중앙선 침범

해설 "사고피양 급제동으로 인한 중앙선 침범"은 공소권 없는 사고로 처리되므로 정답은 ④ 이다.

17 "중앙선 침범 사고의 성립요건"에 대한 설명이다. 잘못된 문항은?

① 장소적 요건 : 황색실선이나 점선의 중앙선이 설치되어 있는 도로, 자동차전용도로나 고속도로에서의 횡단·유턴·후진

② 운전자 과실 : 고의적 과실, 현저한 부주의에 의한 과실

③ 피해자적 요건 : 중앙선 침범 차량에 충돌되어 대물피해만 입은 경우

④ 시설물의 설치요건 : 도로교통법에 의거 시·도경찰청장이 설치한 중앙선

해설 "피해자적 요건에서 중앙선 침범 차량에 충돌되어 대물피해만 입은 경우"는 공소권 없으므로 처리되어 정답은 ③이다.

18 중앙선 침범이 성립되지 않는 사고에 대한 설명이다. 중앙선 침범에 해당되는 사고의 문항은?

① 중앙선의 도색이 마모되었을 경우 중앙 부분을 넘어서 난 사고

② 황색실선이나 점선의 중앙선이 설치되어 있는 도로에서 중앙선을 침범한 사고

③ 전반적으로 또는 완전하게 중앙선이 마모되어 식별이 곤란한 도로에서 중앙 부분을 넘어서 발생한 사고

④ 중앙선을 침범한 동일방향 앞차를 뒤따르다가 그 차를 추돌한 사고의 경우

해설 ②의 "황색실선이나 점선의 중앙선이 설치되어 있는 도로에서 중앙선을 침범한 사고"는 성립요건의 장소적 요건 내용에 해당되므로 정답은 ②이다.

19 도로교통법과 교통사고처리특례법상의 "과속의 개념"에 대한 설명이다. 틀린 문항은?

① 도로교통법에서 규정된 지정속도를 초과한 경우를 말한다.

② 교통사고처리특례법상의 과속은 도로교통법에 규정된 지정속도를 21km/h 초과된 경우를 말한다.

③ 교통사고처리특례법상의 과속은 도로교통법에 규정된 법정속도를 20km/h 초과된 경우를 말한다.

④ 도로교통법에서 규정된 법정속도를 초과한 경우를 말한다.

해설 ②의 "교통사고처리특례법상의 과속은 법정 및 지정속도를 20km/h를 초과한 경우를 말한다"이므로 정답은 ②이다.

20 경찰에서 사용 중인 속도추정방법에 대한 설명이다. 아닌 문항은?

① 목격자의 진술

② 타코그래프(운행기록계)

③ 운전자 진술

④ 제동 흔적, 스피드건

해설 ①의 "목격자의 진술"은 증거능력이 부족하므로 정답은 ①이다.

21 과속사고(20km/h 초과)의 성립요건에 대한 설명이다. 성립요건에 해당 없는 문항은?

① 장소적 요건 : 도로나 불특정 다수의 사람 또는 차마의 통행을 위하여 공개된 장소로서 안전하고 원활한 교통을 확보할 필요가 있는 장소

② 피해자적 요건 : 제한속도 20km/h 이하 과속차량에 충돌되어 인적 피해를 입은 경우와 제한속도 20km/h 초과 차량에 충돌되어 대물 피해만 입은 경우

③ 운전자 과실 : 고속도로(일반도로 포함)·자동차전용도로에서 제한속도 20km/h 초과 및 속도제한표지판 설치구간에서 제한속도 20km/h 초과

④ 시설물의 설치요건 : 고속(일반)도로에서 규제표지로 제한한 속도 80(60)km/h에서 20km/h를 초과한 경우와 고속도로나 자동차전용도로에서 노면표시 제한속도 20km/h 초과한 경우

해설 ②의 문항 중 후단의 문항이 "피해자적 요건의 예외사항"에 해당되므로 정답은 ②이다.

22 앞지르기 방법, 금지 위반사고의 성립요건에서 "운전자의 과실 내용" 중 "앞지르기 금지 위반행위"에 해당하지 아니한 위반행위의 문항은?

① 우측 앞지르기 또는 2개 차로 사이로 앞지르기

② 병진 시 앞지르기 또는 앞차의 좌회전 시 앞지르기, 실선의 중앙선 침범 앞지르기

③ 위험방지를 위한 정지·서행 시 앞지르기

④ 앞지르기 금지장소에서의 앞지르기

해설 ①의 문항은 "앞지르기 방법 위반행위"에 해당되어 정답은 ①이다.

23 철길 건널목 통과방법 위반사고 성립요건에서 "운전자의 과실"에 대한 설명이다. 예외사항에 해당되는 문항은?

① 철길 건널목 직전 일시정지 불이행

② 안전미확인 통행 중 사고

③ 고장 시 승객대피, 차량이동 조치 불이행

④ 신호기 등이 표시하는 신호에 따르는 때에는 일시정지하지 아니하고 통과하는 행위

해설 ④는 "철길 건널목의 안전한 통행방법"으로 예외사항에 해당되어 정답은 ④이다.

24 보행자 보호의무 위반사고에서 "보행자 보호의무"에 대한 설명이다. 잘못된 문항은?

① 모든 운전자는 보행자가 횡단보도를 통행하고 있는 때에는 그 횡단보도 앞에서 일시정지하여야 한다.

② 모든 차의 운전자는 정지선이 설치되어 있는 곳에서는 그 정지선 앞에서 일시정지한다.

③ 보행자의 횡단을 방해하거나 위험을 주어서는 아니 된다.

④ 보행자가 횡단보도 신호에 따라 적법하게 횡단하였고, 신호변경이 되었더라도 미처 건너지 못한 보행자가 예상되므로 운전자의 주의 촉구

해설 ④의 문항은 "횡단보도 보행자 보호의무 위반의 개념"에 해당되므로 정답은 ④이다.

25 횡단보도에서 이륜차(자전거, 오토바이)와 사고 발생 시 결과에 대한 조치의 설명이다. 잘못되어 있는 문항은?

① 이륜차를 타고 횡단보도 통행 중 사고 : 이륜차를 보행자로 볼 수 없고 제차로 간주하여 처리 – 안전운전 불이행 적용

② 이륜차를 끌고 횡단보도 보행 중 사고 : 보행자로 간주 – 보행자 보호의무 위반 적용

③ 이륜차를 타고 가다 멈추고 한 발은 페달에, 한 발을 노면에 딛고 서 있던 중 사고 : 보행자로 간주 – 보행자 보호의무 위반 적용

④ 이륜차를 끌고 횡단보도 보행 중 사고 : 제차로 간주 – 보행자 보호의무 위반 적용

해설 ④의 문항 중 "제차로 간주"는 틀리고, "보행자로 간주"가 옳으므로 정답은 ④이다.

26 횡단보도 보행자 보호의무 위반사고의 성립요건에 대한 설명이다. 잘못되어 있는 문항은?

① 장소적 요건 : 횡단보도 내

② 피해자적 요건 : 횡단보도를 건너던 보행자가 자동차에 충돌되어 인적 피해를 입은 경우

③ 시설물 설치요건 : 아파트 단지나 학교, 군부대 등 특정구역 내부의 소통과 안전을 목적으로 자체 설치된 경우

④ 운전자의 과실 : 횡단보도 전에 정지한 차량을 추돌, 앞차가 밀려나가 보행자를 충돌한 경우

해설 ③의 문항 설명 내용은 시설물 설치요건의 "예외사항에 해당"되므로 성립요건이 아니며, "지방경찰청장이 설치한 횡단보도"이어야 하므로 정답은 ③이다.

27 무면허운전에 해당하는 경우를 설명한 것으로 무면허운전에 해당되지 않는 문항은?

① 시험합격 후 면허증 교부 후 운전하는 경우

② 유효기간이 지난 면허증으로 운전한 경우

③ 면허 취소처분을 받은 자가 운전하는 경우

④ 면종종별 외의 차량을 운전하는 경우

해설 ①의 문항에서 "면허증 교부 후" 운전은 무면허운전이 아니고 "면허증 교부 전" 운전이 무면허운전이므로 정답은 ①이다.

28 음주운전에 해당하는 사례에 대한 설명이다. 음주운전으로 형사처벌과 행정처분을 동시에 집행하는지 여부의 설명이다. 잘못된 문항은?

① 술을 마시고 다음의 ②·③·④의 장소에서 운전하여도 형사처벌과 행정처분을 동시에 집행할 수 있다.

② 일반에 공용되는 도로

③ 불특정 다수의 사람 또는 차마의 통행을 위하여 공개된 장소

④ 공개되지 않는 통행로(공장, 관공서, 학교, 사기업 등 정문 안쪽 통행로)와 같이 문, 차단기에 의해 도로와 차단되고 관리되는 장소의 통행로

해설 ①의 문항에서 "형사처벌 대상은 되지만 ④의 문항 경우에는 행정처분 대상에서는 제외된다"가 맞는 문항으로, 정답은 ①이다.

29 도로교통법에서 정한 음주기준(혈중알코올농도)에 대한 설명으로 옳은 문항은?

① 도로교통법에서 혈중알코올농도 0.03% 이상
② 도로교통법에서 혈중알코올농도 0.05% 이상
③ 도로교통법에서 혈중알코올농도 0.10% 이상
④ 도로교통법에서 혈중알코올농도 0.12% 이상

해설 "혈중알코올농도 0.03% 이상"으로 규정되어 있어 정답은 ①이다.

30 "길가의 건물이나 주차장 등에서 도로에 들어가고자 하는 때"에 운전자가 취할 운전방법으로 올바른 운전방법의 문항은?

① 일시정지 후 진입
② 일단 정지 후 진입
③ 서행 후 진입
④ 안전확인 후 진입

해설 문제의 경우 진입할 때 운전방법은 "일단 정지 후 진입"이 옳은 방법으로 정답은 ②이다 (일시정지 예 : 철길 건널목 통과·횡단보도상에 보행자가 통행할 때 등).

31 보도침범 사고의 성립요건에 대한 설명이다. 예외사항으로 된 문항에 해당되는 문항은?

① 장소적 요건 : 보·차도가 구분된 도로에서 보도 내의 사고(보도침범 사고, 통행방법 위반 포함)
② 피해자적 요건 : 자전거, 오토바이를 타고 가던 중 보도침범 통행 차량에 충돌된 경우
③ 운자의 과실 : 고의적 과실, 현저한 부주의에 의한 과실
④ 시설물의 설치요건 : 보도설치 권한이 있는 행정기관에서 설치 관리하는 보도

해설 ②의 문항은 "보도침범 사고의 성립요건에서 예외사항에 해당"되므로 정답은 ②이다.

32 승객추락 방지의무 위반사고(개문발차 사고)의 성립요건에 대한 설명이다. 잘못된 문항은?

① 자동차적 요건 : 이륜차, 자전거 등도 적용된다.
② 자동차적 요건 : 승용, 승합, 화물, 건설기계 등 자동차에만 적용한다.
③ 피해자적 요건 : 탑승객이 승·하차 중 개문된 상태로 발차하여 승객이 추락함으로써 인적 피해를 입은 경우
④ 운전자 과실 : 차의 문이 열려 있는 상태로 발차한 행위

해설 "이륜차(오토바이), 자전거 등은 적용 대상에서 제외"되므로 정답은 ①이다.

33 승객추락 방지의무 위반사고 사례이다. 적용배제 사례에 해당되는 문항은?

① 택시의 경우 목적지에 도착하여 승객 자신이 출입문을 개폐 도중 사고가 발생한 경우

② 운전자가 출발하기 전 그 차의 문을 제대로 닫지 않고 출발함으로써 탑승객이 추락, 부상을 당하였을 경우

③ 택시의 경우 승하차 시 출입문 개폐는 승객 자신이 하게 되어 있으므로, 승객 탑승 후 출입문을 닫기 전에 출발하여 승객이 지면으로 추락한 경우

④ 개문발차로 인한 승객의 낙상사고의 경우

해설 ①의 문항은 "적용배제 사례"의 하나로 해당 없다. 그러므로 정답은 ①이며, ②, ③, ④ 외에 "개문 당시 승객의 손이나 발이 끼어 사고 난 경우"가 있다.

03 화물자동차운수사업법령

01 화물자동차 운수사업법의 제정목적에 대한 설명이다. 해당되지 아니한 문항은?

① 운수사업을 효율적으로 관리하고 건전하게 육성

② 화물의 원활한 운송을 도모

③ 공공복리의 증진에 기여

④ 화물자동차 운전자의 효율적 관리

해설 "화물자동차 운전자의 효율적 관리"도 하여야 하지만, 목적에는 포함되지 않으므로 정답은 ④이다.

02 화물자동차의 규모별 종류 및 세부기준에서 "일반형 경형(특수자동차 경형 포함) 화물자동차 배기량의 기준"으로 옳은 문항은?

① 배기량 1,000cc 미만

② 배기량 800cc 이상

③ 배기량 900cc 미만

④ 배기량 1,000cc 이상

해설 "화물(특수)자동차 일반형 경형은 배기량 1,000cc 미만"이므로 정답은 ①이다.
※ 경형(초소형) : 배기량이 250cc(전기자동차의 경우 최고 정격출력이 15kW) 이하이고, 길이 3.6m, 너비 1.5m, 높이 2.0m 이하인 것

03 화물자동차 규모별 종류 및 세부기준에 대한 설명이다. 잘못되어 있는 문항은?

① 경형 : 배기량 1,000cc 미만, 길이 3.6m, 너비 1.6m, 높이 2.0m 이하인 것

② 소형 : 최대적재량 1톤 이하인 것, 총중량 3.5톤 이상인 것

③ 중형 : 최대적재량 1톤 초과 5톤 미만이거나, 총중량 3.5톤 초과 10톤 미만인 것

④ 대형 : 최대적재량 5톤 이상, 총중량 10톤 이상인 것

해설 문항 ②에서 "총중량 3.5톤 이상인 것"은 틀리고, "총중량 3.5톤 이하인 것"이 규정이므로 정답은 ②이다.

04 화물자동차의 유형별 세부기준이다. 다른 문항은?

① 특수작업형   ② 일반형

③ 덤프형   ④ 밴형

해설 "특수작업형"은 특수자동차 유형별 세부기준으로 정답은 ①이며. ②, ③, ④ 외에 "특수용도형"이 있다.

05 특수자동차의 유형별 기준이다. 다른 문항은?

① 견인형　　　② 구난형
③ 특수작업형　④ 특수용도형

해설 "특수용도형"은 화물자동차의 유형별 기준의 하나로 정답은 ④이다.

06 "다른 사람의 요구에 응하여 유상으로 화물운송 계약을 중개·대리하거나 화물자동차 운송사업"을 하는 용어 명칭의 문항은?

① 화물자동차 운수사업
② 화물자동차 운송주선사업
③ 화물자동차 운송사업
④ 화물자동차 운송가맹사업

해설 용어의 명칭은 "화물자동차 운송주선사업"이므로 정답은 ②이다.

07 화물자동차 운수사업에 제공되는 차고지에서 "공영차고지" 설치권자에 대한 설명이다. 설치권자로 틀린 문항은?

① 특별시장·광역시장·특별자치시장, 도지사·특별자치도지사
② 시장·군수·구청장(자치구의 구청장)
③ 공공기관의 운영에 관한 벌률에 따른 공공기관
④ 지방공기업법에 따른 해당 기관장

해설 ④의 문항 중 "해당 기관장"이 아니고, "지방공사"가 맞으므로 정답은 ④이다.

08 화물자동차 운송사업을 경영하려는 자가 허가를 받아야 할 관청은? (위임된 경우임)

① 국토교통부장관
② 시장·군수

③ 행정안전부장관
④ 시·도지사

해설 원칙은 국토교통부장관이나, 위임사항으로 "시·도지사"에게 위임되어 정답은 ④이다. 또한, 변경허가 업무도 시·도지사에게 위임되었다. 신고 업무는 협회에 위탁되었다. 운송사업자는 운송사업의 허가받은 날부터 5년마다 허가기준에 관한 사항을 국토교통부장관에게 신고하여야 한다.

09 운송사업자는 화물자동차 운송사업의 허가를 받은 날부터 허가기준에 관한 사항을 신고하여야 한다. 그 신고하는 관청과 그 기간으로 맞는 문항은? (위임된 경우임)

① 국토교통부장관 - 3년마다
② 시·도지사 - 5년마다
③ 행정안전부장관 - 5년마다
④ 협회 - 5년마다

해설 "신고업무는 협회에 위탁"되었고, 위임사항으로 "시·도지사 - 5년마다"가 맞으므로 정답은 ②이다.

10 화물자동차 운수사업의 허가를 받은 후 허가가 취소된 후 2년이 지나지 아니하면 다시 허가를 받을 수 없는 사항들이다. 아닌 문항은?

① 허가를 받은 후 5개월간의 운송실적이 국토교통부령으로 정하는 기준에 미달한 경우
② 부정한 방법으로 변경허가를 받은 경우 등
③ 허가기준을 충족하지 못하게 된 경우
④ 5년마다 허가기준에 관한 사항을 신고하지 아니하였거나 거짓으로 신고한 경우, 허가가 취소된 후 2년이 지나지 아니한 자 등

해설 ①의 문항 중 "허가를 받은 후 5개월간의"는 틀리고, "허가를 받은 후 6개월간의"가 맞으므로 정답은 ①이며, ②, ③, ④ 외에 "부정한 방법으로 변경허가를 받거나 변경허가를 받지 아니하고 허가사항을 변경한 경우"가 있다.

11

화물의 "적재물 사고[화물의 멸실(滅失), 훼손(毁損), 또는 인도(引渡)의 지연]로 발생한 운송사업자의 손해배상 책임에 관하여 적용되는 법"에 해당하는 문항은?

① 상법 제135조
② 공정거래법 제135조
③ 민법 제135조
④ 소비자기본법 제135조

해설 적재물 사고의 손해배상 책임은 "상법 제135조"가 적용되므로 정답은 ①이다.

12

화물의 적재물 사고의 규정을 적용할 때 화물의 인도기한이 지난 후 몇 개월 이내에 인도되지 아니하면 그 화물은 멸실된 것으로 보는가이다. 멸실된 것으로 보는 기간의 문항은?

① 2개월 이내
② 3개월 이내
③ 4개월 이내
④ 5개월 이내

해설 "인도기한이 지난 후 3개월 이내에 인도되지 아니하면 멸실된 것으로 본다"이므로 정답은 ②이다.

13

 화물의 멸실(滅失), 훼손(毁損), 인도(引渡)의 지연으로 인한 손해배상책임에 관한 분쟁조정업무를 처리할 수 있는 기관으로 해당 없는 문항은?

① 근거법규 : 소비자기본법 제33조 제1항
② 기관 : 한국소비자원
③ 같은 법(제29조 ①) : 등록된 소비자단체
④ 국토교통부 민원행정 담당실장

해설 ④의 문항은 해당 없는 문항으로 정답은 ④이다.

14

사업용 화물자동차를 과거 2년 동안 운전할 때 2회 이상 위반한 경력이 있는 경우, 책임보험계약 등을 공동으로 체결할 수 있는 "영"으로 정한 사유에 대한 설명이다. 틀린 것에 해당한 문항은?

① 무면허운전 등의 경우
② 술에 취한 상태에서의 운전금지
③ 사고발생 시 조치의무
④ 보험회사가 보험업법에 따라 허가를 받거나 신고한 적재물배상 보험요율과 책임준비금 산출기준에 따라 손해배상을 담보하는 것이 완전히 판단한 경우

해설 ④의 문항 끝에 "완전히 판단한 경우"는 틀리고, "현저히 곤란하다고 판단한 경우"가 옳은 문항으로 정답은 ④이다.

15 보험회사 등은 자기와 책임보험계약 등을 체결하고 있는 보험 등 의무가입자에게 그 계약이 끝난다는 사실을 통지하는 기간이다. 그 기간으로 옳은 것에 해당한 문항은?

① 그 계약종료일 20일 전까지 그 계약이 끝난다는 사실을 알려야 한다.

② 그 계약종료일 25일 전까지 그 계약이 끝난다는 사실을 알려야 한다.

③ 그 계약종료일 30일 전까지 그 계약이 끝난다는 사실을 알려야 한다.

④ 그 계약종료일 35일 전까지 그 계약이 끝난다는 사실을 알려야 한다.

> **해설** "그 계약종료일 30일 전까지 그 계약이 끝난다는 사실을 알려야 한다"이므로 정답은 ③이다. 또한 통지의 내용에는 적재물배상보험에 가입하지 아니한 경우 "500만 원 이하의 과태료가 부과된다는 사실에 관한 안내가 포함되어야 한다"가 있다(※ 참고 : 시행규칙에는 계약종료일 30일 전과 10일 전에 각각 통지하여야 한다로 기재됨).

16 보험회사 등은 자기와 책임보험계약 등을 체결한 보험 등 의무가입자가 그 계약이 끝난 후 새로운 계약을 체결하지 아니하면 그 사실을 지체 없이 알려야 한다. 신고하여야 할 관청으로 해당된 문항은? (위임된 경우이다)

① 국토교통부장관

② 시장·군수·구청장

③ 행정안전부장관

④ 시·도지사

> **해설** 위임된 경우로 "시·도지사"에게 위임되어 있어 정답은 ④이다.

17 화물자동차 운송사업자가 "적재물배상 책임보험 또는 공제에 가입하지 않은 경우"에 대한 과태료 부과기준설명이다. 잘못된 문항은?

① 가입하지 않은 기간이 10일 이내인 경우 : 1만 5천 원

② 가입하지 않은 기간이 10일을 초과한 경우 : 1만 5천 원에 11일째부터 기산하여 1일당 5천 원을 가산한 금액

③ 과태료의 총액 : 자동차 1대당 50만 원을 초과하지 못한다.

④ 과태료의 총액 : 자동차 1대당 50만 원을 초과할 수 있다.

> **해설** "과태료의 총액은 자동차 1대당 50만 원을 초과하지 못한다"이므로 정답은 ④이다.

18 화물자동차 운송주선사업자가 "적재물배상 책임보험 또는 공제에 가입하지 않은 경우"에 대한 과태료 부과기준의 설명이다. 틀린 문항은?

① 가입하지 않은 기간이 10일 이내인 경우 : 3만 원

② 가입하지 않은 기간이 10일을 초과한 경우 : 3만 원에 11일째부터 기산하여 1일당 1만 원을 가산한 금액

③ 과태료의 총액 : 100만 원을 초과할 수 있다.

④ 과태료의 총액 : 100만 원을 초과하지 못한다.

> **해설** "과태료의 총액은 100만 원을 초과할 수 있다"는 틀리므로 정답은 ③이다.

19 화물자동차 운송가맹사업자가 "적재물 배상 책임보험 또는 공제에 가입하지 않은 경우" 부과되는 과태료의 기준에 대한 설명이다. 틀린 것에 해당되는 문항은?

① 가입하지 않은 기간이 10일 이내인 경우 : 15만 원

② 가입하지 않은 기간이 10일을 초과한 경우 : 15만 원에 11일째부터 기산하여 1일당 5만 원을 가산한 금액

③ 과태료의 총액 : 자동차 1대당 500만 원을 초과할 수 있다.

④ 과태료의 총액 : 자동차 1대당 500만 원을 초과하지 못한다.

해설 "과태료의 총액은 자동차 1대당 500만 원을 초과할 수 있다"는 틀리므로 정답은 ③이다.

20 화물자동차 운수종사자의 준수사항에 대한 설명으로 해당되지 않는 문항은?

① 정당한 사유 없이 화물을 중도에서 내리게 하거나, 화물 운송을 거부하는 행위

② 부당한 운임 또는 요금을 요구하거나 받는 행위, 일정한 장소에 오랜 시간 정차하여 화주를 호객(呼客)하는 행위

③ 문을 완전히 닫지 아니한 상태에서 자동차를 출발시키거나 운행하는 행위

④ 고장 및 사고차량 등 화물의 운송과 관련하여 자동차관리사업자와 부정한 금품을 주지도 않고 받지도 않는 행위

해설 ④의 문항 "주지도 않고 받지도 않는 행위"는 정당한 업무행위이고, 준수사항으로는 "부정한 금품을 주고받는 행위"가 해당되므로 정답은 ④이다.

21 구난형 특수자동차를 사용하여 고장·사고차량을 운송하는 운수종사자의 준수사항이다. 맞지 않는 문항은?

① 고장·사고차량에 적재한 화물의 화주가 차량의 이동을 명한 경우

② 고장·사고차량 소유자 또는 운전자의 의사에 반하여 구난하지 아니할 것

③ 고장·사고차량 소유자 또는 운전자가 사망·중상 등으로 의사를 표현할 수 없는 경우는 제외한다.

④ 교통의 원활한 흐름 또는 안전 등을 위하여 경찰공무원이 차량의 이동을 명한 경우는 제외한다.

해설 ①의 경우 "제외"사항에 없으므로 정답은 ①이다.

22 국토교통부장관이 명할 수 있는 업무개시명령에 대한 설명이다. 잘못된 문항은?

① 운송사업자나 운수종사자에게 명할 수 있다.

② 운수업자나 운수종사자가 정당한 사유 없이 집단으로 화물운송을 거부하여 국가경제에 매우 심각한 위기를 초래하거나 초래할 우려가 있다고 인정할 만한 상당한 이유가 있을 때 명할 수 있다.

③ 업무개시를 명하려면 "국무회의의 심의"를 거쳐야 한다.

④ ②항에 따라 업무개시를 명한 때에는 구체적 이유 및 향후 대책을 "국무회의의 심의 때 보고"하여야 한다.

해설 ④의 문항 중에 "국무회의의 심의 때 보고"는 틀리고, "국회 소관 상임위원회에 보고"가 옳은 문항으로 정답은 ④이며, "운송사업자 또는 운수종사자는 정당한 사유 없이 업무개시명령을 거부할 수 없다"가 있다.

23 시·도지사가 화물자동차 운송사업의 허가를 반드시 취소하여야 하는 위반사항이다. 아닌 문항은?

① 부정한 방법으로 화물자동차 운송사업허가를 받은 경우

② 화물자동차 운수사업법을 위반하여 징역 이상의 형의 집행유예를 선고받고 그 유예기간 중에 있는 자

③ 화물자동차 교통사고와 관련하여 거짓이나 그 밖의 부정한 방법으로 보험금을 청구하여 금고 이상의 형을 선고받고 그 형이 확정된 경우

④ 화물자동차 소유대수가 2대 이상인 운송사업자가 영업소 설치허가를 받지 아니하고 주사무소 외의 장소에서 상주하여 영업한 경우

해설 ④의 문항 경우는 6개월 이내의 기간을 정하여 그 사업의 전부 또는 일부의 정지를 명령하거나 감차 조치를 명할 수 있어 정답은 ④이다.

24 화물자동차 운수사업법에서 중대한 교통사고 등의 범위에 대한 설명이다. 틀린 문항은?

① 교통사고처리특례법에서 도주에 해당 사고

② 화물자동차의 신호위반 교통사고로 중상

③ 화물자동차의 전복(顚覆) 또는 추락, 다만 운수종사자에게 귀책사유가 있는 경우만 해당한다.

④ 5대 미만의 차량을 소유한 운송사업자 : 해당 사고 이전 최근 1년 동안에 발생한 교통사고가 2건 이상인 경우

해설 "화물자동차의 신호위반 교통사고로 중상"은 아니고, "화물자동차의 정비불량"이 해당되므로 정답은 ②이다.

25 화물자동차 운송주선사업의 허가 등에 대한 설명으로 틀린 문항은?

① 사무실 : 영업에 필요한 면적을 확보

② 관리사무소 등 부대시설이 설치된 민영 노외주차장을 소유하거나 그 사용계약을 체결한 경우에도 사무실을 확보한 것으로 본다.

③ 국토교통부장관의 허가를 받아야 한다.

④ 상용인부 : 1명 이상일 것(일반화물운송사업자는 제외한다)

해설 ④의 "상용인부"는 해당이 없어 정답은 ④이다.

26 화물자동차 운송가맹사업의 허가를 받으려고 할 때 신청하여야 할 행정관청으로 맞는 문항은?

① 행정안전부장관

② 국토교통부장관

③ 시·도지사

④ 시장, 군수, 시장

해설 시·도지사에게 위임된 사항이 아니므로 정답은 ②이다. 또한, 변경하려는 때에도 국토교통부장관의 허가를 받아야 한다.

27 화물자동차 운수사업의 운전업무에 종사할 수 있는 자의 요건의 설명이다. 틀린 문항은?

① 운전적성에 대한 정밀검사(신규검사)는 면접검사와 신체검사로 한다.
② 화물자동차를 운전하기에 적합한 도로교통법에 따른 운전면허를 가지고 있을 것
③ 연령이 20세 이상일 것
④ 운수사업용 자동차 운전경력은 1년이며, 이외의 자동차 운전경력은 2년이다.

해설 "국토교통부령으로 정하는 운전적성에 대한 정밀검사기준에 의하여 필기형 검사"이므로 정답은 ①이다.

28 화물운송 종사자격을 반드시 취소하여야 하는 위반사유이다. 취소사유에 해당되지 않는 문항은?

① 업무개시명령을 위반한 자나, 화물운송 중에 고의나 과실로 교통사고를 일으켜 사람을 사망하게 하거나 다치게 한 경우
② 거짓이나 그 밖의 부정한 방법으로 화물운송 종사자격을 취득한 경우
③ 화물운송 종사자격증을 다른 사람에게 빌려준 경우와 화물운송 종사자격 정지기간 중에 화물자동차 운수사업의 운전업무에 종사한 경우
④ 화물자동차 교통사고와 관련하여 거짓이나 그 밖의 부정한 방법으로 보험금을 청구하여 금고 이상의 형을 선고받고 그 형이 확정된 경우

해설 ①의 문항은 반드시 취소사유가 아니므로, 정답은 ①이다.

29 화물운송 종사자가 국토교통부장관의 업무개시명령을 정당한 사유 없이 거부한 경우의 효력정지처분기준이다. 맞는 문항은?

① 1차 : 자격정지 20일,
   2차 : 자격 취소
② 1차 : 자격정지 30일,
   2차 : 자격 취소
③ 1차 : 자격정지 20일,
   2차 : 자격정지 30일
④ 1차 : 자격정지 20일,
   2차 : 자격정지 40일

해설 "정당한 사유 없이 업무개시명령을 거부한 자는 1차 : 자격정지 30일, 2차 : 자격 취소"로 정답은 ②이다.

30 화물운송 중에 고의나 과실로 교통사고를 일으켜 사람을 사망하게 하거나 다치게 한 경우의 효력정지처분기준이다. 틀린 문항은?

① 사망자 3명 이상 : 자격 취소
② 사망자 2명 이상 : 자격 최소
③ 사망자 1명 및 중상자 3명 이상 : 자격정지 90일
④ 사망자 1명 또는 중상자 6명 이상 : 자격정지 60일

해설 "사망자 3명 이상 : 자격 취소" 규정은 없고, ②의 "사망자 2명 이상"이 맞으므로 정답은 ①이다.

31 화물자동차 운전자의 관리에서 "운송사업자가 협회에 운전자의 취업 현황을 통지하는 기일"에 대한 설명이다. 통지하는 일자로 맞는 문항은?

① 다음 분기 첫 달 5일까지 통지
② 다음 분기 첫 달 10일까지 통지
③ 그 다음 달 말일까지
④ 그 다음 달 10일까지

해설 운송사업자가 협회에 통지하는 것은 "다음 분기 첫 달 5일까지"이므로 정답은 ①이며, ③의 "협회는 그 다음 달 말일까지"는 이를 종합하여 시·도지사 및 연합회에 보고하여야 한다.

32 화물운송 종사자격시험의 운전적성정밀검사에 대한 설명이다. 틀린 문항은?

① 정밀검사기준에 맞는지에 관한 검사는 기기형 검사와 필기형 검사로 구분한다.

② 신규검사 : 화물운송 종사자격증을 취득하려는 사람(자격시험 실시일을 기준으로 3년 이내에 신규검사의 적합 판정을 받은 사람은 제외)

③ 자격유지검사 : 신규검사 또는 유지검사의 적합 판정을 받은 사람으로서 해당 검사를 받은 날부터 2년이 지난 후 재취업하려는 사람

④ 특별검사 : 교통사고를 일으켜 사람을 사망 또는 5주 이상의 치료가 필요한 상해를 입힌 사람과 과거 1년간 운전면허행정처분기준에 따라 산출된 누산점수가 81점 이상인 사람

해설 ③의 문항 끝에 "받은 날부터 2년 이내"는 틀리고, "받은 날부터 3년 지난 후"가 맞아 정답은 ③이다.

33 화물자동차 운전자는 화물운송 종사자격증명을 항상 게시하고 운전을 해야 한다. 그 위치에 해당한 곳으로 맞는 문항은?

① 화물자동차 밖에서 쉽게 볼 수 있도록 운전석 앞 창의 오른쪽 위에 게시하고 운행

② 화물자동차 안 앞면 중간 위에 게시하고 운행

③ 화물자동차 안 앞면 왼쪽 위에 게시하고 운행

④ 화물자동차 안 앞면 오른쪽 밑에 게시하고 운행

해설 화물자동차 운전자는 화물운송 종사자격증명을 화물자동차 안 앞면 오른쪽 위에 게시하고 운행하여야 하므로 정답은 ①이다.

34 화물자동차 운전자가 화물운송 종사자격증명의 반납사유가 발생하였을 때 그 반납 기관으로 맞는 문항은?

① 연협회
② 협회
③ 구청장
④ 시장

해설 협회에 반납해야 하므로 정답은 ②이다.

35 운송사업자는 화물운송 종사자격증명을 반납하여야 할 사유가 있다. 그 사유로 틀린 문항은?

① 협회 : 퇴직한 화물자동차 운전자의 명단을 협회에 제출하는 경우

② 협회 : 화물자동차 운송사업의 휴업 또는 폐업을 협회에 신고를 하는 경우

③ 관할관청 : 사업의 양도·양수 신고를 관할 관청에 신고하는 경우

④ 관할관청 : 화물운송 종사자격증명을 반납받았을 때에는 그 사실을 연협회에 통지하여야 한다.

해설 ④의 문장 끝에 "연합회"는 틀리고, "협회"에 통지하여야 하므로 정답은 ④이다.

36 운수사업자가 설립한 협회의 사업에 대한 설명이다. 틀린 문항은?

① 운수사업의 건전한 발전과 운수사업자의 공동이익을 도모하는 사업

② 화물자동차 운수사업의 진흥 및 발전에 필요한 통계의 작성 및 관리, 국내자료의 수집·조사 및 연구사업

③ 경영자와 운수종사자의 교육훈련 또는 화물자동차 운수사업의 경영개선을 위한 지도

④ 화물자동차 운수사업법에서 협회의 업무로 정한 사항 또는 국가나 지방자치단체로부터 위탁받은 업무

[해설] ②의 문항에서 "국내 자료의 수집·조사 및 연구사업"은 틀리고, "외국 자료의 수집·조사 및 연구시설"이 맞으므로 정답은 ②이다.

37 화물자동차 연합회 구성의 협회에 대한 설명이다. 아닌 문항은?

① 운송사업자로 구성된 협회

② 용달화물자동차 운송사업자로 구성된 협회

③ 운송주선사업자로 구성된 협회

④ 운송가맹사업자로 구성된 협회

[해설] "용달화물자동차 운송사업자로 구성된 협회"는 없으므로 정답은 ②이다.

38 운수사업자가 설립한 협회의 연합회 허가 관청에 해당하는 문항은? (위임된 경우임)

① 국토교통부장관

② 시·도지사

③ 경제기획원장관

④ 행정안전부장관

[해설] 대통령령으로 정하는 바에 따라 국토교통부장관의 인가를 받아야 하나 위임사항으로 시·도지사의 인가를 받아야 한다. 따라서, 정답은 ②이다.

39 자가용 화물자동차의 소유자 또는 사용자는 그 자동차를 유상으로 제공 또는 임대하기 위하여 신고하여야 한다. 그 신고관청의 문항은?

① 국토교통부장관

② 행정안전부장관

③ 경제기획원장관

④ 시·도지사

[해설] 유상운송의 사유에 해당되어 시·도지사의 허가를 받으면 유상운송을 할 수 있으므로 정답은 ④이다.

40 자가용 화물자동차 유상운송 허가사유에 해당되는 경우이지만 허가를 받지 아니하고 자가용 화물자동차를 유상으로 운송에 제공하거나 임대한 경우 그 자동차의 사용을 제한 또는 금지를 할 수 있는 기간이 있다. 맞는 문항은?

① 4개월 이내의 기간

② 5개월 이내의 기간

③ 6개월 이내의 기간

④ 7개월 이내의 기간

[해설] "6개월 이내의 기간"을 정하여 자동차 사용을 제한이나 금지할 수 있으므로 정답은 ③이다.

41 운수종사자의 교육을 주관 실시할 수 있는 관할 관청에 해당되는 관청의 문항은?

① 연합회   ② 시·도지사

③ 협회   ④ 시장·군수 등

해설 운수종사자의 화물운송서비스 증진 등을 위하여 필요하다고 인정되면 시·도지사는 운수종사자 교육을 실시할 수 있어 정답은 ②이다.

42 화물자동차 운수사업법에서 정한 사무를 지도·감독할 수 있는 관청에 해당되는 문항은?

① 국토교통부장관
② 시·도지사
③ 행정안전부장관
④ 시장·군수·구청장

해설 화물자동차 운수사업의 합리적인 발전을 도모하기 위하여 "시·도지사"의 권한으로 지도·감독을 할 수 있으므로 정답은 ②이다.

43 운송사업자 또는 운수종사자가 정당한 사유 없이 집단으로 화물운송을 거부하였을 때 업무개시를 명령할 수 있다. 이를 위반 시 벌칙으로 맞는 문항은?

① 3년 이하의 징역 또는 3천만 원 이하의 벌금에 처한다.
② 1년 이하의 징역 또는 2천만 원 이하의 벌금에 처한다.
③ 2년 이하의 징역 또는 2천만 원 이하의 벌금에 처한다.
④ 3년 이하의 징역 또는 1천만 원 이상의 벌금에 처한다.

해설 "3년 이하의 징역 또는 3천만 원 이하의 벌금에 처한다"에 해당되어 정답은 ①이다.

44 화물운송 종사자격을 받지 아니하고 화물자동차 운수사업의 운전업무에 종사한 자 또는 거짓이나 그 밖의 부정한 방법으로 화물운송 종사자격을 취득한 자에 부과되는 과태료에 해당하는 문항은?

① 500만 원 이하의 과태료가 부과된다.
② 400만 원 이하의 과태료가 부과된다.
③ 300만 원 이하의 과태료가 부과된다.
④ 100만 원 이하의 과태료가 부과된다.

해설 "500만 원 이하의 과태료가 부과"되므로 정답은 ①이다.

45 차고지와 지방자치단체의 조례로 정하는 시설 및 장소가 아닌 곳에서 밤샘 주차한 경우의 위반을 하였을 때 과징금 부과기준에 대한 설명이다. 틀린 문항은?

① 일반화물자동차 운송사업자 : 20만 원
② 개인화물자동차 운송사업자 : 10만 원
③ 용달화물자동차 운송사업자 : 10만 원
④ 화물자동차 운송가맹사업자 : 20만 원

해설 "용달화물자동차 운송사업자는 과징금 부과가 없으므로" 정답은 ③이다.

46 최대 적재량 1.5톤 이하 화물자동차가 주차장, 차고지 또는 지방자치단체의 조례로 인정하는 시설 및 장소가 아닌 곳에서 밤샘 주차위반을 한 경우 과징금 부과기준이다. 틀린 문항은?

① 일반화물자동차 운송사업자 : 20만 원
② 화물자동차 운송가맹사업자 : 20만 원
③ 개인화물자동차 운송사업자 : 5만 원
④ 화물자동차 운송가맹사업자 : 25만 원

해설 "화물자동차 운송가맹사업자는 20만 원"의 과징금이 부과되므로 정답은 ④이다.

47 화주로부터 부당한 운임 및 요금의 환급을 요구받고 환급하지 않은 경우를 위반한 때 부과되는 과징금으로 틀린 문항은?

① 일반화물자동차 운송사업자 : 80만 원

② 개인화물자동차 운송사업자 : 30만 원

③ 일반화물자동차 운송사업자 : 60만 원

④ 화물자동차 운송가맹사업자 : 60만 원

해설 "일반화물자동차 운송사업자는 60만 원"의 과징금이 부과되므로 정답은 ①이다.

48 사업용 화물자동차의 바깥쪽에 일반인이 식별하기 쉽도록 해당 운송사업자의 명칭을 표시하지 않은 경우와 화물자동차 운전자가 차 안에 화물운송 종사자격증명을 게시하지 않고 운행한 경우를 위반하였을 때 부과되는 과징금으로 틀린 문항은?

① 일반화물자동차 운송사업자 : 10만 원

② 개인화물자동차 운송사업자 : 5만 원

③ 용달화물자동차 운송사업자 : 10만 원

④ 화물자동차 운송가맹사업자 : 10만 원

해설 "용달화물자동차 운송사업자는 10만 원"의 과징금이 부과되지 않으므로 정답은 ③이다.

49 화물자동차 운전자에게 차 안에 화물운송 종사자격증을 게시하지 아니하고 운행하게 하다가 위반된 경우 과징금으로 틀린 것에 해당하는 문항은?

① 일반화물자동차 운송사업자 : 10만 원

② 개인화물자동차 운송사업자 : 5만 원

③ 화물운송주선사업자 : 10만 원

④ 화물자동차 운송가맹사업자 : 10만 원

해설 화물운송주선사업자는 과징금 부과가 없으므로 정답은 ③이다.

50 개인화물자동차 운송사업자가 자기 명으로 운송계약을 체결한 화물에 대하여 다른 운송사업자에게 수수료나 그 밖의 대가를 받고 그 운송을 위탁하거나 대행하게 하는 등 화물운송 질서를 문란하게 하는 행위를 한 경우를 위반한 때 부과되는 과징금으로 틀린 문항은?

① 일반화물자동차 운송사업자 : 180만 원

② 개인화물자동차 운송사업자 : 90만 원

③ 화물자동차 운송가맹사업자 : 부과하지 않음.

④ 화물운송주선사업자 : 180만 원

해설 ④의 운송주선사업자와 화물자동차 운송가맹사업자는 과징금이 없으므로 정답은 ④이다.

51 신고한 운송주선약관을 준수하지 않은 경우와 허가증에 기재되지 않은 상호를 사용하다가 위반된 경우 과징금 부과로 옳은 문항은?

① 일반화물자동차 운송사업자 : 30만 원
② 개별화물자동차 운송사업자 : 15만 원
③ 용달화물자동차 운송사업자 : 15만 원
④ 화물운송주선사업자 : 20만 원

해설 "①, ②, ③의 운송사업자는 과징금을 부과하지 않고" ④의 화물운송주선사업자에게만 과징금 20만 원이 부과되므로 정답은 ④이다.

52 화주에게 운송주선사업자가 화물운송을 시작하기 전에 이사화물운송에 따른 운임 등 세무내역(견적서 또는 계약서)을 발급하지 않은 경우이다. 그 벌칙(과징금)으로 맞는 문항은?

① 일반화물자동차 운송사업자 : 과징금 10만 원
② 개별화물자동차 운송사업자 : 과태료 15만 원
③ 화물운송주선사업자 : 과징금 20만 원
④ 화물자동차 운송가맹사업자 : 과태료 25만 원

해설 본 문제의 정답은 ③의 "과징금 20만 원이 부과된다" 또한 화주가 화물의 멸실·훼손 또는 연착 시 "사고확인서"를 발급하지 않을 때도 역시 "과징금 20만 원이 부과된다."

04 자동차관리법령

01 자동차관리법의 제정목적이다. 다른 문항은?

① 자동차의 등록, 안전기준, 자기인증, 자동차 제작결함 시정
② 자동차 점검 및 정비, 자동차검사 및 자동차 관리사업 등
③ 자동차를 효율적으로 관리하고 자동차의 성능 및 안전을 확보하여 공공복리를 증진함에 있다.
④ 도로에서 자동차의 원활한 소통도 제정목적의 하나이다.

해설 ④의 문항은 도로교통법 제정목적 중의 하나로 정답은 ④이다.

02 사람 또는 화물의 운송 여부에 관계없이 자동차를 그 용법(用法)에 따라 사용하는 용어에 해당되는 문항은?

① 운행   ② 통행
③ 운전   ④ 주행

해설 문제의 용어의 명칭은 "운행"에 해당되므로 정답은 ①이다.

03 자동차 소유자 또는 자동차 소유자로부터 자동차의 운행 등에 관한 사항을 위탁받은 자의 용어의 명칭에 해당되는 문항은?

① 자동차 관리자
② 자동차 사용자
③ 자동차 운전자
④ 자동차 위임자

해설 문제의 용어 명칭은 "자동차 사용자"에 해당되므로 정답은 ②이다.

04 승합자동차는 11인 이상을 운송하기에 적합하게 제작된 자동차를 말하는데 "승차인원에 관계없이 승합자동차로 보는 승합자동차"가 있다. 아닌 것에 해당하는 문항은?

① 내부의 특수한 설비로 인하여 승차인원이 10인 이하로 된 자동차
② 경형자동차로서 승차정원이 10인 이하인 전방조종자동차
③ 캠핑용 자동차 또는 캠핑용 트레일러
④ 경형자동차로서 승차정원이 10인 이상인 전방조종자동차

해설 ④의 승합자동차로 보는 차에서 "경형자동차로서 승차정원이 10인 이하인 전방조종자동차"이므로 정답은 ④이다.

05 자동차소유자 또는 자동차소유자에 갈음하여 자동차등록을 신청하는 자가 직접 자동차등록 번호판을 붙이고 봉인을 하여야 하는 경우 이를 이행하지 아니한 때에 벌칙으로 옳은 문항은?

① 과징금 30만 원
② 과징금 50만 원
③ 과태료 50만 원
④ 과태료 60만 원

해설 문제의 벌칙으로 "과태료 50만 원"이 부과되므로 정답은 ③이다.

06 고의로 자동차 등록번호판을 가리거나 알아보기 곤란하게 한 자의 벌칙에 대한 설명이다. 옳은 문항은?

① 1년 이하의 징역 또는 1,000만 원 이하의 벌금에 처한다.
② 1년 이하의 징역 또는 500만 원 이하의 벌금에 처한다.
③ 1년 6월의 징역이나 1,000만 원 이하의 벌금에 처한다.
④ 2년 이하의 징역 또는 2,000만 원 이하의 벌금에 처한다.

해설 1년 이하의 징역 또는 1,000만 원 이하의 벌금이므로 정답은 ①이다.

07 자동차등록번호판을 가리거나 알아보기 곤란하게 하거나, 그러한 자동차를 운행한 경우 과태료에 해당하는 것으로 틀린 문항은?

① 1차 : 50만 원
② 2차 : 150만 원
③ 3차 : 250만 원
④ 4차 : 300만 원

해설 문제의 벌칙으로 "④의 4차 : 300만 원"은 없으므로 정답은 ④이다.
※ 고의로 자동차 등록번호판을 가리거나 알아보기 곤란하게 한 자는 1년 이하의 징역 또는 1,000만 원 이하의 벌금

08 자동차의 변경등록 사유가 발생한 날부터 며칠 이내에 변경등록신청을 하여야 하는가? 해당되는 기간의 문항은?

① 15일 이내 신청
② 20일 이내 신청
③ 30일 이내 신청
④ 90일 이내 신청

해설 문제의 신청기간은 "변경등록 사유가 발생한 날부터 90일 이내"에 "변경등록 신청을 하여야 한다"이므로 정답은 ④이다.

09 자동차 소유자가 변경등록 사유가 발생한 날부터 30일 이내에 변경등록신청을 하지 아니한 경우 벌칙에 대한 설명이다. 잘못된 문항은?

① 신청기간만료일부터 90일 이내인 때 : 과태료 2만 원
② 신청기간만료일부터 90일 초과 174일 이내인 경우 : 2만 원에 91일째부터 계산하여 3일 초과 시마다 과태료 1만 원
③ 지연기간이 175일 이상인 경우 : 과태료 50만 원
④ 신청 지연기간이 175일 이상인 경우 : 과태료 30만 원

해설 문제의 벌칙으로 ①, ②, ④는 맞고, ③의 문항은 규정되어 있지 않으므로 정답은 ③이다.

10 자동차 소유권 이전등록에 대한 설명이다. 틀린 문항은?

① 등록된 자동차를 양수받은 자는 시·도지사에게 자동차 소유권 이전등록을 하여야 한다.
② 자동차를 양수한 자가 다시 제3자에게 양도하려는 경우에는 양도 전에 자기명의로 이전등록을 하여야 한다.
③ 자동차를 양수한 자가 소유권 이전등록을 신청하지 아니한 경우에는 그 양수인을 갈음하여 양도자(등록부에 적힌 소유자)가 이전등록을 신청할 수 있다.
④ 문항 ③의 경우 이전등록을 신청받은 시·도지사는 등록을 수리하지 않아도 된다.

해설 ④의 문항 말미에 "등록을 수리하지 않아도 된다"는 틀리고 "등록을 수리하여야 한다"가 맞는 것이므로 정답은 ④이다.

11 여객자동차 운수사업법 또는 화물자동차 운수사업법에 따라 면허·등록·인가 또는 신고가 실효되거나 취소된 경우 등 말소등록을 신청하여야 한다. 이를 위반했을 때 과태료의 설명으로 틀린 문항은?

① 신청 지연기간이 10일 이내인 경우 : 과태료 5만 원
② 신청 지연기간이 10일 초과 54일 이내인 경우 : 5만 원에서 11일째부터 계산하여 1일마다 1만 원을 더한 금액
③ 신청 지연기간이 55일 이상인 경우 : 50만 원
④ 신청 지연기간이 55일 이상인 경우 : 30만 원

해설 ④의 신청 지연기간이 55일 이상인 경우로 과태료 50만 원이 부과되므로 정답은 ④이다.

12 시·도지사가 직권으로 말소등록을 할 수 있는 경우이다. 해당없는 문항은?

① 말소등록을 신청하여야 할 자가 신청하지 아니한 경우
② 자동차의 차대(차체)가 등록원부상의 차대(차체)와 다른 경우
③ 정당한 사유 없이 자동차를 자기의 토지에 방치하는 행위
④ 속임수나 그 밖의 부정한 방법으로 등록된 경우

해설 ③의 문항 중 "자기의 토지"는 아니고, "타인의 토지"가 옳으므로 정답은 ③이다.

13 자동차의 튜닝(구조. 장치 변경) 중 국토교통부령으로 정하는 것을 변경하려는 경우 승인을 받아야 할 기관으로 옳은 문항은? (위탁된 경우임)

① 시장・군수・구청장
② 한국교통안전공단
③ 시・도지사
④ 특별(광역)시장 등

해설 법에 규정된 "원칙 : 시장・군수・구청장의 승인"을 받도록 규정되어 있으나 승인 권한을 "한국교통안전공단"에 위탁하였으므로 정답은 ②이다.

14 자동차 검사의 구분에 대한 설명이다. 잘못 설명되어 있는 문항은?

① 정기검사 : 신규등록 후 일정기간마다 정기적으로 실시하는 검사로 한국교통안전공단 검사장에서만이 자동차 검사를 하고 있다.
② 신규검사 : 신규등록을 하려는 경우 실시하는 검사
③ 튜닝(구조변경)검사 : 자동차의 구조 및 장치를 변경한 경우에 실시하는 검사
④ 임시검사 : 자동차관리법 또는 자동차관리법에 따른 명령이나 자동차 소유자의 신청을 받아 비정기적으로 실시하는 검사

해설 ①의 문항에서 "한국교통안전공단 검사장만이 자동차 검사를 하고 있다"는 틀리고, "정기검사나 종합검사는 한국교통안전공단의 검사장과 지정정비사업자(정비공장)"도 대행할 수 있으므로 정답은 ①이다.

15 자동차 정기검사 유효기간에 대한 설명이다. 검사기간으로 잘못된 문항은?

① 사업용 승용자동차 : 1년(최초 2년)
② 경형・소형의 승합 및 화물자동차 : 1년
③ 비사업용 승용 및 피견인자동차 : 1년(최초 2년)
④ 사업용 대형화물자동차 2년 이하 : 1년

해설 ③의 문항에서 "1년(최초 2년)"은 틀리고, "2년(최초 4년)"이 옳으므로 정답은 ③이다. "그 밖의 자동차 5년 이하 : 1년, 5년 초과 : 6월"의 맞는 문항이 있다. 추가로 중형승합자동차 및 사업용 대형승합차의 8년 이하는 "1년", 8년 초과는 "6월"이 있다.

16 자동차 검사 유효기간의 계산 방법과 자동차 종합검사기간 등의 설명이다. 잘못된 문항은?

① 종합검사 전 또는 후에 종합검사를 신청하여 적합 판정을 받은 자동차 : 종합검사를 받은 날의 다음 날부터 계산
② 자동차관리법에 따라 신규등록을 하는 자동차 : 신규등록일부터 계산
③ 종합검사기간 내에 종합검사를 신청하여 적합 판정을 받은 자동차 : 직전 검사 유효기간 마지막 날부터 계산
④ 재검사 결과 적합판정을 받은 자동차 : 자동차종합검사 결과표 또는 자동차 기능종합진단서를 받은 날의 다음 날부터 계산

해설 ③의 문항 끝에 "검사유효기간 마지막 날부터 계산"은 틀리고, "검사유효기간 마지막 날의 다음 날부터 계산"이 옳은 문항으로 정답은 ③이다.

17 자동차 소유자가 종합검사를 받아야 하는 기간은 "검사 유효기간의 마지막 날 전·후 각각 며칠 이내로 검사를 받아야 하는가" 맞는 문항은?

① 검사 유효기간 마지막 날 전·후 각각 30일 이내로 한다.
② 검사 유효기간의 마지막 날 전·후 각각 31일 이내로 한다.
③ 검사 유효기간 마지막 날 전 31일 이내로 한다.
④ 검사 유효 마지막 날 후 31일 이내로 한다.

해설 자동차 종합검사를 받아야 하는 기간은 "검사 유효기간 마지막 날 전·후 각각 31일 이내로 한다"가 맞으므로 정답은 ②이다. 또한, 검사 유효기간을 연장하거나 검사를 유예한 경우에는 그 연장 또는 유예기간의 마지막 날을 말한다.

18 자동차 정기검사·종합검사를 받지 아니한 경우의 벌칙(과태료)에 대한 설명이다. 틀린 것에 해당된 문항은?

① 검사지연기간이 30일 이내인 때 : 2만 원
② 검사지연기간이 30일을 초과 114일 이내인 경우 : 2만 원에 31일째부터 계산하여 3일 초과 시마다 1만 원을 더한 금액
③ 검사 지연기간이 115일 이상인 경우 : 50만 원
④ 검사 지연기간이 115일 이상인 경우 : 30만 원

해설 "검사 지연기간이 115일 이상인 경우 : 30만 원"이므로 정답은 ③이다.

05 도로법령

01 도로법의 제정목적에 대한 설명이다. 제정목적으로 틀린 문항은?

① 도로망의 계획수립, 도로노선의 지정, 도로공사의 시행
② 도로의 시설기준, 도로의 관리·보전 및 비용 부담 등에 관한 사항을 규정
③ 도로를 이용하는 운전자들의 편리를 도모함에 있다.
④ 국민이 안전하고 편리하게 이용할 수 있는 도로의 건설과 공공복리의 향상에 이바지함에 있다.

해설 ③의 문항은 "운전자들의 편리를 도모함에 있다"하여 틀리고, ④의 사항이 옳아 정답은 ③이다.

02 도로법에서 정한 도로 종류 또는 대통령령으로 정하는 시설 도로 부속물에 대한 설명이다. 틀린 문항은?

① 차도·보도·자전거도로 및 측도
② 터널·교량·지하도 및 육교·해당 시설에 설치된 엘리베이터는 도로 부속물에 포함되지 않는다.
③ 옹벽·배수로·길도랑·지하통로 및 무넘기 시설
④ 도선장 및 도선의 교통을 위하여 수면에 설치하는 시설

해설 ②의 문항 끝에 "포함되지 않는다"는 틀리며, "포함한다"가 옳으므로 정답은 ②이다.

03 도로관리청이 도로의 편리한 이용과 안전 및 원활한 도로교통의 확보, 그 밖에 도로의 관리를 위하여 설치하는 시설 또는 공작물, 즉 "도로의 부속물"에 대한 설명이다. 부속물에 해당되지 않는 문항은?

① 주차장, 버스정류시설, 휴게시설 등 도로이용 지원시설

② 시선유도표지, 중앙분리대, 과속방지시설 등 도로 안전시설

③ 도로표지및 교통량 측정시설 등 교통관리시설과 낙석방지시설. 도로 상의 방파시설·방설시설, 환승시설 및 환승센터 등

④ 고속국도·일반국도·특별시도(特別市道)·광역시도(廣域市道)·지방도(地方道), 시도(市道), 군도(郡道), 구도(區道)

해설 ④에 적시된 도로는 도로의 종류에 해당되어 "도로의 부속물"이 아니므로 정답은 ④이다. 또한 "도로 관련 기술개발 및 품질향상을 위하여 도로에 연접(連接)하여 설치한 연구시설도 도로의 부속물"에 해당한다.

04 도로의 종류와 도로 등급의 순서에 대한 설명이다. 잘못되어 있는 문항은?

① 고속국도(高速國道)(지정고시한 도로)

② 일반국도(一般國道)(지정고시한 도로)

③ 특별시도(特別市道), 광역시도(廣域市道)

④ 시도(市道), 군도(郡道), 구도(區道), 지방도(地方道)

해설 ①, ②, ③의 도로 종류와 등급 순서는 옳으나 ④의 시도·군도·구도·지방도의 등급 순서는 틀리고, "지방도, 시도, 군도, 구도"의 등급 순서가 옳으므로 정답은 ④이다.

05 도로교통망의 중요한 축(軸)을 이루며 주요 도시를 연결하는 도로로서 국토교통부장관이 자동차 전용의 고속교통에 사용되는 도로 노선을 정하여 지정·고시한 도로의 명칭에 해당한 문항은?

① 일반(一般)국도

② 자동차 전용도로

③ 고속(高速)국도

④ 특별 및 광역시도

해설 문제의 도로의 명칭에 해당한 것은 "고속국도"이며, 정답은 ③이다.

06 국토교통부장관이 주요 도시, 지정항만, 주요 공항, 국가산업단지 또는 관광지 등을 연결하여 고속국도와 함께 국가간선도로망을 이루는 도로 노선을 지정·고시한 도로의 명칭에 해당한 문항은?

① 일반(一般)국도

② 특별(特別)·광역(廣域)시도

③ 고속(高速)국도

④ 지방도(地方道)

해설 문제의 도로 명칭에 해당한 것은 "일반국도"에 해당되므로 정답은 ①이다.

07 도로의 보전 및 공용부담에서 "도로에 관한 금지행위"에 대한 설명이다. 관계가 없는 문항은?

① 도로를 파손(破損)하는 행위

② 도로에 토석(土石), 입목(立木), 죽(竹) 등 장애물을 쌓아 놓은 행위

③ 도로 공사현장에서 작업을 하는 사람

④ 그 밖에 도로의 구조나 교통에 지장을 주는 행위

해설 도로 공사현장에서 작업을 하는 사람은 정당한 업무(작업)이므로 정답은 ③이다.

08 정당한 사유 없이 도로(고속국도는 제외)를 파손하여 교통을 방해하거나 교통의 위험을 발생하게 한 자에 대한 벌칙이다. 벌칙으로 맞는 문항은?

① 7년 이하의 징역이나 2천만 원 이하의 벌금

② 8년 이하의 징역이나 3천만 원 이하의 벌금

③ 10년 이상의 징역이나 5천만 원 이하의 벌금

④ 10년 이하의 징역이나 1억 원 이하의 벌금

해설 문제의 벌칙은 "10년 이하의 징역이나 1억 원 이하의 벌금"에 처하므로 정답은 ④이다.

09 도로관리청은 도로 구조를 보전하고 도로에서의 차량 운행으로 인한 위험을 방지하기 위하여 자동차와 건설기계의 운행을 제한할 수 있다. 틀리게 되어 있는 문항은?

① 축하중(軸荷重)이 10톤을 초과하거나 총중량이 40톤을 초과하는 차량

② 차량의 폭이 2.5m, 높이가 4.0m, 길이가 16.7m를 초과하는 차량

③ 도로관리청이 특히 도로구조의 보전과 통행의 안전에 지장이 있다고 인정하는 차량

④ 도로구조의 보전과 통행의 안전에 지장이 없다고 도로관리청이 인정하여 고시한 도로노선의 경우에는 4.1m를 초과하는 차량

해설 ④의 문항 끝에 "4.1m를 초과하는 차량"은 틀리고, "4.2m를 초과하는 차량"이 맞으므로 정답은 ④이다.

10 도로관리청은 제한차량 운행허가 신청서에는 구비서류를 첨부하여야 할 서류가 있다. 해당 없는 첨부서류의 문항은?

① 차량검사증 또는 차량등록증

② 화물 중량표

③ 차량 중량표

④ 구조물 통과 하중 계산서

해설 ②의 문항 "화물 중량표"는 해당 없는 것이며, "차량 중량표"가 옳으므로 정답은 ②이다.

11 차량의 운전자는 정당한 사유 없이 적재량 측정을 위한 도로관리청의 요구(차량에 승차·관계서류 제출)에 따르지 아니한 자에 대한 벌칙으로 옳은 문항은?

① 2년 이하의 징역이나 1천만 원 이하의 벌금

② 2년 이상의 징역이나 1천만 원 이상의 벌금

③ 1년 이상의 징역이나 1천만 원 이하의 벌금

④ 1년 이하의 징역이나 1천만 원 이하의 벌금

해설 문제의 벌칙으로 "1년 이하의 징역이나 1천만 원 이하의 벌금"에 처벌하므로 정답은 ④이다.

12 도로관리청은 "운행 제한을 위반한 차량의 운전자, 운행 제한 위반의 지시·요구 금지를 위반한 자"에 대한 벌칙이다. 맞는 문항은?

① 500만 원 이하의 과태료를 부과한다.

② 500만 원 이하의 과징금을 부과한다.

③ 500만 원 이상의 벌금에 처한다.

④ 500만 원 이하의 벌금에 처한다.

제1편 / 교통 및 화물 관련 법규

해설 문제의 벌칙으로 "500만 원 이하의 과태료"가 부과되므로 정답은 ①이다.

13 도로관리청은 차량의 운전자가 "차량의 적재량 측정을 방해하거나, 정당한 사유 없이 도로관리청의 재측정 요구에 따르지 아니한 자"에게 벌을 가하고 있다. 벌칙에 해당하는 문항은?

① 1년 이하의 징역이나 1천만 원 이하의 벌금
② 2년 이하의 징역이나 1천만 원 이하의 벌금
③ 3년 이하의 징역이나 1천만 원 이하의 벌금
④ 4년 이하의 징역이나 1천만 원 이하의 벌금

해설 문제의 벌칙으로 "1년 이하의 징역이나 1천만 원 이하의 벌금"에 해당되어 정답은 ①이다.

14 자동차전용도로 또는 전용구역(이하 "자동차전용도로"라 한다)으로 지정하려는 도로에 둘 이상의 관계되는 도로관리청이 있다. 지정하는 방법으로 옳은 문항은?

① 둘 이상의 관계되는 도로관리청이 있으면 공동으로 자동차전용도로를 지정하여야 한다.
② 자동차전용도로의 관리 길이(km)가 긴 도로관리청이 단독으로 지정을 한다.
③ 둘 이상의 도로관리청이 추첨을 하여 당선된 도로관리청이 단독 지정을 한다.
④ 두 개의 도로관리청이 협의한 후 양보를 얻은 도로관리청이 단독 지정을 한다.

해설 문제의 자동차전용도로 지정은 "둘 이상의 관계되는 도로관리청이 있으면 공동으로 자동차 전용도로를 지정하여야 한다"가 옳으므로 정답은 ①이다.

15 자동차전용도로를 지정할 때 도로관리청이 관계기관의 의견을 청취(듣도록)하도록 규정되어 있다. 의견청취기관으로 잘못된 문항은?

① 국토교통부장관 : 경찰청장
② 특별(광역)시장·도지사·특별자치도지사 : 관할 시·도 경찰청장
③ 특별자치시장·시장·군수·구청장 : 관할 경찰서장
④ 특별자치시장 : 관할 시·도 경찰청장

해설 문제의 의견청취기관으로 "특별자치시장은 관할 경찰서장의 의견을 들어야"하므로 틀려 정답은 ④이다.

16 자동차전용도로의 통행방법에서 "차량을 사용하지 아니하고 자동차전용도로를 통행하거나 출입을 한 자"에 대한 처벌 규정이다. 이를 위반한 자에 대한 벌칙으로 맞는 문항은?

① 2년 이하의 징역이나 1천만 원 이하의 벌금
② 2년 이상의 징역이나 2천만 원 이상의 벌금
③ 1년 이하의 징역이나 1천만 원 이하의 벌금
④ 1년 이상의 징역이나 2천만 원 이상의 벌금

해설 문제의 벌칙으로 "1년 이하의 징역이나 1천만 원 이하의 벌금"에 처하므로 정답은 ③이다.

 13 ① 14 ① 15 ④ 16 ③

대기환경보전법령

 대기환경보전법의 제정목적에 대한 설명이다. 잘못되어 있는 문항은?

① 자동차 운전자 건강을 보호하기 위하여

② 대기오염으로 인한 국민건강이나 환경에 관한 위해(危害)를 예방하기 위함이다.

③ 대기환경을 적정하도록 지속가능하게 관리 · 보전하기 위함이다.

④ 모든 국민이 건강하고 쾌적한 환경에서 생활할 수 있게 하는 것이 목적이다.

해설 대기환경보전법의 제정목적은 ②, ③, ④에 해당되고 ①의 문항은 대기환경보전법의 제정목적이 아니므로 정답은 ①이다.

 대기환경보전법에서 사용하는 용어의 정의에 대한 설명이다. 옳지 않은 문항은?

① 대기오염물질 : 대기오염의 원인이 되는 가스 · 입자상 물질로서 환경부령으로 정하는 것

② 온실가스 : 적외선 복사열을 흡수하거나 다시 방출하여 온실효과를 유발하는 대기 중의 가스상태 물질로서 이산화탄소 · 메탄 · 아산화질소, 질소불화탄소 · 과불화탄소, 육불화황을 말한다.

③ 가스 : 물질이 연소 · 합성 · 분해될 때에 발생하거나 물리적 성질로 인하여 발생하는 기체상 물질

④ 입자상 물질(粒子狀物質) : 물질이 파쇄 · 선별 · 퇴적 · 이적(移積)될 때, 그 밖에 기계적으로 처리되거나 연소 · 합성 · 분해될 때에 발생하는 고체상(固體狀) 또는 액체상(液體狀)의 미세한 물질

해설 ②의 문항 중에 "질소불화탄소"는 아니고, "수소불화탄소"가 맞으므로 정답은 ②이다.

03 대기환경보전법에서 사용하는 용어의 명칭에 대한 설명이다. 틀리게 되어 있는 문항은?

① 먼지 : 대기 중에 떠다니거나 흩날려 내려오는 입자상 물질

② 매연 : 연소할 때에 생기는 유리(遊離) 탄소가 주가 되는 미세한 물질

③ 검댕 : 연소할 때에 생기는 유리(遊離) 탄소가 응결하여 입자의 지름이 1미크론 이하가 되는 입자상 물질

④ 공회전 제한장치 : 자동차에서 배출되는 대기 오염물질을 줄이고 연료를 절약하기 위하여 자동차에 부착하는 장치로서 환경부령으로 정하는 기준에 적합한 장치

해설 문제의 ③ 문항에서 "1미크론 이하가 되는 입자상 물질"은 틀리고, "1미크론 이상이 되는 입자상 물질"이 옳으므로 정답은 ③이다.

04 연소할 때에 생기는 유리(遊離)탄소가 응결하여 입자의 지름이 1미크론 이상이 되는 입자상 물질의 용어에 해당되는 명칭의 문항은?

① 검댕   ② 매연

③ 먼지   ④ 가스

해설 문제의 용어는 "검댕"으로 정답은 ①이다.

05 특별시장·광역시장·특별자치시장·특별자치도지사·시장·군수는 관할 지역의 대기질 개선 또는 기후 생태계 변화유발물질 배출감소를 위하여 필요하다고 인정하면 그 지역에서 운행하는 자동차의 소유자에게 그 특별시·광역시·특별자치시·특별자치도·시·군의 조례에 따라 명령하거나 조기에 폐차할 것을 권고할 수 있다. 그 권고사항이 아닌 문항은?

① 저공해 자동차를 구입하거나 또는 개조하는 자

② 배출가스저감장치의 부착 또는 교체 및 배출가스 관련 부품의 교체

③ 저공해엔진(혼소엔진을 포함한다)으로의 개조 또는 교체

④ 저공해자동차로의 전환 또는 개조

해설 문제의 ①의 사항은 "국가나 지방자치단체에서 예산의 범위에서 필요한 자금을 보조나 융자할 수 있는 사항"으로 명령대상이 아니므로 정답은 ①이다.

06 저공해자동차로의 전환 또는 개조 명령, 배출가스저감장치의 부착·교체 명령 또는 배출가스 관련 부품의 교체 명령, 저공해엔진(혼소엔진을 포함)으로의 개조 또는 교체명령을 이행하지 아니한 자에 대한 벌칙이다. 맞는 문항은?

① 100만 원 이하 과태료를 부과한다.

② 200만 원 이하 과태료를 부과한다.

③ 300만 원 이하 과태료를 부과한다.

④ 400만 원 이하 과태료를 부과한다.

해설 문제의 벌칙 과태료는 "300만 원 이하 과태료"에 해당함으로 정답은 ③이다.

07 국가나 지방자치단체는 저공해자동차의 보급, 배출가스저감장치의 부착 또는 교체와 저공해엔진으로의 개조 또는 교체를 촉진하기 위하여 예산의 범위에서 필요한 자금을 보조하거나 융자할 수 있는 사항들이다. 그 대상이 아닌 문항은?

① 저공해자동차를 구입하거나 저공해자동차로 개조하는 자

② 저공해자동차에 연료(전기, 태양광, 수소연료 등)를 공급하기 위한 시설 중 환경부장관이 정하는 시설을 설치하는 자

③ CNG 연료를 사용하는 자동차를 구입하거나 경유자동차로 개조하는 자

④ 자동차의 배출가스저감장치를 부착 또는 교체하거나 자동차의 엔진을 저공해엔진으로 개조 또는 교체하는 자

해설 "CNG 연료를 사용하는 자동차를 구입하거나 경유자동차로 개조하는 자"는 맞지 않으므로 정답은 ③이다. 이외에 "자동차 배출가스 관련 부품을 교체하는 자, 권고에 따라 자동차를 조기에 폐차하는 자, 배출가스가 매우 적게 배출되는 것으로서 환경부장관이 정하여 고시하는 자동차를 구입하는 자"가 있다.

08 시·도지사는 자동차의 배출가스로 인한 대기오염 및 연료손실을 줄이기 위하여 필요하다고 인정하면 그 시·도의 조례로 정하는 바에 따라 터미널, 차고지, 주차장 등의 장소에서 자동차의 원동기를 가동한 상태로 주차하거나 정차하는 행위를 제한할 수 있다. 위반을 한 운전자에게 벌칙으로 틀린 문항은? (시행령 별표 15에 의함)

① 1차 위반 : 과태료 5만 원

② 2차 위반 : 과태료 5만 원

③ 3차 위반 : 과태료 5만 원

④ 3차 이상 위반 : 과태료 5만 원

[해설] 문제의 벌칙으로 "3차 위반 : 과태료 5만 원"은 틀리고, "3차 이상 위반 : 과태료 5만 원"으로 규정되어 있어 정답은 ③이다.

09 시·도지사는 대중교통용 자동차 등 환경부령으로 정하는 자동차에 대하여 시·도 조례에 따라 공회전제한장치의 부착을 명령할 수 있다. 그 대상차량에 해당하는 자동차로 옳은 자동차는?

① 최대적재량 1톤 이하인 밴형 화물자동차로서 운송용으로 사용되는 자동차

② 최대적재량 1톤 이하인 밴형 화물자동차로서 택배용으로 사용되는 자동차

③ 최대적재량 1톤 이하인 개별 화물자동차로서 퀵서비스에 사용되는 자동차

④ 최대적재량 1톤 이상인 운송용 화물자동차로서 택배용으로 사용되는 자동차

[해설] 문제의 대상차량에 해당된 차량은 ②의 차량에 해당되어 정답은 ②이다. 이외에 시내버스 운송사업에 사용하는 자동차, 일반택시 운송사업이 있다.

10 환경부장관·특별시장·광역시장·특별자치시장·특별자치도지사·시장·군수·구청장은 자동차에서 배출되는 배출가스가 운행차 배출허용기준에 맞는지 확인하기 위하여 도로나 주차장 등에서 배출가스 배출상태를 수시로 점검을 할 수 있다. 이에 운행차의 수시점검에 불응하거나 기피·방해한 자에 대한 벌칙으로 맞는 문항은?

① 200만 원 이하의 과태료를 부과한다.

② 300만 원 이하의 과태료를 부과한다.

③ 400만 원 이하의 과태료를 부과한다.

④ 500만 원 이하의 과태료를 부과한다.

[해설] 문제의 벌칙으로 과태료 "200만 원 이하의 과태료"가 부과되므로 정답은 ①이다.

11 운행하는 자동차의 수시점검 방법에 대한 설명이다. 잘못된 문항은?

① 환경부장관, 특별시장·광역시장·특별자치시장·특별자치도지사 또는 시장·군수·구청장이 점검을 한다.

② 도로나 주차장에서만 자동차를 선정하여 배출가스를 점검을 한다.

③ 자동차의 원활한 소통과 승객의 편의 등을 위하여 운행 중인 상태에서도 점검을 할 수 있다.

④ 운행 중인 상태에서 점검은 원격측정기 또는 비디오카메라를 사용하여 점검을 할 수 있다.

해설 점검은 "도로나 주차장에서만 배출가스 점검을 하는 것"이 아니고, "운행 중인 상태에서도 점검"을 실시할 수 있으므로 정답은 ②이다.

12 운행차 수시점검의 면제 자동차에 대한 설명이다. 틀린 것에 해당된 문항은?

① 환경부장관. 특별시장·광역시장 또는 시장·군수·구청장이 면제할 수 있다.
② 환경부장관이 정하는 저공해자동차
③ 군용 및 경호업무용 등 국가의 특수한 공용목적으로 사용되는 자동차
④ 도로법에 따른 긴급자동차

해설 문제의 수시점검 면제 차량은 "도로법에 따른 긴급자동차"가 아니고, "도로교통법에 따른 긴급자동차"가 옳으므로 정답은 ④이다.

제 2 편

화물취급요령

핵심001 적정한 적재량을 초과한 과적을 하였을 때 차량에 미치는 영향

① 엔진, 차량 자체 및 운행하는 도로
② 자동차의 핸들조작, 제동장치조작, 속도 조절 등을 어렵게 한다.
③ 무거운 중량의 화물을 적재한 차량은 경사진 도로에서 적재물 쏠림 위험이 있다.

핵심002 화물자동차에 화물 적재방법

① 적재함 가운데부터 좌우로 적재
② 앞쪽이나 뒤쪽으로 중량이 치우치지 말 것
③ 적재함의 위쪽에 무거운 중량 화물 적재를 금지할 것

핵심003 화물자동차 운전자가 화물을 싣고 운행 시 주의사항

2시간 또는 200km 정도 운행 후 휴식하며, 적재화물의 상태를 확인하여야 한다.
※ 운전자 책임 : 화물검사, 과적식별, 적재화물의 결박 등

핵심004 컨테이너의 차량 밖 이탈방지 예방

컨테이너의 잠금장치를 차량의 해당 홈에 안전하게 걸어 고정시킨다.

핵심005 색다른 화물운반차량의 운행상 유의사항

① 드라이 벌크 탱크차량은 일반적으로 무게중심이 높고, 적재물이 이동하기 쉬워 커브길을 급회전할 때 주의운행
② 가축 운반 차량은 무게 중심이 이동되어 전복될 우려가 높아 커브길 등에서 특별한 주의운전이 필요

핵심006 운송장의 형태

① 기본형(포켓타입) 운송장(송하인용, 전산처리용, 수입관리용(최근에는 빠지는 경우도 있음), 배달표용, 수하인용으로 구성)
② 보조운송장
③ 스티커형 운송장(배달표형, 바코드 절취형)

핵심007 운송장의 기능

① 계약서 기능
② 화물인수증 기능
③ 운송요금영수증 기능
④ 정보처리 기본자료
⑤ 배달에 대한 증빙
⑥ 수입금 관리자료
⑦ 행선지 분류 정보제공

핵심008 운송장의 기록과 운영에서 "화물명"을 정확히 기재하여야 되는 사유

파손, 분실 등 사고 발생 시 배상기준이 되므로 취급금지 및 제한 품목 여부를 알기 위해서이다.
※ 중고화물인 경우에는 중고임을 기록한다.

핵심009 면책사항

① 파손면책 : 포장이 불완전하거나 파손 가능성이 높은 화물
② 배달불능 면책(배달지연 면책) : 수하인의 전화번호가 없는 화물
③ 부패 면책 : 식품 등 정상적으로 배달에도 부패의 가능성이 있는 화물 등을 조건으로 운송을 수락한다.

핵심010 포장의 개념

① 개장(個裝) : 물품개개의 포장
② 내장(內裝) : 포장화물 내부의 포장
③ 외장(外裝) : 포장화물 외부의 포장(포장 : 물품의 수송, 보관 등 물품의 가치 및 상태보호)

핵심011 포장의 분류

① 상업포장
② 공업포장
③ 포장재료의 특성에 의한 분류(유연, 강성, 반강성 포장)
④ 포장방법별 분류(방수, 방습, 방청, 완충, 진공, 압축, 수축)

핵심012 포장재료의 특성에 의한 분류 중 "강성포장"

포장된 물품 또는 단위 포장물이 포장재료나 용기의 경직성으로 형태가 변화되지 않고 고정되는 포장으로 유리제 및 플라스틱제의 병이나 통(桶), 목제(木製) 및 금속제의 상자나 통(桶) 등 강성을 가진 포장을 말한다.

핵심013 화물취급 전 준비사항

① 위험물, 유해물을 취급할 때는 보호구 착용과 안전모는 턱 끈을 매고 착용한다.
② 유해, 유독화물을 철저히 확인하고 위험에 대비한 약품, 세척용구 등 준비한다.
③ 산물, 분탄화물의 낙하, 비산 등의 위험을 사전에 제거하고 작업을 시작한다.

핵심014 포장의 기능

① 보호성　　②표시성
③ 상품성　　④편리성
⑤ 효율성　　⑥판매촉진성

핵심015 창고 내 및 입·출고 작업요령

① 흡연금지
② 화물적하장소 무단출입금지
③ 창고 내에서 화물을 옮길 때 주의사항
　㉠ 작업안전통로를 충분히 확보
　㉡ 운반통로에 맨홀이나 홀에 주의
④ 화물더미에서 작업할 때 주의사항
　㉠ 화물 출하 시에는 화물더미 위에서부터 순차적으로 층계를 지으면서 헐어낸다.
　㉡ 화물더미의 상층과 하층에서 동시에 작업금지 또는 화물더미 위로 오르고 내릴 때에는 승강시설 이용
⑤ 컨베이어를 이용하여 화물을 연속적 이동 시 주의사항
　㉠ 타이어 등을 상차 시 떨어지거나 위험이 있는 곳에서 작업금지
　㉡ 상차작업자와 컨베이어를 운전하는 작업자 간에는 상호간에 신호를 긴밀히 하여야 한다.
⑥ 화물을 운반할 때 주의사항
　㉠ 운반하는 물건이 시야를 가리지 않도록 한다.
　㉡ 원기둥을 굴릴 때는 앞으로 밀어 굴리고 뒤로 끌어서는 아니 된다.
⑦ 발판을 활용한 작업할 때 주의사항
　㉠ 발판을 이용하여 오르고 내릴 때에는 2명 이상 동시 통행 삼가
　㉡ 발판이 움직이지 않도록 상하에 고정조치 철저

핵심016 하역방법

① 종류가 다른 것을 적치할 때는 무거운 것을 밑에 쌓는다.
② 부피가 큰 것을 쌓을 때는 무거운 것을 밑에, 가벼운 것은 위에 쌓는다.

③ 길이가 고르지 못하면 한쪽 끝이 맞도록 한다.

④ 작은 화물 위에 큰 화물을 놓지 말아야 한다.

⑤ 같은 종류 및 동일규격끼리 적재해야 한다.

⑥ 바닥으로부터 높이가 2m 이상되는 화물더미와 인접화물더미 사이의 간격은 밑부분을 기준하여 10cm 이상으로 하여야 한다.

핵심 017。 제재목을 적치할 때 건너지르는 대목을 놓는 개소

3개소

핵심 018。 적재함 화물 적재방법

① 한쪽으로 기울지 않게 쌓고, 적재하중 초과금지

② 무거운 화물을 적재함 뒤쪽에 실으면 앞바퀴가 들려서 조향이 마음대로 되지 않아 위험함

③ 무거운 화물을 적재함 앞쪽에 실으면 조향이 무겁고, 제동 시에 뒷바퀴가 먼저 제동되어 좌우로 틀어지는 경우가 발생

④ 무게가 골고루 분산될 수 있도록 무거운 화물은 적재함 중간부분에 적재한다.

⑤ 가축은 화물칸에서 이리저리 움직여 차량이 흔들릴 수 있어, 가축을 한데로 몰아 움직임을 제한하는 임시칸막이를 사용한다.

⑥ 적재함보다 긴 물건을 적재할 때는 위험표시를 하여 둔다.

핵심 019。 트랙터 차량의 캡과 적재물의 간격

120cm 이상 유지

핵심 020。 화물의 운송요령에서 단독작업으로 화물을 운반할 때 인력운반중량 권장기준(일시작업)

일시작업(시간당 2회 이하) : 성인남자(25~30)kg, 성인여자(15~20)kg

핵심 021。 화물의 운송요령에서 단독작업으로 화물을 운반할 때 인력운반중량 권장기준(계속작업)

계속작업(시간당 3회 이상) : 성인남자(10~15)kg, 성인여자(5~10)kg

핵심 022。 파렛트(Pallet) 화물의 붕괴방지 방식의 종류

① 밴드걸기 방식

② 주연어프 방식

③ 슬립 멈추기 시트삽입 방식

④ 풀붙이기 접착 방식

⑤ 수평 밴드걸기 풀붙이기 방식

⑥ 슈링크 방식

⑦ 스트레치 방식

⑧ 박스테두리 방식

핵심 023。 주연어프 방식

파렛트의 가장자리를 높게 하며 포장화물을 안쪽으로 기울여서 화물이 갈라지는 것을 방지하는 방법으로 부대화물에는 효과가 있다 (다른 방법과 병용).

핵심 024。 슈링크 방식

열수축성 플라스틱 필름을 파렛트에 씌우고, 슈링크 터널을 통과시킬 때 가열하여 필름을 수축시켜서 파렛트와 밀착시키는 방식

① 장점 : 우천 시 하역이나 야적보관도 가능

② 단점 : 통기성이 없다, 상품에 따라 이용 불가, 비용이 많이 든다.

핵심 025。 하역 시의 충격에서 가장 큰 충격

하역 시의 낙하 충격이다.

핵심 026 포장화물은 보관 중(수송 중 포함)에 밑에 쌓은 화물이 압축하중을 받으므로 적재높이는?

① 창고 : 4m, 트럭·화차 : 2m
② 주행 중 : 2배 정도

핵심 027 고속도로 운행제한 차량

① 축하중 : 10톤 초과
② 총중량 : 40톤 초과
③ 길이 : 167m 초과(적재물 포함)
④ 폭 : 2.5m 초과(적재물 포함)
⑤ 높이 : 4.2m 초과(적재물 포함)
※ 고속도로 운행제한 적재불량차량
　① 화물 적재가 편중되어 전도 우려가 있는 차량
　② 모래, 흙, 골재류, 쓰레기 등을 운반하면서 덮개를 미설치하거나 없는 차량
　③ 스페어 타이어 고정상태가 불량한 차량
　④ 덮개를 씌우지 않았거나 묶지 않아 결속상태가 불량한 차량
　⑤ 적재함 청소상태가 불량한 차량
　⑥ 액체적재물 방류 또는 유출 차량
　⑦ 사고차량을 견인하면서 파손품의 낙하가 우려되는 차량
　⑧ 기타 적재불량으로 인하여 적재물 낙하 우려가 있는 차량

핵심 028 고속도로 순찰대의 호송 대상 자동차

① 적재 차폭 3.6m, 길이 20m 초과
② 주행속도가 50km/h 미만 차량
※ 점멸신호등 부착 시는 호송을 대신할 수 있다.

핵심 029 화물의 인계요령

① 수하인의 주소 및 수하인이 맞는지 확인 후 인계

② 지점에 도착된 물품은 당일 배송 원칙
③ 인수물품 중 부패성 물품 및 긴급을 요하는 물품은 우선적 배송

핵심 030 영업소(취급소)는 택배물을 배송할 때

배송자는 물품뿐만 아니라, 고객의 마음까지 배달한다는 자세로 성심껏 배송하여야 한다.

핵심 031 화물인계 방문시간에 수하인 부재 시 조치요령

① 부재 중 방문표 활용으로 방문근거 남김(화물의 인도일시, 회사명, 문의전화번호 등)
② 타인이 볼 수 없는 장소(문틈)에 넣는다.

핵심 032 물품(화물)인수증 관리요령

물품인도일 기준으로 1년 내 인수근거 요청 시 입증자료를 제시해야 하며, 수령인이 물품의 수하인과 다른 경우 관계(동거인 등)를 기재한다.

핵심 033 고객유의사항 확인요구 물품

① 중고가전제품 및 A/S용 물품
② 기계류 장비 등 중량 고가물로 40kg 초과 물품
③ 포장부실 물품 및 무포장 물품(비닐포장 또는 쇼핑백 등)
④ 파손 우려 물품 및 내용검사가 부적당하다고 판단되는 부적합 물품

핵심 034 화물사고 발생 시 영업사원의 역할

① 회사를 대표하여 사고처리를 위한 고객과의 최접점의 위치에 있다.
② 영업사원의 조치가 회사 전체를 대표하는 행위이다.

③ 영업사원은 고객의 서비스 만족 성향을 좌우한다는 신념으로 적극적인 업무자세가 필요하다.

핵심 035. 자동차관리법상, 화물자동차 유형별 세부기준(화물자동차)

일반형, 덤프형, 밴형(덮개가 있는 화물운송용인 것), 특수용도형(특수구조나 기구장치)

핵심 036. 자동차관리법상, 화물자동차 유형별 세부기준(특수자동차)

견인형, 구난형, 특수작업형

핵심 037. 특수차(Special Vehicle)의 종류

① 특수용도차(특용차) : 선전차, 구급차, 우편차, 냉장차 등
② 특수장비차(특장차) : 탱크차, 덤프차, 믹서차, 위생차, 소방차, 레커차, 냉동차, 트럭크레인, 크레인 붙이 트럭 등

핵심 038. 밴(Van)형 화물자동차

① 산업현장의 규격에 의한 밴(Van)형 : 상자형 화물실을 갖추고 있는 트럭이다. 지붕 없는 것(Open-top)도 포함
② 자동차관리법상 화물자동차 유형별 세부기준의 화물자동차 중의 "밴형" : 지붕 구조의 덮개가 있는 차종

핵심 039. 트레일러의 정의

동력을 갖추지 못하고, 모터바이클에 의하여 견인되고, 사람 및 (또는) 물품을 수송하는 목적을 위하여 설계되어 도로상을 주행하는 차량

핵심 040. 자동차를 동력부분(견인차 또는 트랙터)과 적하부분(견인차)으로 나누었을 때의 지칭하는 명칭

① 동력부분 : 트랙터
② 적하부분(피견인차) : 트레일러를 말함

핵심 041. 트레일러의 종류

3대 분류로 풀(Full)트레일러, 세미(Semi)트레일러, 폴(Pole)트레일러, 돌리(Dolly)를 추가하여 4가지로 대별하기도 한다.

① 풀(Full)트레일러
　㉠ 트랙터를 갖춘 트레일러
　㉡ 돌리와 조합된 세미트레일러는 풀(Full)트레일러로 해석된다.
　㉢ 적재량, 용적 모두 세미트레일러보다는 유리하다.
② 세미(Semi)트레일러
　㉠ 가동 중의 트레일러 중 가장 많고 일반적이다.
　㉡ 용도 : 잡화수송─밴형 세미트레일러, 중량물수송─중량용 세미트레일러 또는 중저상식 트레일러
　㉢ 장점 : 탈착이 용이, 공간을 적게 차지하여 후진하기에 용이하다.
③ 폴(Pole)트레일러 : 기둥, 통나무, 파이프, H형강 등 장척물 수송목적으로 사용된다.
④ 돌리(Dolly) : 세미(Semi) 트레일러와 조합해서 풀(Full)트레일러로 하기 위한 견인구를 갖춘 대차이다.

핵심 042. 트레일러의 장점

① 트랙터의 효율적 이용(트랙터와 트레일러 분리 가능하여 트레일러에 적화, 하역 중 트랙터부분 사용으로 회전율을 높임)
② 효과적인 적재(합계 40톤 적재수송)
③ 탄력적인 작업(트레일러 별도분리 후 적재나 하역)

④ 트랙터와 운전자의 효율적 이용(트랙터 1대로 복수의 트레일러 운영)

⑤ 일시보관 기능의 실현(일시적 화물보관하고 여유 있는 하역작업)

⑥ 중계지점에서의 탄력적인 작업(기점에서 중계점까지 왕복운송)

핵심043. 트레일러의 구조, 형상에 따른 종류

① **평상식** : 프레임상면이 평면의 화대＝일반화물, 강제수송

② **저상식** : 불도저, 기중기 등 운반

③ **중저상식** : 중앙 하대부가 오목하게 낮음 ＝대형 Hot Coil, 중량 블록화물 등 운반

④ 스케레탈, 밴, 오픈 톱, 특수용도트레일러 등

핵심044. 풀(Full)트레일러의 장점

① 보통트럭보다 적재량을 늘릴 수 있다.

② 트랙터와 운전자의 효율적 운용을 도모

③ 각기 다른 발송지별 또는 품목별 화물을 수송할 수 있다.

핵심045. 적재함 구조에 의한 화물자동차의 종류 중 "카고트럭(일반적으로 트럭 또는 카고트럭)"

① 우리나라에서 가장 보유 대수가 많고 일반화 되어 있다.

② 차종은 1톤 미만의 소형차로부터 12톤 이상의 대형차에 그 수가 많다.

핵심046. 카고트럭의 하대(구조)

① 귀틀(세로귀틀, 가로귀틀)이란 받침부분

② 화물을 얻는 바닥부분

③ 무너짐을 방지하는 문짝 3개 부분으로 이루어져 있다.

핵심047. 전용특장차의 종류

덤프트럭, 믹서차, 벌크차량(분립체 수송차), 액체수송차, 냉동차 등의 차량을 생각할 수 있다.

① **특장차** : 차량의 적재함을 특수한 화물에 적합하도록 구조를 갖추거나, 특수한 작업이 가능하도록 기계장치를 부착한 차량

② **골드체인** : 신선식품을 냉동, 냉장, 저온상태에서 생산자가 소비자에까지 전달하는 구조

③ **기타 특정 화물수송차**
  ㉠ 승용차 수송 운반차
  ㉡ 목재운반차
  ㉢ 컨테이너 수송차
  ㉣ 프레하브전용차
  ㉤ 보트, 가축, 말 운반차
  ㉥ 지육수송차
  ㉦ 병운반차
  ㉧ 파렛트전용차
  ㉨ 행거차

핵심048. 합리화 특장차

화물을 싣거나 부릴 때에 발생하는 하역을 합리화하는, 설비기기를 차량 자체에 장비하고 있는 차를 지칭한다.

핵심049. 합리화 특장차에서 차량 내부의 하역 합리화 주목적의 차 종류

① 실내 하역기기장비차

② 측방 개폐차

③ 쌓기·부리기 합리화차

④ 시스템 차량(트레일러 방식의 소형트럭)의 4종류로 분류된다.

핵심 050 _ 이사화물로서 "인수거절 화물"

① 현금, 유가증권, 귀금속, 예금통장, 신용 카드 인감 등
② 위험물, 불결한 물품
③ 동식물, 미술품, 골동품 등
④ 이사화물의 운송에 적합도록 포장요청을 하였으나 고객이 이를 거부한 경우

※ ①~④까지의 화물에 대하여 특별한 조 건을 고객과 합의한 경우에는 이를 인수 할 수 있다.

핵심 051 _ 고객의 책임 있는 사유로 계약 해제의 경우의 손해배상

① 이사화물 인수일 당일에 해제 통지 때 : 계약 금의 배액
② 이사화물 인수일 1일 전까지 해제 통지 때 : 계약금

핵심 052 _ 사업자의 책임 있는 사유로 계약해제 의 경우 손해배상

① 사업자가 약정된 이사화물의 인수일 당일에 해제통지한 경우 : 계약금의 6배액
② 사업자가 약정된 이사화물의 인수일 1일 전까 지 해제를 통지한 경우 : 계약금의 4배액
③ 사업자가 약정된 이사화물의 인수일 2일 전까 지 해제를 통지한 경우 : 계약금의 배액
④ 사업자가 약정된 이사화물의 인수일 당일에 도 해제를 통지하지 않은 경우 : 계약금의 10배액
⑤ 약정된 이사화물의 인수일로부터 2시간 이상 지연 시 : 고객은 계약해제, 계약금 반환 및 계약금의 6배액 손해배상을 청구

핵심 053 _ 고객의 책임 있는 사유로 이사화물의 인수가 지체된 경우의 손해배상

① (지체시간수×계약금×1/2)을 손해배상 액 지급
② 이사화물 인수가 약정된 인수일시로부터 2시 간 이상 지체된 경우 : 사업자는 계약해제, 계약금의 배액을 손해배상으로 청구할 수 있다.

핵심 054 _ 이사화물 운송책임의 특별소멸 사유 와 시효

① 고객이 이사화물의 일부 멸실 또는 훼손 으로 인도받은 날로부터 30일 이내 사업 자에게 통지하지 않으면 소멸
② 이사화물의 멸실, 훼손 또는 연착에 대하 여는 고객이 이사화물을 인도받은 날로 부터 1년이 경과하면 소멸

※ 사업자 또는 사용인이 그 사실을 알면서 숨기고 인도한 경우에는 적용되지 않고, 이사화물을 인도받은 날로부터 5년간 존 속한다.

핵심 055 _ 이사화물 운송 중 발생한 사고(멸실, 훼손, 연착)의 경우 "사고증명서 발 행" 유효기간

1년에 한하여 사고 증명서를 발행할 수 있다.

핵심 056 _ 운송물의 일부 멸실 또는 훼손에 대 한 사업자 "책임의 특별소멸 사유와 시효"

① 운송물의 일부 멸실 또는 훼손에 대한 사 업자의 손해배상은 수하인이 운송물을 수령한 날로부터 14일 이내에 통지하지 아 니하면 소멸한다.
② 운송물의 일부 멸실 또는 훼손, 연착에 대 한 사업자의 손해배상책임은 수하인이 운 송물을 수령한 날로부터 1년이 경과하면 소 멸한다.

01 개 요

01 화물자동차가 적정한 적재량을 초과하고 운행을 하고 있을 때 자동차 또는 도로에 미치는 영향에 대한 설명이다. 아닌 문항은?

① 자동차의 등화(전조등, 방향지시등 등) 조작
② 엔진, 차량 자체 및 운행하는 도로
③ 자동차의 핸들 조작을 어렵게 한다.
④ 자동차의 제동장치조작, 속도조절 등을 어렵게 한다.

해설 문항의 ②, ③, ④의 사항은 영향을 미치는 사항에 해당되지만, ①의 문항은 영향이 미치지 않으므로 정답은 ①이다.

02 자동차에 화물을 적재할 때의 방법이다. 적재방법으로 잘못된 문항은?

① 차량의 적재함 가운데부터 앞뒤로 적재한다.
② 무게 중심이 앞쪽이나 뒤쪽으로 중량이 치우치지 않도록 한다.
③ 적재함 아래쪽에 상대적으로 무거운 화물을 적재한다.
④ 화물을 모두 적재한 후에는 먼저 화물이 차량 밖으로 낙하하지 않도록

앞·뒤·좌·우로 차단하며, 화물이 운행 중에 쏠리지 않도록 윗 부분부터 아래 바닥까지 팽팽히 고정시킨다.

해설 ①의 문항은 "앞뒤로 적재한다"는 틀리고, "좌우로 적재한다"가 맞으므로 정답은 ①이다.

03 운전자가 화물을 직접 적재·취급하는 것과 상관없이 운전자 책임에 대한 설명이다. 운전자 책임으로 틀린 문항은?

① 운전자는 화물의 검사
② 운전자는 과적의 식별
③ 적재화물의 균형 유지 및 안전하게 묶고 덮는 것
④ 운행하기 전에 과적상태인지, 불균형하게 적재되었는지, 불안전한 화물이 있는지를 확인해야 하고, 운행 도중에 적재된 화물상태의 점검 확인은 운전자의 책임이 아니다.

해설 ④의 문항 끝에 "운행 도중에 적재된 화물상태의 점검 확인은 운전자의 책임이 아니다"는 틀리고, "점검 확인도 운전자의 책임이다"가 맞으므로 정답은 ④이다. 이외에 "2시간 연속 운행 후, 200km 운행 후 또는 휴식 때 적재물 상태파악 등"을 확인하여야 한다.

02 운송장 작성과 화물포장

01 운송장의 기능과 운영에 대한 설명이다. 틀린 것에 해당되는 문항은?

① 운송장은 거래 쌍방 간의 법적인 권리와 의무를 나타내는 민법적(民法的) 계약서로서의 기본기능이 있다.

② 화물에 대한 정보를 담고 있는 운송장은 화물을 보내는 송하인으로부터 그 화물을 인수하는 때부터 부착되며, 이후의 취급과정은 운송장을 기준으로 처리된다.

③ 운송장은 화물을 수탁시켰다는 증빙과 함께 만약 사고가 발생하는 경우 이를 증빙으로 손해배상을 청구할 수 있는 증거서류이다.

④ 운송장은 소위 "물표(物標)"로 인식될 수 있으나 택배에서는 그 기능이 매우 중요하다.

[해설] ①의 문항 중에 "민법적 계약서로서의"는 틀리고, "상업적(商業的) 계약서로서의"가 맞으므로 정답은 ①이다.

02 운송장 기능의 종류에 대한 설명이다. 해당되지 아니한 문항은?

① 지출금 관리자료, 정보처리 기본자료

② 배달에 대한 증빙(배송의 증거서류 기능)

③ 계약서 기능, 화물인수증 기능, 운송요금 영수증 기능

④ 행선지 분류 정보제공(작업지시서 기능)

[해설] ①의 문항에서 "지출금 관리자료"는 해당 없고, "수입금 관리자료"가 해당되므로 정답은 ①이다.

03 "개인고객의 경우 운송장이 적성되면 운송장에 기록된 내용과 약관에 기준한 계약이 성립된 것으로 된다" 문제의 용어 명칭에 해당되는 문항은?

① 정보처리 기본자료

② 계약서 기능

③ 수입금 관리자료

④ 화물인수증 기능

[해설] 문제의 용어 명칭은 "계약서 기능"으로 정답은 ②이다.

04 운송장의 형태에 대한 설명이다. 틀린 문항은?

① 기본형 운송장(포켓타입)

② 보조 운송장

③ 배달표 부착용 운송장(전산처리용 운송장)

④ 바코드 절취형 스티커형 운송장

[해설] 운송장의 형태는 ①, ②, ④의 형태가 있다. "배달표 부착용 운송장(전산처리용 운송장)"은 없고 "배달표형 스티커 운송장"이 있으므로 정답은 ③이다.

05 기본형 운송장(포켓타입)을 구분하여 사용하고 있는 운송장의 종류이다. 운송장에서 빠지는 경우도 있는 운송장에 해당하는 것은?

① 송하인용

② 전산처리용

③ 수입관리용

④ 배달표용

해설 문제의 운송장은 ①, ②, ④의 운송장이 사용되고 있으며, ③의 "수입관리용"은 최근에는 빠지는 경우도 있어 정답은 ③이다. 이외에 "수하인용"이 있다.

06 동일 수하인에게 다수의 화물이 배달될 때 운송장 비용을 절약하기 위하여 사용하는 운송장으로서 간단한 기본적인 내용과 원 운송장을 연결시키는 내용만 기록하는 운송장의 명칭에 해당하는 용어의 문항은?

① 기본형 운송장 ② 스티커 운송장
③ 배달표 운송장 ④ 보조 운송장

해설 문제의 용어 명칭은 "보조 운송장"으로서 정답은 ④이다.

07 운송장 기재요령에서 "운송장에 송하인의 기재사항"이다. 틀린 문항은?

① 송하인의 주소, 성명(또는 상호) 및 전화번호
② 집하자의 성명 및 전화번호
③ 파손품 또는 냉동 부패성 물품의 경우 : 면책확인서(별도 양식) 자필서명
④ 수하인의 주소, 성명, 전화번호(거주지 또는 핸드폰 번호), 물품의 품명, 수량, 가격

해설 ②의 문항은 "집하담당자의 기재사항"으로 송하인 기재사항에는 해당 없어, 정답은 ②이며, 이외에 "특약사항 약관설명 확인필 자필서명"이 있다.

08 "집하담당자가 기재할 사항"에 대한 설명이다. 기재할 사항으로 해당 없는 문항은?

① 물품의 품명(종류), 수량, 가격
② 접수일자, 발송점, 도착점, 배달예정일
③ 집하자 성명 및 전화번호 또는 운송료
④ 수하인용 송장상의 좌측하단에 총수량 및 도착점 코드 및 물품의 운송에 필요한 사항

해설 ①의 "물품의 품명(종류), 수량, 가격"은 송하인의 기재사항이므로 정답은 ①이다.

09 물품의 수송, 보관, 취급, 사용 등에 있어 물품의 가치 및 상태를 보호하기 위해 적절한 재료, 용기 등을 물품에 사용하는 기술 또는 그 상태의 용어 명칭에 해당하는 문항은?

① 포장(包裝)의 개념
② 개장(個裝)의 개념
③ 내장(內裝)의 개념
④ 외장(外裝)의 개념

해설 문제의 용어 명칭은 "포장(包裝)의 개념"이므로 정답은 ①이다.

10 운송화물 포장의 개념 설명이다. 아닌 문항은?

① 반강성포장 : 유연포장과 강성포장의 중간적인 포장
② 개장(個裝) : 일명 낱개포장(단위포장)
③ 내장(內裝) : 일명 속포장(내부포장)
④ 외장(外裝) : 일명 겉포장(외부포장)

해설 ①의 "반강성포장은 포장의 분류 중 포장재료의 특성에 따른 분류"이므로 정답은 ①이다.

11 운송화물의 포장에서 "포장의 기능"에 대한 설명이다. 아닌 문항은?

① 보관성　　② 효율성
③ 상품성　　④ 보호성

> **해설** ①의 "보관성"은 틀리고, "보호성"이 옳으므로 정답은 ①이며, 이외에도 "표시성, 편리성, 판매촉진성"이 있다.

12 포장의 분류에서 "소매를 주로 하는 상거래에 상품의 일부로써 또는 상품을 정리하여 취급하기 위해 시행하는 것으로 상품가치를 높이기 위해 하는 포장"의 명칭에 해당한 문항은?

① 공업포장
② 상업포장
③ 방습포장
④ 방청포장

> **해설** 문제의 포장 명칭은 "상업포장"으로 정답은 ②이다.

13 "상업포장의 기능"에 대한 설명이다. 틀린 것에 해당하는 문항은?

① 판매를 촉진시키는 기능
② 진열판매의 편리성
③ 작업의 능률성을 도모하는 기능
④ 소비자 포장 또는 판매포장이라고도 한다.

> **해설** 문제 ③의 문항에서 "능률성"은 틀리고, "효율성"이 옳으므로 정답은 ③이다.

14 물품의 수송·보관을 주목적으로 하는 포장으로 물품을 상자, 자루, 나무통, 금속 등에 넣어 수송·보관·하역과정 등에서 물품이 변질되는 것을 방지하는 포장의 용어 명칭인 문항은?

① 상업포장　　② 강성포장
③ 방습포장　　④ 공업포장

> **해설** 문제의 포장 용어의 명칭에 해당한 것은 "공업포장(수송포장)"이므로, 정답은 ④이다.

15 포장 재료의 특성에 따른 포장의 분류이다. 다른 포장의 문항은?

① 유연포장　　② 반강성포장
③ 강성포장　　④ 방습포장

> **해설** "방습포장"은 포장방법(포장기법)별 분류 중의 하나로 다르므로 정답은 ④이다.

16 "포장된 물품 또는 단위포장물이 포장재료나 용기의 유연성 때문에 본질적인 형태는 변화되지 않으나 일반적으로 외모가 변화될 수 있는 포장", 즉 종이, 플라스틱 필름, 알루미늄포일(알미늄박), 면포 등으로 포장하는 포장형태에 해당하는 포장의 문항은?

① 유연포장　　② 강성포장
③ 반강성포장　　④ 수축포장

> **해설** 문제의 포장 재료의 특성에 따른 분류에 해당하는 것은 "유연포장"이므로 정답은 ①이다.

17 "포장된 물품 또는 단위포장물이 포장재료나 용기의 경직성으로 형태가 변화되지 않고 고정되는 포장"에 해당하는 포장 문항은?

① 유연포장
② 반강성포장
③ 강성포장
④ 완충포장

> **해설** 문제의 포장에 해당하는 포장 명칭은 "강성포장"에 해당되므로 정답은 ③이다.

18 "강성을 가진 포장 중에서 약간의 유연성을 갖는 골판지상자, 플라스틱보틀 등에 의한 포장으로 유연포장과 강성포장의 중간적인 포장"에 해당하는 포장 명칭의 문항은?

① 유연포장　　② 강성포장
③ 반강성포장　④ 완충포장

해설　문제의 포장 명칭에 해당한 문항은 "반강성포장"으로 정답은 ③이다.

19 일반화물의 취급표지에서 "취급표지의 표시 및 취급표지의 색상"에 대한 설명이다. 틀린 것에 해당하는 문항은?

① 취급표지의 표시 : 취급표지는 포장에 직접 스텐실 인쇄하거나 라벨을 이용하여 부착하는 방법 중 적절한 것을 사용하여 표시한다.
② 취급표지의 색상 : 표지의 색은 기본적으로 검정색을 사용한다. 포장의 색이 검은색 표지가 잘 보이지 않는 색이라면 흰색과 같이 적절한 대조를 이룰 수 있는 색을 부분 배경으로 사용한다.
③ 취급표지의 색상 : 위험물 표지와 혼동을 가져올 수 있는 색의 사용은 피해야 한다. 적색, 주황색, 황색 등의 사용은 이들 색의 사용이 규정화되어 있는 지역 및 국가에서는 사용을 피하는 것이 좋다.
④ 취급표지의 크기 : 일반적인 목적으로 사용하는 취급표지의 전체 높이는 100mm, 150mm, 200mm의 세 종류가 있다. 그러나 포장의 크기나 모양에 따라 표지의 크기는 조정할 수 있다.

해설　③의 문항 끝에 "국가에서는 사용을 피하는 것이 좋다"는 틀리고, "국가 외에서는 사용을 피하는 것이 좋다"가 맞으므로 정답은 ③이다.

20 일반 화물의 취급표지의 기본적인 색상에 대한 설명이다. 맞는 문항은?

① 적색　　　　② 검정색
③ 주황색　　　④ 황색

해설　기본적인 색상은 "검정색"이다. 그러므로 정답은 ②이다.

21 일반 화물의 취급표지의 크기 종류에 대한 설명이다. 틀린 문항은?

① 100mm　　② 150mm
③ 200mm　　④ 250mm

해설　문제의 크기 종류에는 ①, ②, ③의 3종류가 있고, 표지의 크기는 조정할 수 있으며, 250mm는 규정에 없어 정답은 ④이다.

22 일반 화물의 취급표지의 호칭과 표시하는 수와 표시 위치에 대한 설명이다. 틀린 문항은?

① 호칭과 표지 : 깨지기 쉬움. 취급 주의
② 표지는 4개의 수직면에 모두 표시
③ 위치는 각 변의 왼쪽 윗부분 표시
④ 위치는 각 변의 우측 윗부분 표시

해설　④의 문항은 틀리고, ①, ②, ③의 문항이 맞으므로 정답은 ④이다. 또한 "위 쌓기" 표지도 깨지기 쉬움, 취급 주의 표지와 같은 위치에 표시하여야 한다.

23 일반화물취급표지의 수와 위치에 대한 설명이다. 틀리게 설명되어 있는 문항은?

① 깨지기 쉬움, 취급 주의 표지 : 4개의 수직 면에 모두 표시해야 하며, 위치는 각 변의 왼쪽 윗부분이다.

② 위 쌓기 표지 : 깨지기 쉬움, 취급 주의 표지와 같은 위치에 표시하여야 하며, 이 두 표시가 모두 필요한 경우 "위" 표지를 모서리에 가깝게 표시한다.

③ 무게 중심 위치 표지 : 가능한 한 여섯면 모두에 표시하는 것이 좋지만 그렇지 않은 경우 최소한 무게 중심의 실제 위치와 관련 있는 6개의 측면에 표시한다.

④ 지게차 꺾쇠 취급 표시 : 표지는 클램프를 이용하여 취급할 화물에 사용한다. 이 표지는 마주 보고 있는 2개의 면에 표시하여 클램프 트럭 운전자가 화물에 접근할 때 표지를 인지할 수 있도록 운전자의 시각 범위 내에 두어야 한다(클램프가 직접 닿는 면에는 표시해서는 안 된다).

해설 ③의 문항 중에 "6개의 측면에 표시한다"는 틀리고, "4개의 측면에 표시한다"가 맞으므로 정답은 ③이다. 이외에 "거는 위치 표지 : 최소 2개의 마주보는 면에 표시되어야 한다"가 있다.

24 "지게차 꺾쇠 취급 표시"에 대한 설명이다. 해당 없는 다른 문항은?

① 표지는 클램프를 이용하여 취급할 화물에 사용한다.

② 이 표지는 마주보고 있는 2개의 면에 표시하며 클램프 트럭 운전자가 화물에 접근할 때 표지를 인지할 수 있도록 운전자의 시각범위 내에 주어야 한다.

③ 이 표지는 클램프가 직접 닿는 면에는 표시해서는 안된다.

④ "거는 위치" 표지는 최소 2개의 마주보는 면에 표시하여야 한다.

해설 본문의 설명과 해당없는 문항은 ④로서 정답은 ④이며, 이는 "슬링을 거는 위치"의 설명이다.

25 일반 화물 표지 중 "위 쌓기" 표지의 호칭과 표지에 해당되는 것으로 옳은 문항은?

①

②

③

④

해설 문제의 일반화물취급표지는 ①이므로 정답은 ①이다. 이외의 설명으로 "②는 직사광선금지, ③은 방사선보호, ④는 젖음방지" 표지이다.

26 일반화물의 취급표지에서 취급표지의 수와 위치에 대한 설명이다. 틀린 문항은?

① 호칭 : 무게 중심 위치
② 가능한 한 여섯 면 모두에 표시하는 것이 좋다.
③ 최소한 무게 중심의 실제 위치와 관련 있는 4개의 측면에 표시한다.
④ 최소한 무게 중심의 실제 위치와 관련 있는 6개의 측면에 표시한다.

해설 ④의 문항에서 "6개의 측면에"는 틀리고, "4개의 측면에"가 맞으므로 정답 ④이다.

27 일반화물취급표지에서 "굴림방지" 표지의 호칭과 표지에 해당되는 것으로 옳은 문항은?

① 　②

③ 　④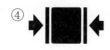

해설 문제의 표지 호칭은 "굴림방지" 표지이므로 정답은 ①이며, 이외의 설명은 ②는 손수레 삽입금지, ③은 지게차 취급금지, ④는 조임쇠 취급 표시로 이 표지는 마주 보고 있는 2개의 면에 표시하여 클램프 트럭운전사가 화물에 접근할 때 표지를 인지할 수 있도록 한다.

28 일반화물의 취급표지에서 "조임쇠 취급 제한" 표지의 호칭에 해당하는 것으로 맞는 문항은?

③ 　④

해설 문제의 표지의 호칭과 표지는 "조임쇠 취급 제한" 표지이므로 정답은 ①이며, 이외에 설명으로 ②는 적재 제한, ③은 적재단수 제한이며 "n"은 위에 쌓을 수 있는 최대한의 포장화물 수이다. ④는 적재금지 표지이다.

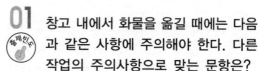
03 화물의 상하차

01 창고 내에서 화물을 옮길 때에는 다음과 같은 사항에 주의해야 한다. 다른 작업의 주의사항으로 맞는 문항은?

① 창고의 통로에는 장애물이 없도록 조치하며, 바닥에 물건 등이 놓여 있으면 즉시 치우도록 한다.
② 화물을 쌓거나 내릴 때에는 순서에 맞게 신중히 하여야 한다.
③ 작업 안전통로를 충분히 확보한 후 화물을 적재한다.
④ 운반통로에 있는 맨홀이나 홈에 주의하며, 운반 통로에 안전하지 않은 곳이 없도록 조치한다.

해설 ②의 문항은 "화물더미에서 작업을 할 때"의 주의사항에 해당하므로 정답은 ②이다.

02 화물을 연속적으로 이동시키기 위해 컨베이어(Conveyor)를 사용할 때에는 다음과 같은 사항에 주의하여야 한다. 다른 문항은?

① 상차용 컨베이어(Conveyor)를 이용하여 타이어 등을 상차할 때는 타이어 등이 떨어지거나 떨어질 위험이 있는 곳에서 작업을 해선 안된다.

② 작업장 주변의 화물상태, 차량통행 등을 항상 살핀다.

③ 컨베이어(Conveyor) 위로 올라가서는 안 된다.

④ 상차 작업자와 컨베이어(Conveyor)를 운전하는 작업자는 상호 간에 신호를 긴밀히 하여야 한다.

[해설] ②의 문항은 "화물을 운반할 때의 주의사항"에 해당하므로 정답은 ②이다.

03 포대, 가마니 등으로 포장된 화물더미가 쌓여 있는 인접 화물더미 사이의 간격은 화물더미 밑부분을 기준으로 몇 cm 이상으로 하여야 하는가, 맞는 문항은?

① 10cm 이상으로 하여야 한다.

② 20cm 이상으로 하여야 한다.

③ 30cm 이상으로 하여야 한다.

④ 40cm 이상으로 하여야 한다.

[해설] 문제의 간격은 "10cm 이상으로 하여야 한다"이므로 정답은 ①이다.

04 화물 중에 제재목(製材木)을 적치할 때 건너지르는 대목을 놓아야 한다. 놓아야 할 대목의 개소 수로 맞는 문항은?

① 2개소에 놓아야 한다.

② 3개소에 놓아야 한다.

③ 4개소에 놓아야 한다.

④ 6개소에 놓아야 한다.

[해설] 놓아야 할 대목 수는 "3개소"에 놓아야 하므로 정답은 ②이다.

05 화물의 상하차에서 "적재함 적재방법"에 대한 설명이다. 잘못된 문항은?

① 차량전복을 방지하기 위하여 적재물 전체의 무게중심 위치는 적재함 전·후·좌·우의 중심 위치로 하는 것이 바람직하다.

② 화물을 적재할 때에는 최대한 무게가 골고루 분산될 수 있도록 하고, 무거운 화물은 적재함의 앞부분에 무게가 집중될 수 있도록 적재한다.

③ 화물을 적재할 때는 한쪽으로 기울지 않게 쌓고, 적재하중을 초과하지 않도록 해야 한다.

④ 무거운 화물을 적재함 앞쪽에 실으면 조향이 무겁고 제동할 때에 뒷바퀴가 먼저 제동되어 좌우로 틀어지는 경우가 발생한다.

[해설] ②의 문항 중에서 "적재함의 앞부분에 무게가 집중될 수 있도록 적재한다"는 틀리고, "적재함의 중간부분에 무게가 집중될 수 있도록 적재한다"가 맞는 문항이므로 정답은 ②이다.

06 화물의 상하차에서 "차량 내 화물 적재요령"에 대한 설명이다. 다른 문항은?

① 상차할 때 화물이 넘어지지 않도록 질서 있게 정리하면서 적재하고, 차의 동요로 안정이 파괴되기 쉬운 짐은 결박을 철저히 한다.
② 적재함보다 긴 물건을 적재할 때에는 적재함 밖으로 나온 부위에 위험표시를 하여 둔다.
③ 둥글고 구르기 쉬운 물건 또는 볼트와 같은 세밀한 물건 등은 상자 등으로 포장한 후 적재한다.
④ 물품 및 박스의 날카로운 모서리나 가시를 제거한다.

해설 ④의 문항은 "화물의 상하차에서 운반 방법"의 주의사항 중 하나로 정답은 ④이다.

07 화물의 상하차에서 "트랙터 차량의 캡과 적재물의 간격"에 해당하는 것으로 맞는 문항은?

① 120cm 이상으로 유지해야 한다.
② 130cm 이상으로 유지해야 한다.
③ 140cm 이상으로 유지해야 한다.
④ 150cm 이상으로 유지해야 한다.

해설 문제의 간격은 "120cm 이상으로 유지해야 한다"가 맞으므로 정답은 ①이다.

08 화물의 상하차에서 "물품을 들어 올릴 때의 자세 및 방법"에 대한 설명이다. 다른 문항은?

① 물품과 몸의 거리는 물품의 크기에 따라 다르나, 물품을 수직으로 들어 올릴 수 있는 위치에 몸을 준비한다.
② 몸의 균형을 유지하기 위해서 발은 어깨 넓이만큼 벌리고 물품으로 향한다.

③ 물품을 들 때는 허리를 똑바로 펴야 하며, 물품은 허리의 힘으로 드는 것이 아니고 무릎을 굽혀 펴는 힘으로 물품을 든다.
④ 상호 간에 신호를 정확히 하고 진행 속도를 맞춘다.

해설 ④의 문항은 "공동작업을 할 때의 방법"의 하나로 달라 정답은 ④이다. 또한 "다리와 어깨의 근육에 힘을 넣고 팔꿈치를 바로 펴서 서서히 물품을 들어 올린다"가 있다.

09 화물의 상하차에서 "단독으로 화물을 운반하고자 할 때의 인력운반중량 권장기준" 중 "일시 작업(시간당 2회 이하)의 기준"에 해당되는 것으로 맞는 문항은?

① 성인남자(25－30kg),
   성인여자(15－20kg)
② 성인남자(30－35kg),
   성인여자(20－25kg)
③ 성인남자(35－40kg),
   성인여자(25－30kg)
④ 성인남자(40－45kg),
   성인여자(30－35kg)

해설 문제의 일시작업의 기준은 "성인남자(25－30kg), 성인여자(15－20kg)"이므로 정답은 ①이다. 또한, 계속작업(시간당 3회 이상)은 : 성인남자(10－15kg), 성인여자(05－10kg)이다.

10 화물의 상하차에서 "단독으로 화물을 운반하고자 할 때의 인력운반중량 권장기준 중 계속작업(시간당 3회 이상)의 기준"에 해당한 문항은?

① 성인남자(10－15kg),
   성인여자(05－10kg)
② 성인남자(20－25kg),
   성인여자(10－15kg)
③ 성인남자(25－30kg),
   성인여자(10－20kg)
④ 성인남자(30－40kg),
   성인여자(15－20kg)

해설 문제의 계속작업 권장기준은 "성인남자(10－15kg), 성인여자(05－10kg)"기준으로 정답은 ①이며, "일시 작업(시간당 2회 이상) : 성인남자(25－30kg), 성인여자(15－20kg)"이다.

11 화물의 상하차에서 "물품을 어깨에 메고 운반하는 방법"에 대한 설명이다. 다른 문항은?

① 물품을 받아 어깨에 멜 때는 어깨를 낮추고 몸을 약간 기울인다.

② 물품을 어깨에 메거나 받아들 때 한쪽으로 쏠리거나 꼬이더라도 충돌하지 않도록 공간을 확보하고 작업을 한다.

③ 장척물, 구르기 쉬운 화물은 단독운반을 피하고, 중량물은 하역기계를 사용한다.

④ 호흡을 맞추어 어깨로 받아 화물 중심과 몸 중심을 맞추며, 진행방향의 안전을 확인하면서 운반한다.

해설 ③의 문항은 "화물운반 방법"으로 달라 정답은 ③이다.

12 화물의 "기계작업(機械作業) 운반기준"에 대한 설명이다. 다른 문항은?

① 단순하고 반복적인 작업－분류, 판독, 검사

② 얼마 시간 동안 시간 간격을 두고 되풀이되는 소량취급 작업

③ 표준화되어 있어 지속적으로 운반량이 많은 작업과 취급물품이 중량물인 작업

④ 취급물품의 형상, 성질, 크기 등이 일정한 작업

해설 ②의 문항은 "수작업 운반기준" 중의 하나로 달라 정답은 ②이다.

13 컨테이너의 취급(위험물 표시, 적재방법)방법에 대한 설명이다. 잘못된 설명의 문항은?

① 위험물 표시 : 위험물의 분류명, 표찰 및 컨테이너의 번호를 외측부 가장 잘 보이는 곳에 표시한다.

② 위험물이 수납되어 수밀의 금속제 컨테이너를 적재하기 위해 설비를 갖추고 있는 선창 또는 구획에 적재할 경우는 위험 관계를 참조하여 적재하도록 한다.

③ 위험물이 수납되어 있는 컨테이너가 이동하는 동안에 전도·손상·찌그러지는 현상 등이 생기지 않도록 적재한다.

④ 컨테이너를 적재 후 반드시 콘(잠금장치)을 잠근다.

해설 ②의 문항 끝에 "위험 관계를 참조하여"가 아니고, "상호 관계를 참조하여"가 옳으므로 정답은 ②이다.

14 위험물 탱크노리 취급 시의 확인·점검사항이다. 다른 문항은?

① 탱크노리에 커플링(Coupling)은 잘 연결되었는지 확인한다.

② 접지는 연결시켰는지 확인한다.

③ 누유된 위험물은 회수하여 처리한다.

④ 자동차 등을 주유할 때는 자동차 등의 원동기를 정지시킨다.

해설 ④의 문항은 "주유취급소의 위험물 취급기준"으로 달라 정답은 ④이다.

15 화물의 상하차에서 "상하차 작업 시의 확인사항"에 대한 설명이다. 다른 문항은?

① 작업원에게 화물의 내용, 특성 등을 잘 주지시켰는가?

② 받침목, 지주, 로프 등 필요한 보조용구는 준비되어 있는가 또는 차량에 구름막이는 되어 있는가?

③ 적재량의 초과를 하지 않았는지 또는 적재화물의 높이, 길이, 폭 등의 제한을 지키고 있는가?

④ 가능한 한 물건을 신체에 붙여서 단단히 잡고 운반한다.

[해설] ④의 문항은 "화물의 운반방법" 중의 하나로 정답은 ④이며, 또한, 이외에 "화물의 붕괴를 방지하기 위한 조치는 취해져 있는가?", "위험물이나 긴 화물은 소정의 위험표지를 하였는가?", "차량의 이동 신호는 잘 지키고 있는가?", "차를 통로에 방치해 두지 않았는가?"가 있다.

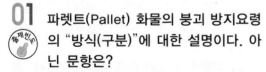

04 적재물 결박·덮개설치

01 파렛트(Pallet) 화물의 붕괴 방지요령의 "방식(구분)"에 대한 설명이다. 아닌 문항은?

① 밴드걸기 방식, 주연어프 방식

② 슬립 멈추기 시트삽입 방식, 슈링크 방식

③ 풀붙이기 접착 방식, 스트레치 방식

④ 수평 밴드걸기 풀붙이기 방식, 특수 방식

[해설] ④의 문항에서 "특수 방식"은 없는 문항이며, 위에 적시한 것 외에 "박스 테두리 방식"이 있어 정답은 ④이다.

02 파렛트 화물의 붕괴 방지요령에서 "나무상자를 파렛트(Pallet)에 쌓는 경우의 붕괴 방지에 많이 사용되는 방식"에 해당되는 설명으로 옳은 것에 해당되는 방식의 문항은?

① 밴드걸기 방식

② 슈링크 방식

③ 주연어프 방식

④ 스트레치 방식

[해설] 문제의 방식 명칭은 "밴드걸기 방식"으로 정답은 ①이다. 이는 "수평 밴드걸기 방식"과 "수직 밴드걸기 방식"이 있다.

※ 결점 : 밴드가 걸리지 않은 부분의 화물이 튀어나온다. 쌓은 화물의 압력이나 진동·충격으로 밴드가 느슨해지는 결점이 있다.

03 파렛트 화물의 붕괴 방지요령에서 "밴드걸기 방식"에 대한 설명이다. 틀린 것은?

① 나무상자를 파렛트에 쌓는 경우의 붕괴방지에 많이 사용되는 방법이다.

② 이 방법에는 수평 밴드걸기 방식과 수직 밴드걸기 방식이 있다.

③ 각목대기 수평 밴드걸기 방식은 포장화물의 네 모퉁이에 각목을 대고, 그 바깥쪽으로부터 밴드를 거는 방법이다. 이것은 쌓는 화물의 압력이나 진동. 충격으로 밴드가 느슨해지는 결점이 있다.

④ 어느 쪽이나 밴드가 걸려 있는 부분은 화물의 움직임을 억제하지만, 밴드가 걸리지 않은 부분의 화물이 튀어나오지 않는 장점이 있다.

해설 ④의 문항 끝에 "화물이 튀어나오지 않는 장점이 있다"는 틀리고, "화물이 튀어나오는 결점이 있다"가 옳은 문항으로 정답은 ④이다.

04 파렛트 화물의 붕괴 방지요령에서 "파렛트(Pallet)의 가장자리를 높게 하여 포장화물을 안쪽으로 기울여, 화물이 갈라지는 것을 방지하는 방법"의 명칭에 해당되는 방식의 문항은?

① 스트레치 방식
② 주연어프 방식
③ 풀붙이기 접착 방식
④ 박스테두리 방식

해설 문제의 붕괴 방지 명칭의 방식은 "주연어프 방식"이므로 정답은 ②이다.
※ 부대화물 따위에 효과가 있고, 이 방식은 다른 방법과 병용하여 안전을 확보하는 것이 효율적이다.

05 파렛트 화물의 붕괴 방지 요령에서 "주연어프 방식"에 대한 설명이다. 잘못된 문항은?

① 파렛트(pallet)의 가장자리를 높게 하여 포장화물을 안쪽으로 기울어 화물이 갈라지는 것을 방지하는 방법이다.
② 주연어프 방식은 부대화물 따위에 효과가 있다.
③ 주연어프 방식만으로 화물이 갈라지는 것을 방지할 수 있다.
④ 주연어프 화물 붕괴 방지 방법은 다른 방법과 병용하여 안전을 확보하는 것이 효율적이다.

해설 ③의 문항에 "주연어프 방식만으로 화물이 갈라지는 방지할 수 있다"는 틀리고, "주연어프 방식만으로 화물이 갈라지는 것을 방지하기는 어렵다"이므로 정답은 ③이다.

06 파렛트 화물의 붕괴 방지요령에서 "포장과 포장 사이에 미끄럼을 멈추는 시트를 넣음으로써 안전을 도모하는 방법의 방식"에 해당하는 문항은?

① 슬립 멈추기 시트삽입 방식
② 스트레치 방식
③ 박스테두리 방식
④ 슈링크 방식

해설 문제의 방식 명칭은 "슬립 멈추기 시트삽입 방식"으로 정답은 ①이며, "장점 : 부대화물에는 효과가 있다" "단점(결점) : 상자는 진동하면 튀어 오르기 쉽다"가 있다.

07 파렛트 화물의 붕괴 방지요령에서 "풀붙이기와 밴드걸기 방식을 병용하고, 화물의 붕괴를 방지하는 효과를 한층 더 높이는 방법"인데 그 방식에 해당하는 문항은?

① 수평 밴드걸기 풀붙이기 방식
② 수직 밴드걸기 풀붙이기 방식
③ 슬립 멈추기 시트삽입 방식
④ 박스테두리 방식

해설 문제의 방식은 "수평 밴드걸기 풀붙이기 방식"에 해당하므로 정답은 ①이다.

08 파렛트 화물의 붕괴 방지요령에서 "열수축성 플라스틱 필름을 파렛트 화물에 씌우고 슈링크 터널을 통과시킬 때 가열하여 필름을 수축시켜 파렛트와 밀착시키는 방식"에 대한 설명이다. 해당되는 문항은?

① 밴드걸기 방식
② 주연어프 방식
③ 슈링크 방식
④ 풀붙이기 접착 방식

해설 문제의 방식은 "슈링크 방식"으로 정답은 ③이다.

09 붕괴 방지요령 중 "슈링크 방식의 내용과 장점 또는 단점"에 대한 설명이다. 잘못된 문항은?

① 내용 : 열수축성 플라스틱 필름을 파렛트 화물에 씌우고 슈링크 터널을 통과시킬 때 가열하여 필름을 수축시켜 파렛트와 밀착시키는 방식이다.

② 장점 : 물이나 먼지도 막아내기 때문에 우천 시의 하역이나 야적보관도 가능하게 된다.

③ 단점 : 고열(120−130℃)의 터널을 통과하므로 상품에 따라서는 이용할 수 없다.

④ 단점 : 통기성이 없고, 비용이 적게 든다.

해설 ④의 문항에서 "비용이 적게 든다"는 틀리고, "비용이 많이 든다"가 단점으로 맞아 정답은 ④이다.

10 파렛트 화물의 붕괴 방지요령에서 "스트레치 포장기를 사용하여 플라스틱 필름을 파렛트 화물에 감아 움직이지 않게 하는 방법"의 방식에 해당되는 문항은?

① 주연어프 방식
② 스트레치 방식
③ 밴드걸기 방식
④ 슈링크 방식

해설 문제의 방식은 "스트레치 방식"으로 정답은 ②이며, 스트레치 방식의 단점은 "열처리는 행하지 않으나 통기성은 없다. 또는 비용이 많이 든다"는 것이 있다.

11 파렛트 화물의 붕괴 방지요령에서 "파렛트에 테두리를 붙이는 박스 파렛트와 같은 형태는 화물이 무너지는 것을 방지하는 효과가 큰 방식"에 해당하는 명칭의 방식 문항은?

① 주연어프 방식
② 스트레치 방식
③ 박스테두리 방식
④ 슈링크 방식

해설 문제의 방식 명칭은 "박스테두리 방식"으로 정답은 ③이며, "평 파렛트에 비해 제조원가가 많이 든다"는 단점이 있다.

12 화물의 붕괴 방지요령에서 "파렛트 화물 사이에 생기는 틈바구니를 적당한 재료로 메우는 방법"에 대한 설명이다. 잘못된 문항은?

① 파렛트 화물이 서로 얽혀 버리지 않도록 사이 사이에 합판을 넣는다.

② 여러 가지 두께의 발포 스티롤판으로 틈바구니를 없앤다.

③ 에어백이라는 공기가 든 부대를 사용한다.

④ 포장화물은 운송과정에서 각종 충격·진동 또는 압축하중을 받는다.

해설 문제의 ④의 문항은 이 문제에서는 해당이 없고, 운송과정에서 외압과 보호요령의 하나로 정답은 ④이다.

13 화물의 붕괴 방지요령으로 차량에 특수장치를 설치하는 방법이다. 해당 없는 문항은?

① 화물붕괴 방지와 짐을 싣고 부리는 작업성을 생각하여, 차량에 특수한 장치를 설치하는 방법이 있다.

② 파렛트 화물의 높이가 일정하다면 적재함의 천정이나 측벽에서 파렛트 화물이 붕괴되지 않도록 누르는 장치를 설치한다.

③ 청량음료 전용차와 같이 적재공간의 파렛트 화물치수에 맞추어 작은 칸으로 구분되는 장치를 설치한다.

④ 수송 중의 충격으로는 트랙터와 트레일러를 연결할 때 발생하는 수평충격이 있는데 이것은 낙하충격에 비하면 적은 편이다.

해설 ④의 문항은 "수송 중의 충격 및 진동"의 설명 중의 하나로 해당 없어 정답은 ④이다.

14 하역 시의 충격에서 "일반적으로 수하역의 경우에 낙하의 높이"는 아래와 같이 설명된다. 해당없는 문항은?

① 수하역 : 120cm 이상

② 견하역 : 100cm 이상

③ 요하역 : 10cm 정도

④ 파렛트 쌓기의 수하역 : 40cm 정도

해설 문제 ①의 "수하역 : 120cm 이상"은 규정에 없으므로 정답은 ①이다.

15 포장화물 운송과정의 외압과 보호요령에서 "보관 및 수송 중의 압축하중"에 대한 설명이다. 틀리게 설명되어 있는 문항은?

① 포장화물은 보관 중 또는 수송 중에 밑에 쌓은 화물이 압축하중을 받는다.

② 이를테면 ①의 경우 통상·높이는 창고에서는 4m, 트럭이나 화차에서는 2m이지만 주행 중에는 상·하 진동을 받으므로 2배 정도로 압축하중을 받게 된다.

③ 골판지의 경우에는 외부의 온도와 습기, 방치시간 등에 대하여 특히 유의하여야 할 사항이 아니다.

④ 내하중은 포장 재료에 따라 상당히 다르다. 나무상자는 강도의 변화가 거의 없으나, 골판지는 시간이나 외부환경에 의해 변화를 받기 쉽다.

해설 문제의 ③의 문항 끝에 "특히 유의하여야 할 사항이 아니다"는 틀리고, "특히 유의하여야 한다"가 맞으므로 정답은 ③이다.

16 포장화물은 보관 중 또는 수송 중에 밑에 쌓은 화물이 반드시 압축하중을 받고 있다. 주행 중에 상·하 진동을 받을 때 압축하중은 몇 배 정도를 받고 있는가, 맞는 문항은?

① 2배 정도로 압축하중을 받게 된다.

② 3배 정도로 압축하중을 받게 된다.

③ 4배 정도로 압축하중을 받게 된다.

④ 5배 정도로 압축하중을 받게 된다.

해설 문제의 압축하중은 "2배 정도로 압축하중을 받는다"가 맞으므로 정답은 ①이다.

05 운행요령

01 화물자동차 "운행에 따른 일반적인 주의사항"으로 틀린 문항은?

① 규정속도로 운행하며, 비포장도로나 위험한 도로에서는 반드시 서행한다.

② 화물을 편중되게 적재하지 않으며, 정량초과 적재를 절대로 하지 않는다.

③ 교통법규를 항상 준수하여 타인에게 양보할 수 있는 여유를 갖는다. 또한, 올바른 운전조작과 철저한 예방 정비점검을 한다.

④ 화물을 적재하고 운행할 때에는 출발 시 화물 적재상태를 확인하며, 운전은 절대 서두르지 말고 침착하게 해야 한다.

[해설] 문제의 ④ 문항 중 "출발 시 화물 적재상태를 확인하며"는 틀리고, "수시로 화물 적재상태를 확인하며"가 맞으므로 정답은 ④이다. 또한, 이외에 "위험물을 운반할 때에는 위험물 표지 설치 등 관련 규정을 준수하여야 한다"가 있다.

02 컨테이너 상차 등에 따른 주의사항으로 "상차 전의 확인사항"이다. 잘못된 문항은?

① 배차계로부터 배차지시 또는 보세면장번호를 통보받는다.

② 배차계로부터 컨테이너 라인(Line), 컨테이너 중량을 통보받는다.

③ 배차계로부터 화물의 화주·공장위치·공장 전화번호·담당자 이름 등을 통보받는다.

④ 배차계로부터 화물의 하역지, 도착시간을 통보받고, 컨테이너 중량을 통보받는다.

[해설] 문제의 ④ 문항 중 "화물의 하역지"가 아니고, "화물의 상차지"가 맞음으로 정답은 ④이다.

03 컨테이너 상차 등에 따른 주의사항 중 "다른 라인(Line)의 컨테이너를 상차할 때 배차로부터 통보받아야 할 사항"이다. 아닌 문항은?

① 라인 종류

② 도착장소

③ 담당자 이름과 직책, 전화번호

④ 터미널일 경우 반출전송을 하는 사람

[해설] 문제의 ② 문항에 "도착장소"가 아니라, "상차장소"가 맞으므로 정답은 ②이다. 면장 출력장소 : 철도 상차일 경우에는 철도역의 담당자, 기타 사업장일 경우에는 배차계로부터 면장 출력장소를 통보받는다.

04 고속도로 제한차량 및 운행허가에서 "고속도로 운행제한차량의 기준"에 대한 설명이다. 맞지 않는 문항은?

① 축하중 : 차량의 축하중이 10톤을 초과

② 총중량 : 차량 총중량이 40톤을 초과

③ 길이 : 적재물을 포함한 차량의 길이가 16.7m 초과, 또는 폭이 2.5m 초과

④ 높이 : 적재물을 포함한 차량의 높이가 4.3m 초과

[해설] 문제 ④의 문항 끝에 "높이가 4.3m 초과"는 틀리고, "높이가 4.2m"가 옳아 정답은 ④이다.

05 고속도로 제한차량 및 운행허가에서 "제한제원이 일정한 차량(구조물보강을 요하는 차량 제외)이 일정기간 반복하여 운행한 경우"에는 신청인의 신청에 따라 그 기간을 정할 수 있다. 그 기간으로 맞는 문항은?

① 1년 이내로 할 수 있다.

② 1년 6개월로 이내로 할 수 있다.

③ 6개월 이내로 할 수 없다.

④ 1년 이내로 할 수 없다.

 Answer 　01 ④　02 ④　03 ②　04 ④　05 ①

해설 문제의 운행기간은 "1년 이내로 할 수 있다"가 맞으므로 정답은 ①이다.

해설 문제 ①의 벌칙이 옳으므로 정답은 ①이다.

06 도로법에 근거하여 "500만 원 이하 과태료"를 부과하는 위반사항이다. 징역이나 벌금에 해당되지 않는 문항은?

① 총중량 40톤, 축하중 10톤, 높이 4.0m, 길이 16.7m, 폭 2.5m 초과 위반 차량
② 적재량 측정 방해(축조작)행위 및 재측정 거부 시 또는 적재량 측정 및 관계서류 제출요구 거부 시
③ 운행제한을 위반하도록 지시하거나 요구한 자
④ 임차한 화물 적재차량이 운행제한을 위반하지 않도록 관리하지 아니한 임차인

해설 문제 ②의 위반행위 시는 "500만 원의 과태료 부과"가 아니라 "1년 이하의 징역 또는 1천만 원 이하 벌금"에 해당하므로 정답은 ②이다.

07 도로법에서 "적재량 측정 방해(축조작)행위 및 재측정 거부 시"의 벌칙에 해당하는 문항은?

① 1년 이하의 징역 또는 1천만 원 이하 벌금
② 1년 이상의 징역 또는 200만 원 이상 벌금
③ 2년 이상의 징역 또는 700만 원 이하 벌금
④ 1년 이상의 징역 또는 200만 원 이상 벌금

08 도로법에서 "적재량 측정 방해(축조작)행위 및 재측정 거부 시" 이를 위반한 경우의 벌칙으로 옳은 문항은?

① 2년 이하의 징역 또는 300만 원 이하 벌금
② 2년 이상의 징역 또는 300만 원 이상 벌금
③ 1년 이하의 징역 또는 1천만 원 이하 벌금
④ 1년 이상의 징역 또는 200만 원 이상 벌금

해설 문제의 벌칙으로 "1년 이하의 징역 또는 1천만 원 이하 벌금"에 해당 되므로 정답은 ③이다.

09 도로법에서 "적재량 측정을 위한 도로관리원의 차량 승차요구 거부 시" 이를 위반한 경우의 벌칙이다. 맞는 문항은?

① 1년 이하의 징역이나 1천만 원 이하 벌금
② 1년 6월 이하의 징역이나 1천 500만 원 이하 벌금
③ 2년 이하의 징역이나 2천만 원 이하 벌금
④ 1년 이상의 징역이나 1천만 원 이하 벌금

해설 문제의 벌칙은 "1년 이하 징역이나 1천만 원 이하의 벌금"이 맞으므로 정답은 ①이다.

10 화주, 화물자동차 운송사업자, 화물자동차 운송주선사업자 등의 지시 또는 요구에 따라서 운행제한을 위반한 운전자가 그 사실을 신고하여 화주 등에게 과태료를 부과한 경우 "운전자에게 과태료를 부과할지" 여부에 대한 경우이다. 옳은 문항은?

① 운전자에는 과태료를 부과하지 않는다.
② 화주 등에게도 과태료를 부과하지 않는다.
③ 화주 등 운전자에게도 같이 부과한다.
④ 화주 등 운전자에게도 부과하지 않는다.

해설 신고한 운전자에는 과태료를 부과하지 않으므로 정답은 ①이다.

11 화물자동차가 "적재중량보다 20%를 초과한 과적차량의 경우에 타이어 내구수명"에 대한 설명이다. 타이어의 내구수명은 몇 %가 감소하는지 맞는 문항은?

① 30% 감소　　② 40% 감소
③ 50% 감소　　④ 60% 감소

해설 문제의 타이어 내구수명 감소는 "30% 감소"가 맞아 정답은 ①이다. 또한 ④의 60% 감소는 적재중량보다 50%를 초과한 경우이다.

12 화물자동차가 적재중량보다 50%를 초과한 과적차량의 경우 타이어 내구수명 감소 %이다. 감소 %로 맞는 문항은?

① 50% 감소　　② 60% 감소
③ 30% 감소　　④ 40% 감소

해설 문제의 내구수명 감소는 "60% 감소"로 정답은 ②이다. 또한 ③의 "30% 감소"는 적재중량보다 20%를 초과한 경우이다.

13 도로법에서 운행제한기준인 축하중 10톤을 기준으로 보았을 때 "축하중이 10%만 증가하여도 도로 파손에 미치는 영향"이다. "도로 파손에 미치는 영향은 %"에 해당되는 문항은?

① 무려 40%가 상승한다.
② 무려 50%가 상승한다.
③ 무려 60%가 상승한다.
④ 무려 70%가 상승한다.

해설 문제의 도로 파손에 미치는 영향은 "무려 50%가 상승함"으로 정답은 ②이다. 또한 "축하중이 증가할수록 포장의 수명은 급격하게 감소"한다.

14 총중량의 증가는 교량의 손상도를 높이는 주요원인이다. 총중량 50톤의 과적차량의 손상도는 도로법 운행제한기준인 40톤에 비하여 몇 배가 증가하는 것으로 나타나는가 맞는 것으로 해당되는 문항은?

① 무려 14배나 증가하는 것으로 나타난다.
② 무려 15배나 증가하는 것으로 나타난다.
③ 무려 16배나 증가하는 것으로 나타난다.
④ 무려 17배나 증가하는 것으로 나타난다.

해설 문제의 증가 배수는 "무려 17배나 증가"하는 것으로 나타나므로 정답은 ④이다.

15 축하중 과적차량 통행이 도로포장에 미치는 영향의 파손비율에 대한 설명이다. 맞지 않는 파손비율에 해당되는 문항은?

① 10톤 - 승용차 7만 대 통행과 같은 도로파손 - 1.0배

② 11톤 - 승용차 11만 대 통행과 같은 도로파손 - 1.5배

③ 13톤 - 승용차 21만 대 통행과 같은 도로파손 - 3.0배

④ 15톤 - 승용차 39만 대 통행과 같은 도로파손 - 6.0배

[해설] 문제 ④의 문항 끝에 "6.0배"는 틀리고, "5.5배"가 맞으므로 정답은 ④이다.

16 과적재 방지를 위한 노력에서 "운전자, 운송사업자, 화주"가 과적재 방지를 위한 노력을 해야 할 사항에 대한 설명이다. 과적재의 주요원인 및 현황인 문항은?

① 화주는 과적재를 요구해서는 안 되며, 운송사업자는 운송차량이나 운전자의 부족 등의 사유로 과적재 운행계획 수립은 금물

② 과적재로 인해 발생할 수 있는 각종 위험요소 및 위법행위에 대한 올바른 인식을 통해 안전운행을 확보

③ 사업자와 화주의 협력체제 구축 또는 중량계 설치를 통한 중량증명 실시 등

④ 운전자는 과적재하고 싶지 않지만 화주의 요청으로 어쩔 수 없이 하는 경우와 과적재를 하지 않으면 수입에 영향을 주무로 어쩔 수 없이 하는 경우

[해설] 문제의 ④는 "과적재의 주요원인 및 현황" 중의 하나로 정답은 ④이다. 또한, 이외에 "운전자 : 과적재를 하지 않겠다는 운전자의 의식변화와 과적재 요구에 대한 거절의사 표시"가 있다.

06 화물의 인수 · 인계요령

01 화물의 인수요령에 대한 설명이다. 틀린 문항은?

① 화물은 취급가능 화물규격 및 중량, 취급불가 화물품목 등을 확인하고, 화물의 안전수송과 타화물의 보호를 위하여 포장상태 및 화물의 상태를 확인한 후 접수 여부를 결정한다.

② 포장 및 운송장 기재 요령을 대략적으로 숙지하고 인수에 임하며, 제주도 및 도서지역인 경우 그 지역에 적용되는 부대비용(항공료, 도선료)을 수하인에게 징수할 수 있음을 반드시 알려주고, 이해를 구한 후 인수한다.

③ 집하 자제품목 및 집하 금지품목(화약류 및 인화물질 등 위험물)의 경우는 그 취지를 알리고 양해를 구한 후 정중히 거절한다.

④ 도서지역의 경우 차량이 직접 들어갈 수 없는 지역이 많아 착불로 거래 시 운임을 징수할 수 없으므로 소비자의 양해를 얻어 운임 및 도선료는 선불로 처리한다.

[해설] 문제 ②의 문항 중 "기재 요령을 대략적으로 숙지하고"는 틀리고, "기재 요령을 반드시 숙지하고"가 맞으므로 정답은 ②이다.

02 화물의 적재요령에 대한 설명이다. 틀린 문항은?

① 긴급을 요하는 화물(부패성 식품 등)은 우선순위로 배송될 수 있도록 쉽게 꺼낼 수 있게 적재한다.

② 다수화물이 도착하였을 때에는 추가로 화물이 도착한 수량이 있는지 확인한다.

③ 중량 화물은 적재함 하단에 적재하여 타 화물이 훼손되지 않도록 주의한다.

④ 취급주의 스티커 부착 화물은 적재함 별도공간에 위치하도록 한다.

해설 문제 ②의 문항 끝에 "추가로 화물이 도착한 수량이 있는지 확인한다"는 틀리고, "미도착 수량이 있는지 확인한다"가 옳으므로 정답은 ②이다.

03 화물의 인계요령에 대한 설명이다. 틀린 것에 해당되는 문항은?

① 지점에 도착한 물품에 대해서는 당일 배송을 원칙으로 한다(단, 산간오지 및 당일 배송이 불가능한 경우 소비자의 양해를 구한 뒤 조치하도록 한다).

② 영업소(취급소)는 택배물품을 배송할 때 물품뿐만 아니라 고객의 마음까지 배달한다는 자세로 성심껏 배송하여야 한다.

③ 방문시간에 수하인이 없는 경우에는 부재 중 방문표를 활용하여 방문근거를 남기되 수하인이 볼 수 있는 곳에 붙여 둔다.

④ 물품포장에 경미한 이상이 있는 경우에는 고객에게 사과하고 대화로 해결할 수 있도록 하며, 절대로 남의 탓으로 돌려 고객들의 불만을 가중시키지 않도록 한다.

해설 문제 ③의 문항 중에 "수하인이 볼 수 있는 곳에 붙여 둔다"는 틀리고, "우편함에 넣거나 문틈으로 밀어 넣어 타인이 볼 수 없도록 조치한다"가 맞으므로 정답은 ③이다.

04 화물의 인계방법에 대한 설명이다. 잘못된 것에 해당된 문항은?

① 수하인에게 인계가 어려워 부득이하게 대리인에게 인계할 때에는 사후조치로 실제 수하인과 연락을 취하여 확인한다.

② 귀중품 또는 고가품의 경우는 분실의 위험이 높고 분실되었을 때 피해 보상액이 크므로 수하인에게 직접 전달하도록 한다.

③ 당일 배송하지 못한 물품에 대하여는 배송 자동차에 실어 놓고 물품을 보관하고 있다가 추후 배달하여도 된다.

④ 수하인이 장기부재, 휴가, 주소불명, 기타 사유 등으로 배송이 어려운 경우, 집하지점 또는 송하인과 연락하여 조치하도록 한다.

해설 ③의 문항은 틀리고, "익일 영업시간까지 물품이 안전하게 보관될 수 있는 장소에 물품을 보관하여야 한다"가 옳은 방법으로 정답은 ③이다.

05 인수증 관리요령에 대한 설명이다. 틀린 것에 해당되는 문항은?

① 인수증은 반드시 인수자 확인란에 수령인(본인, 동거인, 관리인, 지정인 등)이 누구인지 인수자 자필로 바르게 적도록 한다.

② 같은 장소에 여러 박스를 배송할 때에는 인수증에 반드시 실제 배달한 화물을 기재받아 차후에 수량 차이로 인한 시비가 발생하지 않도록 하여야 한다.

③ 인수증상에 인수자 서명을 운전자가 임의 기재한 경우는 무효로 간주되며, 문제가 발생하면 배송완료로 인정받을 수 없다.

④ 지점에서는 회수된 인수증 관리를 철저히 하고, 인수 근거가 없는 경우 즉시 확인하여 인수인계 근거를 명확히 관리하여야 하며, 물품 인도일 기준으로 1년 이내 인수근거 요청이 있을 때 입증자료를 제시할 수 있어야 한다.

해설 문제 ②의 문항 중에 "배달한 화물을"은 틀리고, "배달한 수량을"이 맞아 정답은 ②이다.
※ 수령인 구분 : 본인, 동거인, 관리인, 지정인, 기타 등으로 구분하여 확인한다.

06 고객의 유의사항에서 "고객 유의사항의 필요성"에 대한 설명이다. 다른 것에 해당한 문항은?

① 택배는 소화물 운송으로 무한책임이 아닌 과실책임에 한정하여 변상할 필요성

② 운송인이 통보받지 못한 위험부분까지 책임지는 부담 해소

③ 통상적으로 물품의 안전을 보장하기 어렵다고 판단되는 물품

④ 내용검사가 부적당한 수탁물에 대한 책임을 명확히 설명할 필요성

해설 문제 ③의 문항은 "고객유의사항 사용범위"에 해당되어 다른 사항으로 정답은 ③이다.

07 고객유의사항에서 "고객의 유의사항 사용범위(매달 지급하는 거래처 제외 - 계약서상 명시)"에 대한 설명이다. 잘못된 문항은?

① 수리를 목적으로 운송을 의뢰하는 모든 물품 또는 포장이 불량하여 운송에 부적합하다고 판단되는 물품

② 일정금액(예 : 50만 원)을 초과하는 물품으로 위험 부담률이 극히 높고, 할증료를 징수하지 않은 물품

③ 중고제품으로 원래의 제품 특성을 유지하고 있다고 보기 어려운 물품(외관상 전혀 이상이 없는 경우 보상 불가)

④ 물품사고 시 다른 물품에까지 영향을 미쳐 손해액이 감소하는 물품

해설 문제 ④의 문항 중 "감소하는 물품"은 틀리고, "증가하는 물품"이 맞으므로 정답은 ④이며, 이외에 "통상적으로 물품의 안전을 보장하기 어렵다고 판단되는 물품"이 있다.

08 사고발생 방지와 처리요령에서 "화물사고의 유형과 원인, 방지요령"에 대한 설명이다. 잘못되어 있는 문항은?

① 분실사고＝원인 : 집배송을 위해 차량을 이석하였을 때 차량 내 화물이 도난당한 경우 / 대책 : 차량에서 벗어날 때 시건장치 확인 철저

② 오배달사고＝원인 : 수령인이 없을 때 임의장소에 두고 간 후 미확인한 경우 / 대책 : 우편함, 우유통, 소화전 등 임의장소에 화물 방치 행위 금지

③ 내용물 부족사고＝원인 : 포장이 부실한 화물에 대한 절취행위(과일, 가전제품 등) / 대책 : 화물을 인계하였을 때 수령인 본인 여부 확인 작업 필히 실시

④ 파손사고＝원인 : 화물을 적재할 때 무분별한 적재로 압착되는 경우 / 대책 : 가까운 거리 또는 가벼운 화물이라도 절대 함부로 취급하지 않는다.

해설 문제 ③의 내용물 부족사고의 대책 내용은 "오배달 사고의 대책" 중 하나로 달라 정답은 ③이며, 그 대책은 "부실포장 화물을 집하할 때 내용물 상세 확인 및 포장보강 시행"이 있다.

09 사고발생 방지와 처리요령에서 "화물사고의 유형과 원인, 방지요령"에 대한 설명이다. 틀린 문항은?

① 오손사고＝원인 : 화물을 적재할 때 중량물은 상단에 적재하여 하단 화물 오손피해가 발생한 경우 / 대책 : 중량물은 하단, 경량물은 상단에 적재규정 준수

② 지연배달사고＝원인 : 당일 배송되지 않는 화물에 대한 관리가 미흡한 경우 / 대책 : 사전에 배송 연락 미실시로 제3자가 수취한 후 전달이 늦어지는 경우

③ 오배달사고＝원인 : 수령인의 신분 확인 없이 화물을 인계한 경우 / 대책 : 화물을 인계하였을 때 수령인 본인 여부 확인작업 필히 실시

④ 받는 사람과 보낸 사람을 알 수 없는 화물 사고＝원인 : 미포장 화물, 마대화물 등에 운송장을 부착한 경우 떨어지거나 훼손된 경우 / 대책 : 집하단계에서부터 운송장 부착 여부 확인 및 테이프 등으로 떨어지지 않도록 고정 실시

해설 문제 ②의 문항의 대책은 "지연배달사고의 원인 중의 하나로 달라 대책"이 아니므로 틀려 정답은 ②이며, 그 대책은 "사전에 배송연락 후 배송계획 수립으로 효율적 배송 시행"이 있다.

10 화물사고 발생 시 영업사원의 역할에 대한 설명이다. 틀린 문항은?

① 영업사원은 초기 고객응대가 사고처리의 향방을 좌우한다는 인식을 가져야 한다.

② 영업사원은 회사를 대표하여 사고 처리를 위한 고객과의 최접점의 위치에 있다.

③ 영업사원의 모든 조치가 회사 전체를 대표하는 행위로 고객의 서비스 만족 성향을 좌우한다는 신념으로 적극적인 업무자세가 필요하다.

④ 영업사원은 최소한 정중한 자세와 냉철한 판단력을 가지고 사고를 수습하여야 한다.

해설 문제 ④의 문항 중 "최소한"은 틀리고, "최대한"이 옳으므로 정답은 ④이다.

11 사고화물의 배달 등의 요령이다. 요령이 다른 문항은?

① 화주와 화물상태를 상호 확인하고 상태를 기록한 뒤, 사고관련 자료를 요청한다.

② 화주의 심정은 상당히 격한 상태임을 생각하고 사고의 책임여하를 떠나 대면할 때 정중히 인사를 한 뒤, 사고경위를 설명한다.

③ 대략적인 사고처리과정을 알리고 해당 지점 또는 사무소 연락처와 사후조치에 대해 안내를 하고, 사과를 한다.

④ 부재 중 방문표의 사용으로 방문사실을 고객에 알려 고객과의 분쟁을 예방한다.

해설 문제 ④의 문장은 "지연배달사고의 대책 중의 하나"로 다르므로 정답은 ④이다.

---

07 화물자동차의 종류

01 자동차관리법령상 화물자동차 유형별 세부기준 중 화물자동차의 설명이다. 다른 문항은?

① 일반형　　② 덤프형
③ 특수작업형　　④ 밴형

해설 문제 ③의 "특수작업형"은 특수자동차의 형 중의 하나이며, "특수용도형"이 있으므로 정답은 ③이다. "특수자동차에는 견인형, 구난형, 특수작업형"이 있다.

02 화물자동차의 유형별 세부기준에 대한 설명이다. 다른 문항은?

① 일반형 : 보통의 화물운송용인 것

② 덤프형 : 적재함을 원동기의 힘으로 기울여 적재물을 중력에 의하여 쉽게 미끄러뜨리는 구조의 화물운송용인 것

③ 밴형 : 상자형 화물실을 갖추고 있는 트럭, 다만 지붕이 없는 것(오픈톱형도 포함)

④ 특수용도형 : 특정한 용도를 위하여 특수한 구조로 하거나, 기구를 장치한 것으로서 일반형, 덤프형, 밴형 어느 형에도 속하지 아니하는 화물운송용인 것

해설 문항 ③ 밴형 차량은 "한국산업표준(KS)에 의한 화물자동차의 종류" 중에 해당하는 것으로, 자동차관리법령상 화물자동차는 "지붕구조의 덮개가 있는 화물운송용인 것"이 옳아 정답은 ③이다.

03 "원동기부의 덮개가 운전실의 앞쪽에 나와 있는 트럭"의 화물자동차 종류의 명칭에 해당되는 문항은?

① 캡 오버 엔진 트럭
② 보닛 트럭
③ 밴(Van)
④ 픽업(Pickup)

해설 문제의 화물자동차는 "보닛 트럭"으로 정답은 ②이다.

04 "원동기의 전부 또는 대부분이 운전실의 아래쪽에 있는 트럭" 화물자동차 종류의 명칭에 해당하는 문항은?

① 픽업(Pickup)
② 캡 오버 엔진 트럭
③ 밴(Van)
④ 보닛 트럭

[해설] 문제의 화물자동차는 "캡 오버 엔진 트럭"으로 정답은 ②이다.

05

"화물실의 지붕이 없고, 옆판이 운전대와 일체로 되어 있는 화물자동차"에 해당하는 차의 명칭 문항은?

① 밴(Van)
② 픽업(Pickup)
③ 레커차
④ 차량 운반차

[해설] 문제의 화물자동차는 "픽업(Pickup)" 자동차로 정답은 ②이다.

06

"차에 실은 화물의 쌓아 내림용 크레인을 갖춘 특수 장비 자동차"의 명칭에 해당하는 문항은?

① 덤프차
② 크레인 붙이 트럭
③ 레커차
④ 트럭 크레인

[해설] 문항 ②의 "크레인 붙이 트럭"으로 정답은 ②이다.

07

"트레일러는 자동차를 동력부분(견인차 또는 트랙터)과 적하부분(피견인차)으로 나누었을 때 적하부분(화물 싣는 장치)"을 지칭하는 용어에 해당한 문항은?

① 트레일러
② 레커차
③ 트랙터
④ 견인차

[해설] 문항 ①의 "트레일러"임으로 정답은 ①이다.

08

세미트레일러(Semi trailer)에 대한 설명이다. 틀린 설명에 해당하는 문항은?

① 세미트레일러용 트랙터에 연결하여, 총하중의 일부분이 견인하는 자동차에 의해서 지탱되도록 설계된 트레일러이다.
② 세미트레일러는 발착지에서의 트레일러 탈착이 용이하고 공간을 적게 차지해서 후진하는 운전을 하기가 쉽다.
③ 가동 중인 트레일러 중에서는 가장 적고, 일반적인 트레일러이다.
④ 잡화수송에는 밴형 세미트레일러, 중량물에는 중량용 세미트레일러, 또는 중저상식 트레일러 등이 있다.

[해설] 문제 ③의 문항 중에 "가장 적고"는 틀리고, "가장 많고"가 옳으므로 정답은 ③이다.

09

폴트레일러(Pole trailer)에 대한 설명이다. 설명 내용으로 틀린 문항은?

① 기둥, 통나무 등 장척의 적하물 자체가 트랙터와 트레일러의 연결부분을 구성하는 구조의 트레일러이다.
② 파이프 H형강 등 장척물의 수송을 목적으로 한 트레일러이다.
③ 트랙터에 턴테이블을 비치하고, 폴트레일러를 연결해서 적재함과 턴테이블이 적재물을 고정시키는 것이다.
④ 축 거리는 적하물의 길이에 따라 조정할 수 없다.

[해설] 문제 ④의 문항 끝에 "조정할 수 없다"는 틀린 설명으로 "조정할 수 있다"가 옳은 문항으로 정답은 ④이다.

10
"세미(Semi)트레일러와 조합해서 풀 트레일러로 하기 위한 견인구를 갖춘 대차"의 명칭에 해당되는 문항은?

① 세미(Semi)트레일러
② 풀(Full)트레일러
③ 폴(Pole)트레일러
④ 돌리(Dolly)

해설 문항 ④의 "돌리(Dolly)"로서 정답은 ④이다.

11
"트레일러의 장점"에 대한 설명이다. 틀리게 설명된 문항은?

① 트랙터의 효율적 이용 또는 효과적인 적재량
② 탄력적인 작업 또는 장기보관기능의 실현
③ 트랙터와 운전자의 효율적 운영
④ 중계지점에서의 탄력적인 이용

해설 ②의 문항 "장기보관기능의 실현"이 아니고, "일시보관기능의 실현"이 옳으므로 정답은 ②이다.

12
트레일러(Trailer)의 구조 형상에 따른 종류에 대한 설명이다. 트레일러로 틀린 문항은?

① 평상식(Flat bed) : 전장의 프레임 평면의 하대를 가진 구조로서 일반화물이나 강재 등의 수송에 적합하다.
② 오픈 톱 트레일러(Open top trailer) : 밴 트레일러 일종이며, 천장에 개구부가 있어 채광이 들어가게 만든 고척 화물 운반용이다.

③ 중저상식(Drop bed) : 중앙 하대부가 오목하게 낮은 트레일러로서 대형 핫코일(Hot coil)이나 중량 블록화물 등 중량 화물 운반에 편리하다.
④ 스케레탈 트레일러(Skeletal trailer) : 컨테이너 운송을 위해 제작된 트레일러로서, 컨테이너 고정 장치가 부착되어 있으며, 20피트(feet)용, 40피트용, 80피트용 등 여러 종류가 있다.

해설 문제 ④의 문항 중 "80피트용"은 가이드북에 명시가 없어 정답은 ④이며, 이외에 밴트레일러(Van trailer) : 일반 잡화 및 냉동화물 등의 운반용, 특수용도 트레일러 : 덤프, 탱크, 자동차 운반용 트레일러 등이 있다.

13
세미트레일러 연결 차량(Articulated road train)이 화물을 운송하는 구분과 특성에 대한 설명이다. 틀린 문항은?

① 잡화수송에는 밴형 세미트레일러 사용
② 중량물에는 중량형 또는 중저상식 세미트레일러 사용
③ 대형 파이프. 교각은 중저상식 트레일러 사용
④ 발착지에서의 트레일러 탈착이 용이하고 공간을 적게 차지하며, 후진이 용이한 특성을 가지고 있다.

해설 문제 ③항의 문항 "중저상식 트레일러"가 아니고, "폴(Pole)트레일러"가 맞아 정답은 ③이다.

14

적재함 구조에 의한 화물자동차의 종류에서 "카고트럭"에 대한 설명이다. 틀린 문항은?

① 하대에 간단히 접는 형식의 문짝을 단 차량으로 일반적으로 트럭 또는 카고트럭이라고 부른다.

② 카고트럭은 우리나라에서 가장 보유대수가 많고 일반화된 것이다.

③ 차종은 적재량 1톤 미만의 소형차로부터 12톤 이상의 대형차에 이르기까지 그 수가 많다.

④ 카고트럭 하대는 귀틀(세로귀틀, 가로귀틀)이라고 불리는 받침부분과 화물을 얹는 바닥부분, 그리고 짐 무너짐을 방지하는 문짝 2개의 부분으로 이루어져 있다.

해설 문제 ④의 문항 중에 "문짝 2개의 부분으로"는 틀리고, "문짝 3개의 부분으로"가 옳으므로 정답은 ④이다.

15

"차량의 적재함을 특수한 화물에 적합하도록 구조를 갖추거나 특수한 작업이 가능하도록 기계장치를 부착한 차량"에 해당하는 명칭의 문항은?

① 전용특장차(덤프트럭, 벌크차량, 액체수송차)

② 합리화 특장차(실내 하역기기, 장비차, 측방 개방차)

③ 화물자동차(일반형, 덤프형, 밴형, 특수용도형)

④ 특수 자동차(차량운전자, 쓰레기 운반차, 모터캐러반)

해설 문제의 차량은 "전용특장차"로서 정답은 ①이다.

16

"시멘트, 사료, 곡물, 화학제품, 식품 등 분립체를 자루에 담지 않고 실물상태로 운반하는 차량"의 명칭에 해당하는 문항은?

① 벌크차량(분립체 수송차)

② 냉동차

③ 덤프트럭

④ 액체수송차

해설 문제의 해당 차량은 "벌크차량(분립체 수송차)"에 해당되므로 정답은 ①이다.

17

"화물을 싣거나 부릴 때에 발생하는 하역을 합리화하는 설비기기를 차량 자체에 장비하고 있는 차"를 호칭하는 명칭에 해당한 차량은?

① 화물자동차

② 합리화 특장차

③ 전용특장차

④ 액체수송차

해설 문제는 "합리화 특장차"의 의미로서 정답은 ②이다.

18

"합리화 특장차"의 종류는 4가지로 구분되어 있다. 해당 없는 문항은?

① 실내 하역기기 장비차

② 측방 개방차·시스템 차량

③ 쌓기·부리기 합리화차

④ 벌크차량(분립체 수송차)

해설 ④의 "벌크차량(분립체 수송차)"은 "전용 특장차"에 해당되고 이외에 "시스템차(시비(CB)차, 탈착 보디차)"가 옳은 문항이다. 정답은 ④이다.

제2편 / 화물취급요령

08 화물운송의 책임한계

01 이사화물 표준약관의 규정에서 인수거절을 할 수 있는 화물이다. 인수거절을 할 수 없는 문항은?

① 현금, 유가증권, 귀금속, 예금통장, 신용카드, 인감 등 고객이 휴대할 수 있는 귀중품
② 일반 이사화물의 종류, 무게, 부피, 운송거리 등에 따라 적합하도록 포장할 것을 사업자가 요청하여 고객이 이를 다시 포장한 물건
③ 동식물, 미술품, 골동품 등 운송에 특수한 관리를 요하기 때문에 다른 화물과 동시 운송하기에 적합하지 않은 물건
④ 위험물, 불결한 물품, 등 다른 화물에 손해를 끼칠 염려가 있는 물건

해설 ②의 문장 중에 "사업자가 요청하여 고객이 이를 다시 포장한 물건"은 인수를 거절할 수 없고, "사업자가 요청하였으나 고객이 이를 거절한 물건"은 인수를 거절할 수 있으므로 정답은 ②이며 ①, ③, ④에 해당되는 이사화물이라도 사업자는 그 운송을 위한 특별한 조건을 고객과 합의한 경우에는 이를 인수할 수 있다.

02 고객이 책임 있는 사유로 약정된 이사화물의 인수일 1일 전까지 사업자에게 계약해제를 통지한 경우 사업자에게 지급할 손해배상액으로 맞는 문항은? (고객이 이미 지급한 계약금이 있는 경우는 그 금액을 공제할 수 있다)

① 계약금
② 계약금의 배액

③ 계약금의 4배액
④ 계약금의 6배액

해설 손해배상금액은 "계약금"이므로 정답은 ①이다. ②의 문항은 "계약금의 배액"은 "인수일 당일에 해제를 통지한 경우"의 손해배상금액이다.

03 고객이 책임 있는 사유로 약정된 이사화물의 인수일 당일에 사업자에게 계약해제를 통지한 경우 지급할 손해배상금액으로 맞는 문항은?

① 계약금
② 계약금의 배액
③ 계약금의 4배액
④ 계약금의 6배액

해설 문제의 맞는 손해배상금액으로 "계약금의 배액"으로 정답은 ②이다. ①의 "계약금"은 인수일 1일 전까지 해제를 통지한 경우의 손해배상금액이다.

04 사업자의 책임 있는 사유로 "사업자가 약정된 이사화물의 인수일 2일 전까지 고객에게 계약을 해제 통지한 경우"의 고객에게 지급할 손해배상액이다. 맞는 손해배상액에 해당하는 문항은?

① 계약금의 배액
② 계약금의 4배액
③ 계약금의 6배액
④ 계약금의 10배액

해설 문제의 손해배상금액은 ①의 "계약금의 배액"으로 정답은 ①이다. ②의 계약금의 4배액은 인수일 1일 전까지 해제를 통지한 경우, ③의 계약금의 6배액은 인수일 당일에 해제를 통지한 경우, ④의 계약금의 10배액은 인수일 당일에도 해제를 통지하지 않은 경우의 손해배상 지급금액이다.

 01 ② 02 ① 03 ② 04 ①

90

05 사업자가 약정된 이사화물 인수일 1일 전까지 고객에게 해제를 통지한 경우 고객에게 지급할 손해배상액으로 맞는 문항은?

① 계약금의 배액
② 계약금의 4배액
③ 계약금의 6배액
④ 계약금의 10배액

[해설] 문제의 맞는 문항은 ②이므로 정답은 ②이다.

06 사업자가 약정된 이사화물의 인수일 당일에 고객에게 해제를 통지한 경우의 손해배상금액으로 맞는 문항은?

① 계약금의 배액
② 계약금의 6배액
③ 계약금의 8배액
④ 계약금의 10배액

[해설] 맞는 문항은 ②에 해당되어 정답은 ②이다.

07 사업자가 약정된 이사화물의 인수일 당일에도 고객에 해제 통지를 하지 않은 경우의 손해배상지급 금액으로 맞는 문항은?

① 계약금의 배액
② 계약금의 6배액
③ 계약금의 8배액
④ 계약금의 10배액

[해설] 문제의 맞는 문항으로 "계약금의 10배액"이므로 정답은 ④이다.

08 이사화물의 인수가 사업자의 귀책사유로 약정된 인수일시로부터 2시간 이상 지연된 경우에 고객은 계약을 해제하고 사업자에게 손해배상을 청구할 수 있는 청구금액으로 맞는 문항은?

① 계약금 반환 및 계약금 배액
② 계약금 반환 및 계약금 4배액
③ 계약해제와 계약금의 반환 및 계약금 6배액
④ 계약해제와 계약금 반환 및 계약금 4배액

[해설] 문제의 맞는 문항은 정답은 ③이다.

09 이사화물의 멸실, 훼손 또는 연착이 사업자 또는 그의 사용인 등의 고의 또는 중대한 과실로 인하여 발생한 때 또는 고객이 이사화물의 멸실, 훼손 또는 연착으로 인하여 실제 발생한 손해액을 입증한 경우에 사업자가 손해액을 배상해야 하는데 그 근거 법규에 해당된 문항은?

① 형법 제393조
② 민사특별법 제393조
③ 민법 제393조
④ 소비자보호법 제393조

[해설] "민법 제393조"의 규정에 따라 그 손해를 배상해야 하므로 정답은 ③이다.

10 고객의 책임 있는 사유로 이사화물의 인수가 지체된 경우 사업자에게 지급해야 할 손해배상액의 계산방식으로 맞는 문항은?

① 계약금의 배액한도(지체시간수×계약금×1/5)
② 계약금의 배액한도(지체시간수×계약금×1/4)
③ 계약금의 배상한도(지체시간수×계약금×1/2)
④ 계약금의 배액한도(지체시간수×계약금×1/3)

[해설] ③의 계산방식이 옳으므로 정답은 ③이다.

11 고객의 귀책사유로 이사화물의 인수가 약정된 일시로부터 2시간 이상 지체된 경우 사업자가 고객에게 손해배상청구 방법으로 맞는 것에 해당하는 문항은?

① 사업자는 계약해제하고 계약금의 10배 청구

② 사업자는 계약해제하고 계약금의 6배 청구

③ 사업자는 계약해제하고 계약금의 4배 청구

④ 사업자는 계약해제하고 계약금의 배액 청구

[해설] ④의 손해배상청구가 옳아 정답은 ④이다.

12 이사화물이 천재지변 등 불가항력적 사유 또는 고객의 책임 없는 사유로 전부 또는 일부 멸실되거나 수선이 불가능할 정도로 훼손된 경우 사업자는 그 멸실·훼손된 이사화물에 대한 운임 등을 청구할 수 있는지의 여부이다. 맞는 것에 해당한 문항은?

① 운임 등은 청구할 수 있다.

② 이미 받은 운임 등을 반환할 필요가 없다.

③ 운임을 면제할 수 있다.

④ 운임 등은 이를 청구하지 못한다.

[해설] "운임 등은 이를 청구하지 못한다"가 맞으므로 정답은 ④이다.

13 이사화물의 일부 멸실 또는 훼손에 대한 사업자의 손해배상책임은 고객이 이사화물을 인도받은 날로부터 며칠 이내에 사업자에게 통지하지 아니하면 소멸되는지 맞는 문항은?

① 45일 이내에 통지하지 아니하면 소멸한다.

② 30일 이내에 통지하지 아니하면 소멸한다.

③ 25일 이내에 통지하지 아니하면 소멸한다.

④ 20일 이내에 통지하지 아니하면 소멸한다.

[해설] "30일 이내에 통지하지 아니하면 소멸한다"가 맞으므로 정답은 ②이다.

14 이사화물의 멸실, 훼손 또는 연착에 대한 사업자의 손해배상책임은, 고객이 이사화물을 인도받은 날로부터 몇 년이 되면 소멸되고, 이사화물이 전부 멸실된 경우의 기산 기준일로 맞는 문항은?

① 1년이 경과하면 소멸되고, 전부 멸실된 경우는 약정된 인도일부터 기산한다.

② 1년 6월이 경과하면 소멸되고, 전부 멸실된 경우 약정된 인도일부터 기산한다.

③ 2년이 경과되면 소멸되고, 전부 멸실된 경우 인도일부터 기산한다.

④ 3년이 경과되면 소멸되고, 전부 멸실된 경우 인도일부터 기산한다.

[해설] ①의 문항이 옳은 것으로 정답은 ①이다.

15 사업자 또는 그 사용인이 이사화물의 일부 멸실 또는 훼손의 사실을 알면서 이를 숨기고 이사화물을 인도한 경우 사업자의 손해배상책임 유효기간 존속 기간은 몇 년인가 맞는 문항은?

① 인도받은 날로부터 3년간 존속한다.

② 인도받은 날로부터 4년간 존속한다.

③ 인도받은 날로부터 5년간 존속한다.

④ 인도받은 날로부터 6년간 존속한다.

해설 문제의 맞는 문항은 ③이므로 정답은 ③이다.

16 이사화물이 운송 중에 멸실, 훼손 또는 연착된 경우 사업자는 고객의 요청이 있으면 그 멸실, 훼손 또는 연착한 날로부터 사고증명서를 발행하여야 한다. 그 기간으로 맞는 문항은?

① 1월에 한하여 사고증명서를 발행한다.
② 1년에 한하여 사고증명서를 발행한다.
③ 2년에 한하여 사고증명서를 발행한다.
④ 3년에 한하여 사고증명서를 발행한다.

해설 "1년에 한하여 사고증명서를 발행한다"가 맞으므로 정답은 ②이다.

17 다음 택배 표준약관의 규정에서 사업자가 운송물의 수탁을 거절할 수 있는 사유이다. 아닌 문항은?

① 고객이 운송장에 필요한 사항을 기재하지 아니한 경우
② 고객이 사업자의 청구를 받아들여 운송에 적합한 포장을 다시 한 경우
③ 고객이 사업자의 확인을 거절하거나 운송물의 종류와 수량이 운송장에 기재된 것과 다른 경우
④ 운송물 1포장의 가액이 300만 원을 초과하는 경우

해설 ②의 문항은 틀리고, "고객이 사업자의 청구나 승낙을 거절하여 운송에 적합한 포장이 되지 않은 경우"가 운송물 수탁 거절 사유에 해당하므로 정답은 ②이다.

18 택배 표준약관의 규정에서 운송물의 수탁을 거절할 수 있는 사유이다. 아닌 것은?

① 운송물의 인도예정일(시)에 따른 운송이 불가능한 경우 및 현금, 카드, 어음, 수표, 유가증권 등 현금화가 가능한 물건인 경우
② 운송물이 화약류, 인화물질 등 위험한 물건인 경우 및 재생 불가능한 계약서, 원고, 서류 등인 경우
③ 운송물이 사업자와 그 운송을 위한 특별한 조건과 합의한 경우
④ 운송물이 밀수품, 군수품, 부정임산물 등 위법한 물건인 경우 및 살아 있는 동물, 동물 사체인 경우

해설 ③의 운송물은 수탁을 거절할 수 없으므로 정답은 ③이며, 이외에 "운송이 법령, 사회질서, 기타 선량한 풍속에 반하는 경우 및 운송이 천재지변, 기타 불가항력적인 사유로 불가능한 경우"가 있다.

19 택배 표준약관의 규정에서 "운송물의 인도일에 대한 설명"이다. 틀린 문항은?

① 운송장에 인도예정일의 기재가 없는 경우에는 운송장에 기재된 운송물의 수탁일로부터 일반 지역은 1일 이내에 인도한다.
② 운송장에 인도예정일의 기재가 있는 경우에는 그 기재된 날 인도한다.
③ 운송장에 인도예정일의 기재가 없는 경우에는 운송장에 기재된 운송물의 수탁일로부터 도서, 산간벽지는 3일 이내에 인도한다.
④ 사업자는 수하인이 특정 일시에 사용할 운송물을 수탁한 경우에는 운송장에 기재된 인도예정일의 특정 시간까지 운송물을 인도한다.

해설 ①의 문항 중 말미에 "1일 이내에 인도한다"는 틀리고, "2일 이내에 인도한다"가 맞으므로 정답은 ①이다.

20 택배 표준약관의 규정에서 "수하인 부재 시의 조치"에 대한 설명이다. 잘못된 문항은?

① 수하인에게 인도할 운송물은 택배화물차에 싣고 다니다가 후일 인도해도 된다.

② 사업자는 운송물의 인도 시 수하인으로부터 인도확인을 받아야 한다.

③ 운송물을 수하인의 대리인에게 인도하였을 경우에는 수하인에게 그 사실을 통지한다.

④ 사업자는 수하인의 부재로 인하여 운송물을 인도할 수 없는 경우에는 수하인에게 운송물을 인도하고자 한 일시, 사업자의 명칭, 문의할 전화번호, 기타 운송물의 인도에 필요한 사항을 기재한 부재 중 방문표를 사용한다(문틈 속에 넣는다).

해설 ①의 문항 내용은 틀리므로 "수하인에게 인도할 운송물은 사업소에 보관한 후 후일 인도한다"가 옳은 방법이므로 정답은 ①이다.

21 고객이 운송장에 운송물의 가액을 기재하지 않은 경우의 사업자의 손해배상방법이다. 잘못된 문항은? (단, 손해배상한도액은 50만 원으로 하되, 운송물의 가액에 따라 할증요금을 지급하는 경우 손해배상한도액은 각 운송가액 구간별 운송물의 최고가액으로 한다)

① 전부 멸실된 때 : 인도예정일의 인도예정장소에서의 운송물 가액을 기준으로 산정한 손해액 지급

② 일부 멸실된 때 : 인도일의 인도장소에서의 운송물 가액을 기준으로 산정한 손해액 지급

③ 연착되고 일부 멸실 또는 훼손된 때 : 인도일의 인도장소에서의 운송물 가액을 기준으로 산정한 손해액을 지급하고, 훼손된 때는 수선이 가능한 때는 수선해 주고, 수선이 불가능한 경우는 인도일의 인도장소에서의 운송물 가액을 기준으로 산정한 손해액의 지급

④ 수선이 가능하게 훼손된 때와 수선이 불가능하게 훼손된 경우 : 수선이 가능하게 훼손된 경우는 수선해 주고, 수선이 불가능하게 훼손된 경우는 인도일의 인도장소에서의 운송물 가액을 기준으로 산정한 손해액의 지급

해설 ③의 문항 중 끝에 "인도일의 인도장소에서의" 문항은 "인도예정일의 인도장소에서의"가 맞으므로 정답은 ③이다.

22 운송물의 멸실, 훼손 또는 연착이 사업자 또는 그의 사용인의 고의 또는 중대한 과실로 인하여 발생한 때 "고객이 운송장에 운송물의 가액을 기재한 경우의 손해배상과 기재하지 않은 경우의 손해배상의 경우"의 정함에도 불구하고 손해배상의 방법으로 맞는 문항은?

① 모든 손해를 2배 배상한다.

② 모든 손해를 3배 배상한다.

③ 모든 손해를 4배 배상한다.

④ 모든 손해를 배상한다.

해설 "모든 손해를 배상한다"가 옳으므로 정답은 ④이다.

23 운송물의 일부 멸실 또는 훼손에 대한 사업자의 손해배상책임은 수하인이 운송물을 수령한 날로부터 그 일부 멸실 또는 훼손의 사실을 사업자에게 며칠 이내에 통지하지 아니하면 소멸되는지에 대해 맞는 문항은?

① 14일 이내에 통지하지 아니하면 소멸한다.

② 21일 이내에 통지하지 아니하면 소멸한다.

③ 28일 이내에 통지하지 아니하면 소멸한다.

④ 35일 이내에 통지하지 아니하면 소멸한다.

해설 "14일 이내에 통지하지 아니하면 소멸한다"가 옳으므로 정답은 ①이다.

24 운송물의 일부 멸실, 연착에 대한 사업자의 손해배상책임은 수하인이 운송물을 수령한 날로 부터 몇 년이 경과하면 소멸되고, 운송물이 전부 멸실된 경우 기산하는 기준은?

① 1년이 경과하면 소멸되고, 전부 멸실된 경우 그 인도예정일로부터 기산한다.

② 2년이 경과하면 소멸되고, 전부 멸실된 경우 그 인도일로부터 기산한다.

③ 2년이 경과하면 소멸되고, 전부 멸실된 경우 그 인도예정일로부터 기산한다.

④ 3년이 경과하면 소멸되고, 전부 멸실된 경우, 그 인도예정일로부터 기산한다.

해설 "1년이 경과하면 소멸되고, 운송물이 전부 멸실된 경우 기산일은 그 인도예정일로부터 기산한다"가 옳은 문항으로 정답은 ①이다.

25 운송물의 일부 멸실 또는 훼손 및 연착에 대한 손해배상책임은 사업자 또는 그 사용인이 운송물의 일부 멸실 또는 훼손의 사실을 알면서 이를 숨기고 운송물을 인도한 경우의 시효존속기간에 대한 설명이다. 맞는 문항은?

① 수하인이 운송물을 수령한 날로부터 2년간 존속한다.

② 수하인이 운송물을 수령한 날로부터 3년간 존속한다.

③ 수하인이 운송물을 수령한 날로부터 4년간 존속한다.

④ 수하인이 운송물을 수령한 날로부터 5년간 존속한다.

해설 "수하인이 운송물을 수령한 날로부터 5년간 존속한다"가 맞으므로 정답은 ④이다.

제 3 편

안전운행요령

01 핵심이론

핵심001. 도로교통체계를 구성하는 요소

① 운전자 및 보행자를 비롯한 도로 사용자
② 도로 및 교통신호등 등의 환경
③ 차량들

핵심002. 교통사고의 3대(4대) 요인

① 인적 요인(운전자, 보행자의 신체, 생리적 조건) : 신체, 생리, 심리, 적성, 습관, 태도, 심리적 조건(자질과 적성, 운전습관, 내적 태도)
② 차량요인 : 차량구조장치, 부속품 또는 적하 등
③ 도로요인 : 도로구조, 안전시설에 관한 것 (도로구조-도로선형, 노면, 차로수, 노폭, 구배, 안전시설-신호기 노면표시, 방호책 등)
④ 환경요인
　㉠ 자연환경 : 기상, 일광 등
　㉡ 교통환경 : 차량교통량, 운행차 구성, 보행자 교통량 등
　㉢ 사회환경 : 일반 국민, 운전자・보행자 등의 교통도덕, 정보의 교통정책, 교통단속과 형사처벌 등
　㉣ 구조환경 : 교통여건 변화, 차량점검 및 정비관리자와 운전자의 책임한계

핵심003. 운전특성

"인지-판단-조작"의 과정을 수없이 반복함, 운전자 요인에 의한 교통사고 중 결함이 제일 많은 순위
① 인지과정의 결함사고(절반 이상)
② 판단과정의 결함

③ 조작과정의 결함

핵심004. 운전과 관련되는 시각 특성

① 운전자는 운전에 필요한 정보의 대부분을 시각을 통하여 획득한다.
② 속도가 빨라질수록 시력은 떨어진다. 속도가 빨라질수록 시야의 범위가 좁아진다.
③ 속도가 빨라질수록 전방주시점은 멀어진다.

핵심005. 운전면허의 시력기준(교정시력 포함)

① 제1종 운전면허 : 두 눈을 동시에 뜨고 잰 시력이 0.8 이상, 두 눈의 시력이 각각 0.5 이상이어야 한다.
② 제2종 운전면허 : 두 눈을 동시에 뜨고 잰 시력이 0.5 이상이어야 한다. 다만 한쪽 눈을 보지 못한 사람은 다른 쪽 눈의 시력이 0.6 이상이어야 한다.
③ 붉은색, 녹색, 노란색의 색채식별이 가능하여야 한다.

핵심006. 정지시력

아주 밝은 상태에서 1/3인치(0.85cm) 크기의 글자를 20피트(6.10m) 거리에서 읽을 수 있는 사람의 시력을 말하고, 정상시력은 20/20으로 나타난다(5mm=15mm 문자 판독은 0.5의 시력임).

핵심007. 정지시력 1.2인 사람이 시속 50km 주행운전 시 시력

고정된 대상물을 볼 때 시력은 0.7 이하로 떨어진다.

※ 시속 90km 주행 중이라면 0.5 이하로 떨어진다.

핵심 008. 동체시력

움직이는 물체(자동차, 사람 등) 또는 움직이면서(운전하면서) 다른 자동차나 사람 등의 물체를 보는 시력을 말한다.

핵심 009. 동체시력의 특성

물체의 이동속도가 빠를수록 상대적으로 저하되며, 연력이 높을수록 더욱 저하되며, 장시간 운전에 의한 피로상태에서도 저하된다.

핵심 010. 생각보다 많은 사람들이 야간운전의 어려움을 토로하고 있다. 언제인가?

해 질 무렵이 가장 운전하기 힘든 시간이라 한다(이유 : 전조등을 비추어도 주변의 밝기와 비슷하기 때문에 보기가 어렵다).

핵심 011. 야간시력과 주시대상에서 "사람이 입고 있는 옷 색깔의 영향으로 무엇인가 있다"는 것을 인지하기 쉬운 옷 색깔 순위

흰색, 엷은 황색이며, 흑색이 가장 어렵다.

핵심 012. 사람이라는 것을 확인하기 쉬운 옷 색깔 순위

적색, 백색이며, 흑색이 가장 어렵다.

핵심 013. 주시대상인 사람이 움직이는 방향을 알아맞히는 데 가장 쉬운 옷 색깔

적색이며, 흑색이 가장 어려웠다.

핵심 014. 심경각과 심시력

전방에 있는 대상물까지의 거리를 목측하는 것을 "심경각"이라 하며, 그 기능을 "심시력"이라 한다.

핵심 015. 시야와 주변시력

① 정상인의 시야범위는 180~200°이다.

② 시축에서 3° 벗어나면 약 80%

③ 6° 벗어나면 약 90%

④ 12° 벗어나면 약 99%가 저하된다.

⑤ 한쪽 눈의 시야는 좌우 각각 약 160° 정도이고, 양 눈의 색채식별 범위는 70°이다.

핵심 016. 속도와 시야에서 정상시력을 가진 운전자가 100km/h로 운전 중일 때의 시야의 범위

약 40°이다(시속 70km면 약 65°, 시속 40km면 약 100°임).

※ 시야의 범위는 자동차 속도에 반비례하여 좁아진다.

핵심 017. 주행시공간(走行視空間)의 특성

① 속도가 빨라질수록 주시점은 멀어지고, 시야는 좁아진다.

② 속도가 빨라질수록 가까운 곳의 풍경은 더욱 흐려지고, 작고, 복잡한 대상은 잘 확인되지 않는다.

③ 고속주행로상에 설치하는 표지판을 크고, 단순한 모양으로 하는 것은 이런 점을 고려한 것이다.

핵심 018. 사고의 원인과 요인

① 간접적 요인
    ㉠ 운전자에 대한 홍보활동 결여, 훈련의 결여
    ㉡ 운전 전 점검습관 결여
    ㉢ 안전운전을 위한 교육태만, 안전지식 결여
    ㉣ 무리한 운행계획
    ㉤ 직장, 가정에서 인간관계 불량 등

② 중간적 요인
    ㉠ 운전자의 지능
    ㉡ 운전자의 성격과 심신기능

ⓒ 불량한 운전태도

ⓔ 음주, 과로 등

③ 직접적 요인

  ㉠ 사고 직전 과속과 같은 법규 위반

  ㉡ 위험인지의 지연

  ㉢ 운전조작의 잘못과 잘못된 위기대처

핵심019 착각의 구분

크기의 착각, 원근의 착각, 경사의 착각, 속도의 착각, 상반의 착각이 있다.

① 원근의 착각 : 작은 것은 멀리 있는 것으로, 덜 밝은 것은 멀리 있는 것으로 느껴진다.

② 경사의 착각

  ㉠ 작은 경사는 실제보다 작게, 큰 경사는 실제보다 크게 보인다.

  ㉡ 오름 경사는 실제보다 크게, 내림 경사는 실제보다 작게 보인다.

③ 속도의 착각

  ㉠ 주시점이 가까운 좁은 시야에서는 빠르게 느껴진다.

  ㉡ 비교대상이 먼 곳에 있을 때는 느리게 느껴진다.

④ 상반의 착각

  ㉠ 주행 중 급정거 시 반대방향으로 움직이는 것처럼 보인다.

  ㉡ 큰 것들 가운데 있는 작은 물건은 작은 것들 가운데 있는 같은 물건보다 작아 보인다.

  ㉢ 한쪽 방향의 곡선을 보고 반대방향의 곡선을 봤을 경우 실제보다 더 구부러져 있는 것처럼 보인다.

핵심020 우리나라(한국)의 보행자 사고실태(보행 중 교통사고사망자 구성비)

미국(14.5%), 프랑스(14.2%), 일본(36.2%) 등

에 비해 매년 높은 것으로 나타나고 있다[우리나라(38.9%)가 제일 높다].

※ OECD 평균 : 18.8%

핵심021 보행 유형과 사고

차대 사람의 사고가 가장 많은 보행 유형 : 횡단보도 횡단. 횡단보도 부근 횡단, 육교부근 횡단, 기타 횡단의 사고가 가장 많다(54.7%).

핵심022 음주량과 체내 알코올농도의 관계

① 습관성 음주자 30분 후 정점 도달

② 중간적 음주자는 60~90분 사이에 정점에 도달(습관성 음주자의 2배 수준)

핵심023 음주의 개인차로서 체내 알코올농도 정점 도달의 남녀의 시간 차

① 여자의 경우 : 음주 30분 후

② 남자의 경우 : 음주 60분 후

정점에 도달하였다.

핵심024 고령 운전자 의식(고령자 운전) = 젊은 층에 비하여 상대적으로

① 반사신경이 둔하다.

② 돌발사태 시 대응능력이 미흡하다.

핵심025 어린이의 일반적 특성과 행동능력 4단계 분류

① 감각적 운동단계(2세 미만) : 전적으로 보호자에게 의존

② 전조직 단계(2~7세) : 2가지 이상을 동시에 생각하고 행동능력이 미약

③ 구체적 조작단계(7~12세) : 추상적 사고의 폭이 넓어진다.

④ 형식적 조직단계(12세 이상) : 초등학교 6학년 이상에 해당하여 보행자로서 교통에 참여할 수 있다.

핵심 026 ▸ 어린이의 일반적인 교통행동특성

① 교통상황에 대한 주의력 부족
② 판단력이 부족하고 모방행동이 많다.
③ 사고방식이 단순하다.
④ 추상적인 말은 잘 이해하지 못하는 경우가 많다.
⑤ 호기심이 많고 모험심이 강하다.
⑥ 눈에 보이지 않는 것은 없다고 생각한다.
⑦ 자신의 감정을 억제하거나 참아내는 능력이 약하다.
⑧ 제한된 주의 및 지각능력을 가지고 있다.

핵심 027 ▸ 어린이 교통사고의 특징

① 어릴수록 그리고 학년이 낮을수록 교통사고를 많이 당한다.
② 중학생 이하 어린이 교통사고 사상자는 중학생에 비해 취학 전 아동, 초등학교 저학년(1~3학년)에 집중되어 있다.
③ 보행 중 (차대 사람) 교통사고를 당하여 사망하는 비율이 가장 높다.
④ 시간대별 어린이 보행사상자는 오후 4시에서 오후 6시 사이에 가장 많다.
⑤ 보행 중 사상자는 집이나 학교 근처 등 어린이 통행이 잦은 곳에서 가장 많이 발생되고 있다.

핵심 028 ▸ 자동차의 주요 안전장치

① 제동장치
② 주행장치
③ 조향장치

핵심 029 ▸ 자동차의 "주행장치"

엔진에서 발생한 동력이 최종적으로 바퀴에 전달되어 자동차가 노면 위를 달리게 하는 장치(휠·타이어)

핵심 030 ▸ 자동차 주행장치 중 휠(Wheel)

① 타이어와 함께 중량을 지지
② 구동력과 제동력을 지면에 전달
③ 휠(Wheel)은 무게가 가볍고, 노면의 충격과 측력에 견딜 수 있는 강성이 있어야 한다.
④ 타이어에서 발생하는 열을 흡수하여, 대기 중으로 잘 방출시켜야 한다.

핵심 031 ▸ 타이어의 중요한 역할

① 휠의 림에 끼워져서 일체로 회전하며 자동차가 달리거나 멈추는 것을 원활히 한다.
② 자동차의 중량을 떠받쳐준다.
③ 지면으로부터 받는 충격을 흡수해 승차감을 좋게 한다.
④ 자동차의 진행방향을 전환시킨다.

핵심 032 ▸ 앞바퀴 정렬 중 "토인(Toe-in)"

① 상태 : 앞바퀴를 위에서 보았을 때 앞쪽이 뒤쪽보다 좁은 상태
② 기능
　㉠ 타이어 마모방지
　㉡ 바퀴를 원활하게 회전시켜 핸들조작을 용이하게 한다.
　㉢ 캠버에 의해 토아웃(Toe-out)되는 것을 방지

핵심 033 ▸ 앞바퀴 정렬 중 "캠버(Camber)"

① 상태 : 자동차를 앞에서 보았을 때, 위쪽이 아래쪽보다 약간 바깥쪽으로 기울어져 있는데 (+)캠버라고 한다. 또한, 위쪽이 아래보다 약간 안쪽으로 기울어져 있는 것을 (-)캠버라고 말한다.
② 기능
　㉠ 앞바퀴가 하중을 받았을 때 아래로 벌어지는 것을 방지
　㉡ 핸들조작을 가볍게 하기 위하여 필요함
　㉢ 수직방향 하중에 의해 앞 차축의 휨을 방지한다.

핵심 034. 앞바퀴의 정렬 중 "캐스터(Caster)"

① 자동차를 옆에서 보았을 때 차축과 연결되는 킹핀의 중심선이 약간 뒤로 기울어져 있는 상태

② 기능 : 앞바퀴에 직진성을 부여하여 차의 롤링을 방지. 핸들의 복원성을 좋게 하기 위함이다.

핵심 035. 쇼크 업소버(Shock absorber)의 기능

① 노면에서 발생한 스프링의 진동을 흡수
② 승차감을 향상
③ 스프링의 피로를 감소
④ 타이어와 노면의 접착성을 향상시켜, 커브길이나 빗길에 차가 튀거나 미끄러지는 현상을 방지

핵심 036. 원심력

원의 중심으로부터 벗어나려는 힘, 즉 원심력은 속도의 제곱에 비례하여 변한다(시속 50km로 주행하는 차는 시속 25km로 도는 차량보다, 4배의 원심력을 지닌다).

※ 원심력이 커지는 경우
　① 속도가 빠를수록 커진다.
　② 커브가 작을수록 커진다.
　③ 중량이 무거울수록 커진다. 특히 속도의 제곱에 비례하여 켜진다(커브가 예각을 이룰수록 커진다).

핵심 037. 스탠딩 웨이브(Standing wave) 현상

타이어 회전속도가 빨라지면 접지부에서 받은 타이어의 변형(주름)이 다음 접지시점까지도 복원되지 않고 접지부 뒤쪽에 진동의 물결이 일어나는 현상이다.

① 일반 구조의 승용차용 타이어의 경우 대략 150km/h 전후의 주행속도에서 발생한다.

② 예방대책
　㉠ 속도를 낮춘다.
　㉡ 공기압을 높인다.

핵심 038. 수막현상

자동차가 물이 고인 노면을 고속으로 주행할 때 타이어는 그루부(타이어 홈) 사이에 있는 물을 배수하는 기능이 감소되어 물의 저항에 의해 노면으로부터 떠올라 물위를 미끄러지듯이 되는 현상이다.

핵심 039. 비 오는 날 고속도로 주행 시 "수막현상"(하이드로플레닝 현상)을 예방하는 방법

고속주행을 아니 하고, 마모된 타이어를 사용하지 않으며, 타이어의 공기압을 규정치보다 조금 높게 하고 운행한다(임계속도 : 타이어가 떠오를 때의 속도).

※ 수막현상이 발생하는 최저의 물 깊이 : 2.5~10mm 정도(차의 속도, 마모 정도, 노면의 거침 등에 따라 차이가 있을 수 있다.)

핵심 040. 페이드(Fade) 현상

브레이크 반복사용으로 마찰열이 라이닝에 축적되어, 브레이크의 제동력이 저하되는 현상(라이닝 온도 상승으로 라이닝 면의 마찰계수 저하로 인함)

핵심 041. 베이퍼 록(Vapour lock) 현상

브레이크에 액체를 사용하는 계통에서, 브레이크 반복사용으로 마찰열에 의하여, 브레이크 파이프 내에 있는 액체에 증기(베이퍼)가 생겨, 브레이크 기능이 상실되는 현상(페달을 밟아도 스펀지를 밟는 것 같음)

핵심042 워터 페이드

물이 고인 도로에서 자동차를 정지시켰거나, 수중(물속) 운행을 하였을 때 발생한다(브레이크마찰재가 물에 젖어 마찰계수가 작아져 제동력이 저하되므로).

핵심043 모닝 록(Morning lock) 현상

① 상태 : 비가 자주 오거나 습도가 높은 날, 또는 오랜 시간 주차한 후에는 브레이크 드럼에 미세한 녹이 발생하는 현상
② 예방 : 서행하면서 브레이크를 몇 번 밟아주면 녹이 자연이 제거되면서 해소됨

핵심044 차체의 여러 가지 운동

① 바운싱 : 상하진동(평행운동)
② 피칭 : 앞뒤진동(Y축 중심 회전운동)
③ 롤링 : 좌우진동(X축 중심 회전운동)
④ 요잉 : 체차 후부진동

핵심045 노즈다운(다이브 현상)

앞 범퍼부분이 내려가는 현상
※ 노즈업(스쿼트 현상) : 앞 범퍼부분이 들리는 현상

핵심046 내륜차

핸들을 우측으로 돌려 바퀴가 동심원을 그릴 때, 앞바퀴의 안쪽과 뒷바퀴의, 안쪽과의 회전반경 차이를 말함(전진 중 회전할 경우 교통사고 위험)

핵심047 외륜차

핸들을 우측으로 돌려 바퀴가 동심원을 그릴 때, 바깥쪽 앞바퀴와 바깥쪽 뒷바퀴의 회전반경 차이를 말함(후진 중 회전할 경우 교통사고 위험)

핵심048 타이어 마모에 영향을 주는 요소

① 공기압
② 하중
③ 속도
④ 커브
⑤ 브레이크
⑥ 노면(비포장도로 60%)
※ 도로의 노면에서 타이어의 수명 : ① 포장된 도로에서 타이어의 수명－100%라면 ② 비포장도로에서 타이어의 수명－60%에 해당된다.

핵심049 정지거리

공주거리＋제동거리
※ 정지소요시간 : 공주시간＋제동시간

핵심050 공주거리와 공주시간

운전자가 자동차를 정지시켜야 할 상황임을 자각하고, 브레이크로 발을 옮겨 브레이크가 작동을 시작하는 순간까지의 시간을 "공주시간"이라 하고, 이때까지 자동차가 진행한 거리를 "공주거리"라 한다.

핵심051 제동거리와 제동시간

운전자가 브레이크에 발을 올려 브레이크가 막 작동을 시작하는 순간부터 자동차가 완전히 정지할 때까지의 시간을 "제동시간"이라 하고, 이때까지 자동차가 진행한 거리를 "제동거리"라 한다.

핵심052 오감으로 판별하는 자동차 이상 징후

① 시각(연료누설)
② 청각(마찰음)
③ 촉각(전기배선 불량)
④ 후각(전선 타는 냄새)
⑤ 미각(맛 보는 것)

핵심 053 배출가스로 구분할 수 있는 고장

① 무색 : 완전연소 때 배출되는 가스의 색은 정상상태에서 "무색 또는 약간 엷은 청색"을 띤다.
② 검은색 : 농후한 혼합가스가 들어가 불완전 연소되는 경우로 초크 고장, 에어클리너 엘리먼트의 막힘, 연료장치 고장이 원인이다.
③ 백색(흰색) : 엔진 안에서 다량의 엔진오일이 실린더 위로 올라와 연소되는 경우로 헤드개스킷 파손, 밸브의 오일씰 노후, 피스톤링 마모, 엔진보링 시기가 되었음을 알려준 것

핵심 054 일반적으로 도로가 되기 위한 4가지 조건

① 형태성 : 자동차 운송수단의 통행에 용이한 형태
② 이용성 : 사람의 왕래 등 공중의 교통영역 이용되는 곳
③ 공개성 : 불특정 다수인의 공중교통에 실제 이용되는 곳
④ 교통경찰권 : 공공의 안녕과 질서유지를 위해 교통경찰권이 발동될 수 있는 장소

핵심 055 곡선부에서의 사고를 감소시키는 방법

편경사를 개선하고, 시거를 확보하며, 속도표지와 시선유도표지를 포함한 주의표지와 노면표시를 잘 설치한다.

핵심 056 종단경사

도로의 진행방향 중심선의 길이에 대한 높이의 변화비율을 말한다.

핵심 057 곡선부의 방호울타리의 기능

① 자동차의 차도이탈 방지
② 탑승자 상해 또는 차의 파손 감소

③ 자동차를 정상적인 진행방향으로 복귀
④ 운전자의 시선유도

핵심 058 길어깨(노견, 갓길)의 역할

① 고장차 대피로 교통혼잡 방지
② 교통의 안전성과 쾌적성에 기여
③ 유지관리 작업장이나 지하매설물의 장소로 제공
④ 곡선부의 시거가 증대되어 교통안전성이 높다.
⑤ 유지가 잘 되어 있는 길어깨는 도로미관을 높인다.
⑥ 보도 등이 없는 도로에서 보행자 통행장소로 제공

핵심 059 중앙분리대의 종류

① 방호울타리형 : 대향차로의 이탈을 방지하는 곳
② 연석형 : 향후 차로 확장에 쓰일 공간확보 등
③ 광폭중앙분리대 : 충분한 공간확보로 대향차량의 영향을 받지 않을 정도의 넓이의 제공 장소 설치

핵심 060 일반적인 중앙분리대의 기능

① 상하차도의 교통분리(교통량 증대)
② 평면교차로가 있는 도로에서는 좌회전 차로로 활용(교통처리가 유연)
③ 광폭분리대의 경우 사고 및 고장차량이 정지할 수 있는 여유 공간을 제공(탑승자의 안전 확보, 진입차의 분리대 내 정차 또는 조정능력 회복)
④ 보행자에 대한 안전섬이 됨으로써 횡단시 안전
⑤ 필요에 따라 유턴(U-turn) 방지(교통류의 혼잡을 피함으로써 안정성을 높임)
⑥ 대향차의 현광 방지(전조등의 불빛을 방지)
⑦ 도로표지, 기타 관제시설 등을 설치할 수 있는 장소 제공 등

핵심 061. 방호울타리의 기능

① 차량횡단을 방지할 수 있어야 한다.
② 차량을 감속시킬 수 있어야 한다.
③ 차량이 대향차로로 튕겨 나가지 않아야 한다.
④ 차량의 손상이 적도록 해야 한다.

핵심 062. 교통안전시설의 장단점

① 장점
　　㉠ 교통류의 흐름을 질서 있게 한다.
　　㉡ 교통처리 용량을 증대시킬 수 있다.
　　㉢ 교차로에서의 직각 충돌사고를 줄일 수 있다.
　　㉣ 특정 교통류의 소통을 도모하기 위하여 교통의 흐름을 차단하는 통제에 이용할 수 있다.
② 단점
　　㉠ 과도한 대기로 인한 지체 발생
　　㉡ 신호지시를 무시하는 경향 조장
　　㉢ 신호기를 피하기 위해 부적절한 노선 이용
　　㉣ 교통(추돌)사고가 증가할 수 있다.

핵심 063. 교차로의 황색 신호기간

통상 3초 기본 : 교차로의 크기에 따라 4~6초간 운영하기도 하지만 부득이한 경우가 아니면 6초를 초과하는 것은 금기로 한다.

핵심 064. 교차로 황색 신호 시 사고유형

① 교차로상에서 전 신호 차량과 후 신호 차량의 충돌
② 횡단보도 전 앞차 정지 시 앞차 충돌
③ 횡단보도 통과 시 보행자, 자전거 또는 이륜차 충돌
④ 유턴차량과의 충돌

핵심 065. 커브길의 개요

도로가 왼쪽 또는 오른쪽으로 굽은 곡선부를 갖는 도로의 구간을 의미한다.

① 완만한 커브길 : 곡선부의 곡선반경이 길어질수록 완만한 커브길
② 직선도로 : 곡선반경이 극단적으로 길어져 무한대에 이르는 도로
③ 급한 커브길 : 곡선반경이 짧아질수록 급한 커브길

핵심 066. 커브길에서의 핸들조작요령

슬로우 – 인, 패스트 – 아웃(Slow – in, Fast – out)

핵심 067. 차로폭

① 도로의 차선과 차선 사이의 최단거리이다.
② 대개 3.0~35m를 기준으로 한다.
③ 교량 위, 터널 내, 유턴차로(회전차로), 가변차로 설치 등은 부득이한 경우 2.75m로 할 수 있다.

핵심 068. 철길 건널목에서 차량고장 시 대처요령

① 즉시 동승자를 대피시킨다.
② 철도공사 직원에게 알리고, 차를 건널목 밖으로 이동 조치한다.
③ 시동이 걸리지 않을 때는 기어를 1단의 위치에 넣은 후, 클러치 페달을 밟지 않은 상태에서 엔진 키를 돌리면 시동모터의 회전으로 바퀴를 움직여 철길을 빠져나올 수 있다.

핵심 069. 빗길에서 과마모 타이어 장착운행 시 위험

① 잘 미끄러져 제동거리가 길어지므로 교통사고 위험이 높다.
② 트레드 홈길이가 최저 1.6mm 이하의 타이어는 사용을 금지한다.

핵심070 4계절 중 안개가 제일 많이 집중적으로 발생하는 계절

가을철은 심한 일교차로 안개가 빈발한다(하천이나 강을 끼고 있는 곳에서는 짙은 안개가 자주 발생).

핵심071 위험물의 성질

발화성, 인화성, 폭발성의 물질

핵심072 위험물의 종류

고압가스, 화약, 석유류, 독극물, 방사성 물질

핵심073 고속도로운행 제한차량의 종류

① 차량의 축하중 10톤, 총중량 40톤을 초과한 차량
② 적재물을 포함한 차량의 길이(16.7m), 폭(2.5m), 높이(4m)를 초과한 차량
③ 편종 적재, 스페어 타이어 고정불량, 덮개를 씌우지 않았거나 묶지 않아 결속상태 불량 차량, 액체적재물 방류 차량, 견인 시 사고 차량 파손품 유포 우려가 있는 차량, 기타 적재불량으로 인하여 적재물 낙하 우려가 있는 차량

핵심074 운행 제한 벌칙

내용	벌칙
도로관리청의 차량회차, 적재물 분리운송, 차량 운행중지 명령에 따르지 아니한 자	2년 이하의 징역 또는 2천만 원 이하 벌금
• 적재량 측정을 위한 공무원의 차량 동승 요구 및 관계서류 제출요구 거부한 자 • 적재량 재측정 요구에 따르지 아니한 자	1년 이하 징역 또는 1천만 원 이하 벌금
• 총중량 40톤, 축하중 10톤, 폭 2.5m, 높이 4m, 길이 16.7m를 초과하여 운행제한을 위반한 운전자 • 임차한 화물적재차량이 운행제한을 위반하지 않도록 관리하지 아니한 임차인 • 운행제한 위반의 지시·요구 금지를 위반한 자	500만 원 이하 과태료

핵심075 고속도로 2504 긴급견인 서비스 (1588-2504, 한국도로공사 콜센터)

① 고속도로 본선, 갓길에 멈춰 2차사고가 우려되는 소형차량을 안전지대(휴게소, 영업소, 쉼터 등)까지 견인하는 제도로서 한국도로공사에서 비용을 부담하는 무료 서비스
② 대상차량 : 승용차, 16인 이하 승합차, 1.4톤 이하 화물차

핵심076 운행 제한차량의 통행이 도로에 미치는 영향

① 축하중 10톤 : 승용차 7만 대 통행과 같은 도로파손
② 축하중 11톤 : 승용차 11만 대 통행과 같은 도로파손
③ 축하중 13톤 : 승용차 21만 대 통행과 같은 도로파손
④ 축하중 15톤 : 승용차 39만 대 통행과 같은 도로파손

핵심077 도로터널 화재 시(대형차량 화재 시) 온도

약 1,200℃까지 상승한다.

01 교통사고의 요인

01 도로교통체계를 구성하는 요소에 대한 설명이다. 구성하는 요소가 아닌 문항은?

① 운전자 및 보행자를 비롯한 도로사용자

② 도로 및 교통신호등 등의 환경

③ 차량들

④ 차량에 타고 있는 승차자(승객)들

해설 ④의 문항 "차량에 타고 있는 승차자(승객)들"은 구성요소가 아니므로 정답은 ④이다.

02 교통사고의 3대 요인 중 "인적 요인"에 대한 설명한 것이다. 틀리게 설명되어 있는 문항은?

① 신체, 생리, 심리, 적성, 습관, 태도 요인 등을 포함하는 개념이다.

② 운전자 또는 보행자의 신체적·생리적 조건, 위험의 인지와 회피에 대한 판단, 심리적 조건 등에 관한 것이다.

③ 운전자의 적성과 자질, 운전습관, 내적 태도 등에 있다.

④ 운전자의 적성과 자질, 운전습관, 외적 태도 등에 있다.

해설 ④의 문항 끝에 "외적 태도 등에 있다"는 틀리고, "내적 태도 등에 있다"가 맞으므로 정답은 ④이다.

※ 차량요인 : 차량구조장치, 부속품 또는 적하(積荷) 등이다.

03 교통사고 3대 요인에서 "도로요인과 환경요인"에 대한 설명이다. 틀린 설명의 문항은?

① 도로요인 : 도로의 구조(도로의 선형, 노면, 차로수, 노폭, 구배 등), 안전시설(신호기, 노면표시, 방호책 등)에 관한 것을 포함한다.

② 환경요인 : 자연환경, 교통환경, 사회환경, 구조환경으로 구성한다.

③ 자연환경은 기상·일광·자연조건이며, 교통환경은 차량교통량, 운행자 구성, 보행자 교통량이다.

④ 사화환경은 일반국민·운전자·보행자 등의 교통도덕, 정부의 교통정책, 교통단속과 형사처벌 등에 관한 것이며, 구조환경은 교통여건 변화, 차량점검 및 정비관리자와 운전자의 책임한계 등을 말한다.

해설 ③의 문항 중 "운행자 구성"이 아니라, "운행차 구성"이 옳으므로 정답은 ③이다.

04 교통사고 4대 요인 중 환경요인의 설명으로 틀린 문항은?

① 자연환경(기상·일광 등 자연조건에 관한 것)

② 교통환경(차량교통량 등 교통상황에 관한 것)

③ 사회환경(운전자 등 형사처벌에 관한 것)

④ 구조환경(차량교통량·교통여건 변화 등)

해설 ④의 내용 중 "차량교통량"은 교통환경의 내용 중의 하나로 다르므로 정답은 ④이다. "차량교통량"이 아니라 "차량점검"이 맞다.

 02 운전자 요인과 안전운행

01 운전자의 인지, 판단, 조작의 의미에 대한 설명이다. 틀린 설명의 문항은?

① 운전자 요인에 의한 교통사고는 인지·판단·조작과정의 어느 특정한 과정 또는 하나 이상의 연속된 과정의 결함에서 비롯된다.
② 인지 : 운전자는 교통상황을 알아차리는 것
③ 판단 : 어떻게 자동차를 움직여 운전할 것인가를 결정
④ 조작 : 그 결정에 따라 자동차를 움직이는 운전 행위

해설 ①의 문항 중에 "하나 이상의"는 틀리고, "둘 이상의"가 맞으므로 정답은 ①이다.

02 운전자 요인(인지·판단·조작)에 의한 교통사고 중 어느 과정의 결함에 의한 사고가 절반 이상으로 가장 많은가에 해당하는 문항은?

① 조작과정의 결함
② 판단과정의 결함
③ 인지과정의 결함
④ 체계적인 교육 결함

해설 교통사고 순위는 인지과정의 결함이 절반 이상, 그 다음이 판단과정 결함, 세 번째가 조작과정 결함 순이다. 정답은 ③이다.

03 운전행위로 연결되는 운전과정에 영향을 미치는 운전자의 신체·생리적 조건이다. 심리적 조건에 해당하는 문항은?

① 흥미
② 피로
③ 약물
④ 질병

해설 ①의 "흥미"는 심리적 조건 중 하나에 해당되므로 정답은 ①이다.

04 운전행위로 연결되는 운전과정에 영향을 미치는 운전자의 심리적 조건이다. 신체·생리적 조건에 해당하는 문항은?

① 흥미
② 욕구
③ 정서
④ 피로

해설 ④의 "피로"는 신체·생리적 조건 중의 하나로 정답은 ④이다.

05 운전과 관련되는 시각의 특성 중 대표적인 것에 대한 설명이다. 틀린 문항은?

① 운전자는 운전에 필요한 정보의 대부분을 시각을 통하여 획득한다.
② 속도가 빨라질수록 시력은 떨어진다.
③ 속도가 빨라질수록 시야의 범위가 넓어진다.
④ 속도가 빨라질수록 전방주시점은 멀어진다.

해설 ③의 문항 끝에 "넓어진다"는 틀리고, "좁아진다"가 맞으므로 정답은 ③이다.

06

우리나라 도로교통법령(시행령 제45조)에 정한 시력에 대한 설명이다. 틀린 문항은?

① 제1종 운전면허 : 두 눈을 동시에 뜨고 잰 시력이 0.8 이상, 양쪽 눈의 시력이 각각 0.5 이상이어야 한다.

② 제2종 운전면허 : 두 눈을 동시에 뜨고 잰 시력이 0.5 이상이어야 한다.

③ 다만, ②의 경우 한쪽 눈을 보지 못하는 사람은 다른 쪽 눈의 시력이 0.6 이상이어야 한다.

④ 붉은색, 녹색, 노란색의 구별을 할 수 있어야 하며, 교정시력은 포함하지 않는다.

해설 ④의 문항 끝에 "교정시력은 포함하지 않는다"는 틀리고, "교정시력을 포함한다"가 맞으므로 정답은 ④이다.

07

움직이는 물체(자동차, 사람 등) 또는 움직이면서(운전하면서) 다른 자동차나 사람 등의 물체를 보는 시력의 용어 명칭에 해당한 문항은?

① 동체시력　　② 정지시력
③ 운전특성　　④ 시각특성

해설 문제의 용어는 "동체시력"이므로 정답은 ①이다.

08

동체시력의 특성에 대한 설명이다. 틀린 것에 해당하는 문항은?

① 물체의 이동속도가 빠를수록 상대적으로 저하된다.

② 정지시력이 1.2인 사람이 시속 50km로 운전하면서 고정된 대상물을 볼 때의 시력은 0.6 이하로 떨어진다.

③ 정지시력이 1.2인 사람이 시속 90km로 운전하면서 고정된 대상물을 볼 때의 시력은 0.5 이하로 떨어진다.

④ 동체시력은 연령이 높을수록 더욱 저하되고, 장시간 운전에 의한 피로상태에서도 저하된다.

해설 ②의 문항 끝에 "0.6 이하로 떨어진다"는 틀리고, "0.7 이하로 떨어진다"가 옳으므로 정답은 ②이다.

09

야간에 하향 전조등만으로 "무엇인가 사람이라는 것을" 확인하기 쉬운 옷 색깔의 순서에 대한 설명으로 맞는 문항은?

① 백색 → 적색 순이며, 흑색이 가장 어렵다.

② 흑색 → 적색 순이며, 백색이 가장 어렵다.

③ 적색 → 백색 순이며, 흑색이 가장 어렵다.

④ 백색 → 흑색 순이며, 적색이 가장 어렵다.

해설 맞는 문항은 "적색 → 백색 순이며, 흑색이 가장 어렵다"가 쉬운 순서이므로 정답은 ③이다.

10

전방에 있는 대상물까지의 거리를 목측하는 것의 용어 명칭은 무엇이며, 그 기능의 용어 명칭은 무엇인지 맞는 문항은?

① 시야와 주변시력
② 심경각과 심시력
③ 정지시력과 시야
④ 동체시력과 주변시력

해설 "전방에 있는 대상물까지의 거리를 목측하는 것"을 "심경각"이라 하고, 그 기능을 "심시력"이라 하므로 정답은 ②이다.

11

정상적인 시력을 가진 사람의 시야 범위에 대한 설명이다. 맞는 문항은?

① 180~200°이다.
② 170~190°이다.
③ 160~180°이다.
④ 190~200°이다.

해설 맞는 문항은 "180~200°이다"로 정답은 ① 이다.

12

시야 범위 안에 있는 대상물이라 하여도 시축(視軸)에서 벗어나는 시각(視角)에 따라 시력(視力)이 저하된다. 맞지 않은 문항은?

① 3° 벗어나면 – 약 80%
② 6° 벗어나면 – 약 90%
③ 12° 벗어나면 – 약 99%
④ 14° 벗어나면 – 약 100%

해설 ④의 문항은 시험범위에 명시되지 않아 정답은 ④이다.

13

시야와 주변시력에서 한쪽 눈의 시야는 좌우 각각 몇 도 정도이며, 양쪽 눈으로 색채를 식별할 수 있는 범위는 몇 도인지 맞는 문항은?

① 좌우 각각 약 170° 정도, 색채를 식별할 수 있는 범위는 75°이다.
② 좌우 각각 약 180° 정도, 색채를 식별할 수 있는 범위는 80°이다.
③ 좌우 각각 약 185° 정도, 색채를 식별할 수 있는 범위는 약 85°이다.
④ 좌우 각각 약 160° 정도, 색채를 식별할 수 있는 범위는 약 70°이다.

해설 ④의 문항의 "약 160° 정도"와 "약 70°"가 맞으므로 정답은 ④이다.

14

교통사고의 원인과 요인에 대한 설명이다. 잘못되어 있는 문항은?

① 교통사고에는 반드시 원인과 결과가 있다.
② 교통사고의 원인이란 반드시 사고라는 결과를 초래한 그 어떤 것을 말한다.
③ 사고의 요인이란 교통사고원인을 초래한 인자를 말한다.
④ 사고요인이 반드시 결과(교통사고)로 연결되는 것은 아니다.

해설 ①의 문항 끝에 "결과가 있다"는 틀리고, "요인이 있다"가 맞으므로 정답은 ①이다.

15

사고의 원인과 요인에서 "중간적인 요인"에 대한 설명이다. 다른 요인에 해당한 문항은?

① 운전자의 지능
② 무리한 운행계획
③ 운전자 심신기능
④ 운전자 성격

해설 ②의 요인은 "간접적인 요인" 중의 하나로 틀려 정답은 ②이며, 이외에 "불량한 운전태도, 음주, 과로"가 있다.

16

교통사고를 유발한 운전자의 특성에 대한 설명이다. 옳지 못한 문항은?

① 안정한 생활환경
② 선천적 능력(타고난 심신기능 특성) 부족
③ 후천적 능력(학습에 의해서 습득한 운전에 관계되는 지식과 기능) 부족
④ 바람직한 동기와 사회적 태도(각양의 운전 상태에 대하여 인지, 판단, 조작하는 태도) 결여

해설 ①의 문항 "안정한 생활환경"은 틀리고, "불안정한 생활환경"이 맞으므로 정답은 ①이다.

17 착각의 정도는 사람에 따라 다소 차이가 있지만, 착각은 사람이 태어날 때부터 지닌 감각에 속한다. "착각"의 종류에 대한 설명이다. 아닌 문항은?

① 속도의 착각　　② 상반의 착각
③ 동일의 착각　　④ 경사의 착각

해설 ①, ②, ④ 외 "크기의 착각, 원근의 착각"이 있어 ③의 동일의 착각은 해당이 없으므로 정답은 ③이다.

18 사고의 심리적 요인에서 착각의 종류와 의미에 대한 설명이다. 틀린 문항은?

① 크기의 착각 : 어두운 곳에서는 가로 폭보다 세로 폭을 보다 넓은 것으로 판단한다.
② 원근의 착각 : 작은 것은 멀리 있는 것 같이, 덜 밝은 것은 멀리 있는 것으로 느껴진다.
③ 경사의 착각 : 작은 경사는 실제보다 작게, 큰 경사는 실제보다 크게 보인다.
④ 속도의 착각 : 주시점이 가까운 좁은 시야에서는 빠르게 느껴진다. 비교 대상이 먼 곳에 있을 때는 빠르게 느껴진다.

해설 ④의 문항 두 번째 "빠르게"는 틀리고, "느리게"가 맞아 정답은 ④이며, "경사의 착각 : 오름 경사는 실제보다 크게, 내림경사는 실제보다 작게 보인다"가 있다. 이외에 "상반의 착각"도 있다.

19 운전피로의 개념 설명이다. 틀린 문항은?

① 운전 작업에 의해서 일어나는 정신적인 변화

② 심리적으로 느끼는 무기력감
③ 객관적으로 측정되는 운전기능의 저하
④ 신체적 피로와 정신적 피로를 동시에 수반하지만, 신체적인 부담보다 오히려 심리적 부담이 더 크다.

해설 ①의 문항 끝에 "정신적인 변화"는 틀리고, "신체적인 변화"가 맞으므로 정답은 ①이다.

20 운전피로의 특징에 대한 설명으로 틀린 문항은?

① 피로의 증상은 전신에 나타나고 이는 대뇌의 피로(나른함, 불쾌감 등)를 불러온다.
② 피로는 운전 작업의 생략이나 착오가 발생할 수 있다는 위험신호이다.
③ 계속적인 피로는 휴식으로 회복된다.
④ 정신적, 심리적 피로는 신체적 부담에 의한 일반적 피로보다 회복시간이 길다.

해설 ③의 문항 서두에 "계속적인 피로는"은 틀리고, "단순한 피로는"이 맞으므로 정답은 ③이다.

21 운전자의 피로와 운전착오에서 피로가 발생하면 각 기구에 어떤 부정적인 영향을 주는 기구이다. 아닌 문항은?

① 정보수용기구 : 감각, 지각
② 정보처리기구 : 판단, 기억, 의사결정
③ 정보효과기구 : 운동기관
④ 정보판단기구 : 시야, 시각

해설 ④의 문항은 해당이 없어 정답은 ④이다.

22 음주운전 교통사고 특징의 설명이다. 틀린 문항은?

① 주차 중인 자동차와 같은 정지물체 등에 충돌할 가능성이 높다.

② 전신주, 가로시설물, 가로수 등과 같은 고정물체와 충돌할 가능성이 높다.

③ 대향차의 전조등에 의한 현혹현상 발생 시 정상운전보다 교통사고 위험은 별 차이가 없다.

④ 차량단독사고의 가능성이 높다(차량단독 도로이탈사고 등).

해설 ③의 문항의 끝에 "별 차이 없다"는 틀리고, "위험이 증가한다"가 옳으므로 정답은 ③이다. 이외의 특징으로 "음주운전에 의한 교통사고가 발생해 치사율이 높다"가 있다.

23 음주량과 체내 알코올농도가 정점에 도달하는 시간의 남·여 차이이다. 맞는 문항은?

① 여자는 60분 후, 남자는 30분 후 정점 도달

② 여자는 50분 후, 남자는 40분 후 정점 도달

③ 여자는 40분 후, 남자는 50분 후 정점 도달

④ 여자는 30분 후, 남자는 60분 후 정점 도달

해설 ④의 문항이 정점 도달시간으로 옳아 정답은 ④이다.

24 음주량과 체내 알코올농도의 관계에 대한 설명으로 틀린 것은?

① 매일 알코올을 접하는 습관성 음주자는 음주 30분 후에 정점에 도달한다.

② ①의 체내 알코올농도는 중간적(평균적) 음주자의 최고 수준이었다.

③ 중간적 음주자는 음주 후 60분에서 90분 사이에 정점에 도달한다.

④ ③의 경우 체내 알코올농도는 습관성 음주자의 2배 수준이었다.

해설 ② 문항 중 "최고 수준이었다"는 틀리고, "절반 수준이었다"가 맞으므로 정답은 ②이다.

25 고령 운전자의 "의식 또는 불안감"에 대한 설명이다. 다른 문항은?

① 젊은 층에 비하여 신중하다 또는 과속을 하지 않는다.

② 젊은 층에 비하여 상대적으로 반사신경이 둔하다 또는 돌발사태 시 대응능력이 미흡하다.

③ 급후진, 대형차 추종운전 등은 고령운전자를 위험에 빠트리고, 다른 운전자에게도 불안감을 유발시킨다 등이 있다.

④ 동체시력의 약화 현상 : 움직이는 물체를 정확히 식별하고 인지하는 능력이 약화

해설 ④의 문항은 "고령자 교통안전 장애 요인 중 고령자의 시각능력" 중의 하나로 달라 정답은 ④이다.

26 어린이 교통사고의 특징에 대한 설명이다. 틀린 문항은?

① 어릴수록 학년이 낮을수록 교통사고를 많이 당한다.

② 보행중 교통사고를 당하여 사망한 비율이 가장 높다.

③ 시간대별 어린이 보행 사상자는 오후 4시에서 오후 7시 사이에 가장 많다.

④ 어린이 교통사고 사상자는 중학생에 비해 취학 전 아동, 초등학교 저학년(1-3학년)에 집중되어 있다.

해설 ③의 문항 중 "오후 4시에서 오후 7시 사이"는 틀리고, "오후 4시에서 오후 6시 사이"가 옳으므로 정답은 ③이다.

27 어린이들이 당하기 쉬운 교통사고 유형에 대한 설명이다. 잘못된 문항은?

① 도로 횡단 중의 부주의
② 도로상에서 위험한 놀이
③ 자전거 사고 또는 차내 안전사고
④ 도로에 갑자기 뛰어들기(약 90% 내외)

해설 ④의 문항 중에 "(약 90% 내외)"가 틀리고, "(약 70% 내외)"가 맞으므로 정답은 ④이다.

28 어린이가 승용차에 탑승했을 때 안전사항에 대한 설명이다. 잘못된 문항은?

① 여름철 주차할 때(실내 온도가 50℃ 이상)
② 문은 어른이 열고 닫으며, 차를 떠날 때는 같이 떠난다.
③ 어린이는 뒷좌석에 앉도록 한다.
④ 안전띠 착용(뒷좌석 2점식 안전띠 착용)

해설 ④의 문항 중 "(뒷좌석 2점식 안전띠 착용)"은 틀리고, "(뒷좌석 3점식 안전띠 착용)"이 옳으므로 정답은 ④이다.

03 자동차 요인과 안전운행

01 자동차의 주요 안전장치 중 주행하는 자동차를 감속 또는 정지시킴과 동시에 주차상태를 유지하기 위한 필요한 장치이다. 해당되는 문항은?

① 제동장치　　② 주행장치
③ 현가장치　　④ 조향장치

해설 문제는 "제동장치"이므로 정답은 ①이다.

02 자동차 주행장치 중 휠(Wheel)의 역할에 대한 설명이다. 틀리게 설명되어 있는 문항은?

① 휠(Wheel)은 타이어와 함께 차량의 중량을 지지한다.
② 휠(Wheel)은 구동력과 제동력을 지면에 전달하는 역할을 한다.
③ 휠(Wheel)은 타이어에서 발생하는 열을 흡수하여 대기 중으로 잘 방출시켜야 한다.
④ 휠(Wheel)은 무게가 무겁고 노면의 충격과 측력에 견딜 수 있는 강성이 있어야 한다.

해설 ④의 문항 중에 "무게가 무겁고"는 틀리고, "무게가 가볍고"가 맞으므로 정답은 ④이다.

03 주행장치 중 타이어의 중요한 역할에 대한 설명이다. 타이어의 역할이 다른 문항은?

① 타이어에서 발생하는 열을 흡수하여 대기 중으로 잘 방출시켜야 한다.
② 휠(Wheel)의 림에 끼워져서 일체로 회전하며 자동차가 달리거나 멈추는 것을 원활히 한다.
③ 지면으로부터 받은 충격을 흡수해 승차감을 좋게 한다.
④ 자동차의 중량을 떠받쳐 준다. 또한 자동차의 진행방향을 전환시킨다.

해설 ①의 문항은 "휠(Wheel)"의 역할 중의 하나로 정답은 ①이다.

04 조향장치의 앞바퀴 정렬에서 캐스터(Caster)의 상태와 역할에 대한 설명이다. 다른 문항은?

① 자동차를 옆에서 보았을 때 차축과 연결되는 킹핀의 중심선이 약간 뒤로 있는 것을 말한다.
② 앞바퀴에 직진성을 부여하여 차의 롤링을 방지한다.
③ 조향을 하였을 때 직진방향으로 되돌아오려는 복원력을 준다.
④ 수직방향 하중에 의해 앞차축 휨을 방지한다.

〔해설〕 ④의 문항 "캠버의 역할 중 하나로" 다르며, 정답은 ④이다.

05 원심력에 대한 설명이다. 맞지 않는 문항은?

① 원의 중심으로부터 벗어나려는 이 힘이 원심력이다.
② 원심력은 속도가 빠를수록 속도에 비례해서 커지고, 커브가 작을수록 커진다.
③ 원심력은 중량이 무거울수록 커진다.
④ 원심력은 속도의 제곱에 비례하여 작아진다.

〔해설〕 ④의 문항 중에 "작아진다"는 틀리고, "커진다"가 옳은 문항으로 정답은 ④이다.

06 매시 50km로 커브를 도는 차량은 매시 25km로 도는 차량보다 몇 배의 원심력을 지니고 있는가에 대한 설명이다. 맞는 문항은?

① 4배의 원심력
② 6배의 원심력
③ 8배의 원심력
④ 10배의 원심력

〔해설〕 문제의 경우 속도는 2배에 불과하나 차를 직진시키는 힘은 4배가 되므로 정답은 ①이다.
※ 원심력 : 속도가 빠를수록, 커브가 작을수록, 중량이 무거울수록 커지게 되는데 특히 속도의 제곱에 비례해서 커진다.

07 타이어의 회전속도가 빨라지면 접지부에서 받은 타이어의 변형(주름)이 다음 접지 시점까지도 복원되지 않고 접지의 뒤쪽에 진동의 물결이 일어나는 현상의 용어에 해당한 문항은?

① 수막(Hydroplaning)현상
② 페이드(Fade) 현상
③ 스탠딩 웨이브(Standing wave) 현상
④ 모닝 록(Morning lock) 현상

〔해설〕 "스탠딩 웨이브 현상"으로 정답은 ③이다.
※ 예방법 : 속도를 낮추고, 공기압을 높인다.

08 자동차가 물이 고인 노면을 고속으로 주행할 때 타이어는 그루브(타이어 홈) 사이에 있는 물을 배수하는 기능이 감소되어 물의 저항에 의해 노면으로부터 떠올라 물 위를 미끄러지듯이 되는 현상의 용어 명칭에 해당하는 문항은?

① 스탠딩 웨이브(Standing wave) 현상
② 베이퍼 록(Vapour lock) 현상
③ 수막(Hydroplaning)현상
④ 워터 페이드(Water fade) 현상

해설 "수막현상"으로 정답은 ③이다.
※ 물의 압력은 자동차 속도의 두 배 그리고 유체밀도에 비례한다.

09 수막현상이 발생할 때 타이어가 완전히 떠오를 때의 속도에 대한 용어 명칭의 문항은?

① 임계속도
② 규정속도
③ 법정속도
④ 제한속도

해설 "임계속도"라 하므로 정답은 ①이다.
※ 수막현상이 발생하는 최저의 물 깊이는 자동차의 속도, 타이어의 마모 정도, 노면의 거침 등에 따라 다르지만 2.5~10mm 정도이다.

10 비탈길을 내려가거나 할 경우 브레이크를 반복하여 사용하면 마찰열이 라이닝에 축적되어 브레이크의 제동력이 저하되는 경우가 있다. 그 명칭에 해당되는 용어의 문항은?

① 스탠딩 웨이브(Standing wave) 현상
② 페이드(Fade) 현상
③ 베이퍼 록(Vapour lock) 현상
④ 모닝 록(Morning lock) 현상

해설 문제는 "페이드 현상"으로 정답은 ②이다.

11 유압식 브레이크의 휠 실린더나 브레이크 파이프 속에서 브레이크액이 기화하여 페달을 밟아도 스펀지를 밟는 것 같고 유압이 전달되지 않아 브레이크가 작용하지 않는 현상의 명칭에 해당하는 용어 문항은?

① 워터 페이드(Water fade) 현상
② 모닝 록(Morning lock) 현상
③ 베이퍼 록(Vapour lock) 현상
④ 페이드(Fade) 현상

해설 "베이퍼 록 현상"으로 정답은 ③이다.

12 비가 자주 오거나 습도가 높은 날, 또는 오랜 시간 주차한 후에는 브레이크 드럼에 미세한 녹이 발생하는 현상의 용어 명칭의 문항은?

① 모닝 록(Morning lock) 현상
② 수막(Hydroplaning)현상
③ 스탠딩 웨이브(Standing wave) 현상
④ 워터 페이드(Water fade) 현상

해설 "모닝 록 현상"으로 정답은 ①이다.

13 자동차의 현가장치 관련 현상에서 자동차의 진동에 대한 설명이다. 용어 설명으로 옳지 못한 문항은?

① 바운싱(Bouncing : 상하진동) : 차체가 Z축 방향과 평행운동을 하는 고유진동
② 피칭(Pitching : 앞뒤진동) : 차체가 Y축을 중심으로 하여 회전운동을 하는 고유진동
③ 롤링(Rolling : 좌우진동) : 차체가 X축을 중심으로 하여 회전운동을 하는 고유진동
④ 요잉(Yawing : 차체 후부진동) : 차체가 Z축을 중심으로 하여 상하운동을 하는 고유진동

해설 ④의 문항 중에 "상하운동을"은 틀리고, "회전운동을"이 맞으므로 정답은 ④이다.

14 자동차가 출발할 때 구동 바퀴는 이동 하려 하지만 차체는 정지하고 있기 때 문에 앞 범퍼 부분이 들리는 현상의 용 어 명칭에 해당하는 문항은?

① 노즈 업(Nose up, 스쿼트 : Squat) 현상

② 노즈 다운(Nose down, 다이브 : Dive) 현상

③ 피칭(Pitching : 앞뒤진동)

④ 롤링(Rolling : 좌우진동)

해설 "노즈 업(Nose up), 스쿼트(Squat) 현상" 이라고도 함으로 정답은 ①이다.

15 타이어 마모에 영향을 주는 요소에 대 한 설명으로 틀린 문항은?

① 공기압 : 규정 압력보다 낮으면 승 차감은 좋아지나, 마모가 빨라져 수명이 짧아지고, 높으면 승차감 은 나쁘고, 트레드 중앙 부분의 마 모가 촉진된다.

② 하중 : 커지면 타이어의 굴신이 심 해져서 마모를 촉진하며, 공기압 부족과 같은 형태로 타이어는 크게 굴곡되어 마찰력의 증가로 내마모 성이 저하된다.

③ 속도 : 구동력, 제동력, 선회력 등 의 힘은 속도의 제곱에 반비례하 며, 속도가 증가하면 타이어의 온 도도 상승하여 트레드 고무의 내마 성이 저하된다.

④ 커브 : 차가 커브를 돌 때는 차의 중 량, 속도의 제곱 및 커브반경의 역수 에 비례한 원심력이 작용하며, 커브

가 마모에 미치는 영향은 매우 커서, 활각이 크면 마모는 많아진다.

해설 ③의 문항 중에 "반비례하며"는 틀리며, "비 례하며"가 옳으므로 정답은 ③이다. 또한 이 외에 "브레이크 : 속도가 빠르면 빠를수록 속도의 제곱에 비례한 운동량을 지니고 있 어 마모가 더욱 심하다"와 "노면 : 포장된 도로 타이어 수명이 100%라면 비포장도로 에서의 수명은 60%"가 있다.

16 타이어 마모에 영향을 주는 요소에서 "포장된 도로(노면)에서 타이어의 수명 이 100%"라면, 비포장도로에서의 수명은 몇 %에 해당하는가에 대한 설명 이다. 옳은 문항은?

① 50%에 해당된다.

② 60%에 해당된다.

③ 70%에 해당된다.

④ 80%에 해당된다.

해설 문제는 "60%에 해당된다"가 맞으므로 정답 은 ②이다.

17 자동차가 어떤 속도로 주행하고 있던 지 긴급 상황에서 차량을 정지시키는 데 영향을 미치는 요소에 대한 설명이 다. 잘못 설명된 문항은?

① 운전자의 지각시간

② 브레이크 혹은 타이어의 성능

③ 도로의 조건

④ 운전자의 인지시간

해설 ④의 문항 중에 "운전자의 인지시간"은 틀 리고, "운전자의 반응시간"이 맞으므로 정 답은 ④이다.

18 운전자가 브레이크에 발을 올려 브레이크가 막 작동을 시작하는 순간부터 자동차가 완전히 정지할 때까지의 시간의 명칭과 이때까지 자동차가 진행한 거리의 명칭에 해당하는 문항은?

① 정지시간 – 정지거리
② 공주시간 – 공주거리
③ 공주시간 – 제동거리
④ 제동시간 – 제동거리

해설 "제동시간 – 제동거리"이므로 정답은 ④이다.

19 자동차 응급조치 방법에서 오감으로 판별하는 자동차 이상 징후에 대한 설명이다. 잘못 연결된 문항은?

① 시각 : 부품이나 장치의 외부 긁음·변형·녹슴 등 = 물·오일·연료의 누설·자동차의 기울어짐
② 청각 : 이상한 음 = 마찰음·걸리는 쇳소리·긁히는 소리 등
③ 촉각 : 느슨함·흔들림·발열 상태 등 = 볼트 너트 이완·유격·브레이크 작동할 때 차량이 한쪽으로 쏠림·전기배선 불량 등
④ 후각 : 이상 발열·냄새 = 배터리액의 누출·연료 누설·전선 등이 타는 냄새. 전기배선 불량 등

해설 ④의 후각의 적용사례 중 "전기배선 불량"은 촉각의 적용사례의 하나로 틀리므로 정답은 ④이다.

20 오감(五感)으로 판별하는 자동차 이상 징후에서 활용도가 제일 낮은 감각(感覺)에 해당한 문항은?

① 시각(視覺)   ② 미각(味覺)
③ 촉각(觸覺)   ④ 청각(聽覺)

해설 오감 중 활용도가 가장 낮은 감각은 미각(味覺)으로 정답은 ②이며, 이외에 후각(嗅覺)도 있다.

21 자동차 후부에 장착된 머플러(소음기) 파이프에서 배출되는 가스의 색으로 구분할 수 있는 자동차 엔진의 건강(고장) 상태를 알 수 있다. 잘못 설명된 문항은?

① 무색 : 완전연소 때 배출되는 가스의 색은 정상상태에서 무색 또는 약간 엷은 청색을 띤다.
② 검은색 : 농후한 혼합가스가 들어가 불완전 연소되는 경우이다(초크 고장이나, 에어클리너 엘리먼트의 막힘, 연료장치 고장 등이 원인이다).
③ 백색(흰색) : 엔진 안에서 다량의 엔진오일이 실린더 위로 올라와 연소되는 경우로, 헤드 개스킷 파손, 밸브의 오일 씰 노후 또는 피스톤 링의 마모 등 엔진 보링을 할 시기가 됐음을 알려준다.
④ 청색 : 엔진 속에서 적당량의 엔진오일이 실린더 위로 올라와 완전 연소된 경우이다.

해설 ④의 청색가스의 자동차 엔진 건강상태의 구별방법은 틀리므로 정답은 ④이다.

22 자동차의 고장 유형에서 "엔진 시동 불량"에 대한 설명이다. 다른 문항은?

① 현상 : 초기 시동이 불량하고 시동이 꺼짐
② 점검 : 연료 파이프 에어 유입 및 누유 점검 또는 펌프 내부에 이물질이 유입되어 연료 공급이 안 됨.
③ 조치 : 플라이밍 펌프 작동 시 에어 유입 확인 및 에어 빼기 또는 플라이밍 펌프 내부의 필터 청소
④ 조치 : 인젝션 펌프 에어 빼기 작업, 워터 세퍼레이드 수분 제거, 연료탱크 내 수분제거

해설 ④의 문항의 "조치"는 "혹한기 주행 중 시동 꺼짐"의 조치방법이므로 달라 정답은 ④이다.

23 자동차 고장 유형에서 "주행 중 간헐적으로 ABS 경고등이 점등되다가 요철 부위 통과 후 경고등이 계속 점등"되는 현상의 점검사항이다. 다른 문항은?

① 자기진단 점검, 휠 스피드 센서 단선단락
② 변속기 체인지 레버 작동 시 간섭으로 커넥터 빠짐
③ 휠 스피드 센서 저항 측정
④ 휠 센서 단품 점검 이상 발견

해설 ③의 문항 "휠 스피드 센서 저항 측정"은 당해 고장의 조치방법으로 달라 정답은 ③이다.

24 자동차 고장 유형 중 "제동등 계속 작동"에 대한 설명이다. 틀린 문항은?

① 현상 : 미등 작동 시 브레이크 페달 미작동 시에도 제동등 계속 점등됨
② 점검 : 제동등 스위치 접점 고착 점검, 전원 연결배선 점검, 배선의 차체 접촉 여부 점검
③ 조치 : 제동등 스위치 교환, 전원 연결배선 교환, 배선의 절연상태 보완
④ 점검 : 전원 연결배선 점검, 배선의 절연상태 보완

해설 ④의 점검 내용 중 "배선의 절연상태 보완"은 "조치"의 내용으로 달라 정답은 ④이다.

25 자동차의 고장 유형 중 "비상등 작동 불량"에 대한 설명이다. 틀린 문항은?

① 현상 : 비상등 작동 시 점멸은 되지만 좌측이 빠르게 점멸함

② 점검 : 좌측 비상등 전구 교환 후 동일 현상 발생 여부 점검, 턴 시그널 릴레이 점검, 전원 연결 정상 여부 확인
③ 조치 : 턴 시그널 릴레이 점검, 턴 시그널 릴레이 교환
④ 점검 : 전원 연결 정상 여부 확인, 커넥터 점검

해설 ③의 "조치"의 문항 내용 중 "턴 시그널 릴레이 점검"은 점검의 내용이므로 달라 정답은 ③이다.

 04 도로요인과 안전운행

01 도로요인에는 도로구조와 안전시설이 있다. 이 중에 "도로구조"에 대한 설명이다. 다른 문항은?

① 도로의 선형
② 신호기
③ 노면, 차로수
④ 노폭, 구배

해설 도로구조에는 ①, ③, ④의 5가지가 있으며, 안전시설에는 신호기, 노면표시, 방호울타리가 대표적으로 있다. 정답은 ②이다.

02 도로요인 중 "안전시설"에 대한 설명이다. 안전시설 외 다른 시설에 해당한 문항은?

① 신호기　　② 노면표시
③ 차로수　　④ 방호울타리

해설 도로요인의 안전시설에는 ①, ②, ④의 3가지가 있고, ③의 차로수는 도로구조에 해당되어 정답은 ③이다.

03 일반적으로 도로가 되기 위한 조건에 대한 설명이다. 도로가 되기 위한 조건이 아닌 문항은?

① 형태성   ② 이용성
③ 공개성   ④ 사법경찰권

해설 ④의 문항은 "사법경찰권"이 아니고, "교통경찰권"이 해당되므로 정답은 ④이다.

04 도로가 되기 위한 4가지 조건에 대한 구체적인 설명이다. 틀린 설명으로 옳은 문항은?

① 형태성 : 차로의 설치, 비포장의 경우에는 노면의 균일성 유지 등으로 자동차 기타 운송수단의 통행에 용이한 형태를 갖출 것
② 이용성 : 사람의 왕래, 화물의 수송, 자동차 운행 등 일반의 교통용역으로 이용되고 있는 곳
③ 공개성 : 공중교통에 이용되고 있는 불특정 다수인 및 예상할 수 없을 정도로 바뀌는 숫자의 사람을 위해 이용이 허용되고 있는 곳
④ 교통경찰권 : 공공의 안전과 질서 유지를 위하여 교통경찰권이 발동될 수 있는 장소

해설 ②의 문항 중에 "일반의 교통용역으로"는 틀리고, "공중의 교통용역으로"가 맞으므로 정답은 ②이다.

05 평면선형과 교통사고에서 "곡선부에서 사고를 감소시키는 방법"에 대한 설명이다. 틀린 문항은?

① 편경사를 개선한다.
② 시거를 확보한다.

③ 속도표지와 시선유도표지를 잘 설치한다.
④ 주의표지와 규제표지를 잘 설치하는 것이다.

해설 ④의 문항에서 "규제표지를"은 아니고, "노면표시를"이 옳으므로 정답은 ④이다.

06 평면선형과 교통사고에서 "곡선부 방호울타리의 기능"에 대한 설명이다. 틀린 문항은?

① 자동차의 차도이탈을 방지하는 것
② 탑승자의 상해 및 자동차의 파손을 감소시키는 것
③ 자동차를 정상적인 진행방향으로 복귀시키는 것
④ 운전자의 주의를 유도한다.

해설 ④의 문항 "운전자의 주의를 유도한다"는 틀리고, "운전자의 시선을 유도하는 것"이 맞으므로 정답은 ④이다.

07 횡단면과 교통사고에서 "차로수와 교통사고 또는 차로폭과 교통사고"의 설명이다. 틀린 문항은?

① 일반적으로 차로수가 많으면 사고가 많다.
② ①의 경우 그 도로의 교통량이 많고, 교차로가 많으며, 또 도로변의 개발밀도가 높기 때문일 수도 있기 때문이다.
③ 교통량이 많고 사고율이 높은 구간의 차로폭을 규정범위 이내로 넓히면 그 효과는 더욱 크다.
④ 일반적으로 횡단면의 차로폭이 넓을수록 교통사고예방의 효과가 없다.

해설 ④의 문항 끝에 "효과가 없다"는 틀리고, "효과가 있다"가 맞으므로 정답은 ④이다.

08 길어깨(갓길)와 교통사고에 대한 설명이다. 잘못 설명된 문항은?

① 길어깨가 넓으면 차량의 이동공간이 넓고, 시계가 넓으며, 고장차량을 주행차로 밖으로 이동시킬 수 있기 때문에 안전성이 큰 것은 확실하다.

② 포장이 되어 있지 않을 경우에는 건조하고 유지관리가 용이할수록 불안전하다.

③ 길어깨가 토사나 자갈 또는 잔디보다는 포장된 노면이 더 안전하다.

④ 차도와 길어깨를 단선의 흰색 페인트칠로 길어깨를 구획하는 경계를 지은 노면표시를 하면 교통사고는 감소한다.

해설 ②의 문항 끝에 "불안전하다"는 틀리고, "안전하다"가 옳으므로 정답은 ②이다.

09 길어깨의 역할에 대한 설명이다. 옳지 못한 문항은?

① 고장차가 본선차도로부터 대피할 수 있고 사고 시 교통의 혼잡을 방지하는 역할을 한다. 또는 보도 등이 없는 도로에서는 보행자 등의 통행장소로 제공된다.

② 측방 여유폭을 가지므로 교통의 안전성과 쾌적성에 기여한다.

③ 절토부 등에서는 곡선부의 시거가 증대되기 때문에 교통의 안전성이 낮다.

④ 유지관리 작업장이나 지하매설물에 대한 장소로 제공된다. 또는 유지가 잘되어 있는 길어깨는 미관을 높인다.

해설 ③의 문항 끝에 "안전성이 낮다"는 틀리고, "안전성이 높다"가 맞으므로 정답은 ③이다.

10 중앙분리대의 종류이다. 거리가 먼 문항은?

① 연석형 중앙분리대
② 광폭 중앙분리대
③ 방호울타리형 중앙분리대
④ 가로변형 중앙분리대

해설 "가로변형 중앙분리대"는 규정에 없으므로 정답은 ④이다.

11 방호울타리 기능의 설명이다. 틀린 문항은?

① 횡단을 방지할 수 있어야 한다.
② 차량을 감속시킬 수 있어야 한다.
③ 차량이 대항차로로 튕겨나가지 않아야 한다.
④ 인적 피해 손상이 적도록 해야 한다.

해설 ④의 문항에 "인적 피해 손상"이 아니고, "차량의 손상이" 옳은 내용으로 정답은 ④이다.

12 일반적인 중앙분리대의 주된 기능에 대한 설명이다. 틀린 문항은?

① 광폭 분리대의 경우 사고 및 고장차량이 정지할 수 있는 여유 공간을 제공 : 분리대에 진입한 차량에 타고 있는 탑승자의 안전 확보(진입차의 분리대 내 정차 또는 조정 능력 회복)

② 상하 차도의 교통 분리 : 차량의 중앙선 침범에 의한 치명적인 정면충돌 사고방지, 도로 중심선 축의 교통마찰을 감소시켜 교통용량 증대

③ 필요에 따라 유턴(U-turn) 방지 : 교통류의 혼잡을 피함으로써 안전성을 저하시킨다.

④ 대향차의 현광 방지 : 야간 주행 시 전조등의 불빛을 방지(현혹현상 예방)

해설 ③의 문항 끝에 "안전성을 저하시킨다"는 틀리고, "안전성을 높인다"가 옳으므로 정답은 ③이다.

13 도로법에서 사용하는 "차로수"에 대한 설명이다. 맞는 문항은?

① 편도 방향의 차로의 수를 합한 것을 말한다.

② 오르막차로, 회전차로를 합한 차로이다.

③ 변속차로, 양보차로를 합한 차로이다.

④ 양방향 차로(오르막차로, 회전차로, 변속차로, 양보차로는 제외)의 수를 합한 것을 말한다.

해설 ①, ②, ③의 문항은 틀리고, ④의 문항이 맞으므로 정답은 ④이다.

14 도로법상의 용어의 정의에 대한 설명이다. 잘못된 문항은?

① 측대 : 운전자의 사선을 유도하고 옆부분의 여유를 확보하기 위하여 중앙분리대 또는 길어깨에 차도와 동일한 횡단경사와 구조로 차도에 접속하여 설치하는 부분을 말한다.

② 분리대 : 차도를 통행의 방향에 따라 분리하거나 성질이 다른 같은 방향의 교통을 분리하기 위하여 설치하는 도로의 부분이나 시설물을 말한다.

③ 편경사 : 평면곡선부에서 자동차가 원심력에 저항할 수 있도록 하기 위하여 설치하는 횡단경사를 말한다.

④ 길어깨 : 도로를 보호하고 평상시에 이용하기 위하여 차도에 접속하여 설치하는 도로의 부분을 말한다.

해설 ④의 문항 중 "평상시"가 아니고, "비상 시"가 맞는 문항으로 정답은 ④이다.

15 운전자가 같은 차로상에 고장차 등의 장애물을 인지하고 안전하게 정지하기 위하여 필요한 거리로서 차로 중심선상 1m의 높이에서 그 차로의 중심선에 있는 높이 15cm의 물체의 맨 윗부분을 볼 수 있는 거리를 그 차로 중심선에 따라 측정한 길이의 용어 명칭인 문항은?

① 정지시거

② 노상시설

③ 앞지르기시거

④ 종단경사

해설 용어의 명칭은 "정지시거"로 정답은 ①이다.

16 2차로 도로에서 저속 자동차를 안전하게 앞지를 수 있는 거리로서 차로의 중심선상 1m의 높이에서 반대쪽 차로의 중심선에 있는 높이 1.2m의 반대쪽 자동차를 인지하고 앞차를 안전하게 앞지를 수 있는 거리를 도로 중심선에 따라 측정한 길이의 용어 명칭인 문항은?

① 정지시거

② 앞지르기시거

③ 횡단경사

④ 편경사

해설 용어의 명칭은 "앞지르기시거"에 해당되므로 정답은 ②이다.

05 안전운전

01 운전자가 자동차를 그 본래의 목적에 따라 운행함에 있어서 운전자 자신이 위험한 운전을 하거나 교통사고를 유발하지 않도록 주의하여 운전하는 것의 용어의 명칭에 해당하는 문항은?

① 방어운전　　② 안전운전
③ 횡단운전　　④ 추월운전

해설 문제는 "안전운전"에 해당되므로 정답은 ②이다.

02 운전자가 다른 운전자나 보행자가 교통법규를 지키지 않거나 위험한 행동을 하더라도 이에 대처할 수 있는 운전자세를 갖추어 미리 위험한 상황을 피하여 운전하는 것의 용어 문항은?

① 주차운전　　② 안전운전
③ 추월운전　　④ 방어운전

해설 문제는 "방어운전"에 해당되므로 정답은 ④이다.

03 방어운전의 기본사항에 대한 설명이다. 잘못된 문항은?

① 능숙한 운전기술(몸에 익혀야 한다), 정확한 운전지식(표지판, 교통관련 법규의 지식을 익힌다)
② 예측능력과 판단력(예측력, 판단력) 세심한 관찰력(다른 운전자의 형태를 잘 관찰한다)
③ 양보와 배려의 실천(상대방의 입장 생각), 교통상황 정보수집(다양한 정보입수)
④ 반성의 자세(자신의 운전행동 반성), 다른 차의 잘못은 신경과민(반성하지 않는 경향이 약하다)

04 신호기의 장단점에서 "장점"에 대한 설명이다. 장점으로 틀린 것에 해당한 문항은?

① 교통류의 흐름을 질서 있게 한다.
② 교통처리용량을 증대시킬 수 있다.
③ 교차로에서의 직각 충돌사고를 줄일 수 있다.
④ 특정 교통류의 소통을 도모하기 위하여 교통흐름을 양호하게 하는 것과 같은 통제에 이용할 수 있다.

해설 ④의 문항 중 "양호하게 하는 것과 같은"은 틀리고, "차단하는 것과 같은"이 옳으므로 정답은 ④이다.
[단점]
㉠ 과도한 대기로 인한 지체가 발생할 수 있다.
㉡ 교통사고, 특히 추돌사고가 다소 증가할 수 있다.

05 교차로에서 사고발생 원인에 대한 설명이다. 사고발생 원인으로 다른 문항은?

① 신호지시를 무시하는 경향을 조장할 수 있다.
② 앞쪽(또는 옆쪽) 상황에 소홀한 채 진행신호로 바뀌는 순간 급출발
③ 정지신호임에도 불구하고 정지선을 지나 교차로에 진입하거나 무리하게 통과를 시도하는 신호무시
④ 교차로 진입 전 이미 황색신호임에도 무리하게 통과시도

해설 ①의 문항은 "신호기의 단점" 중의 하나로 달라 정답은 ①이다.

(상단) 해설 ④의 문항 중 "경향이 약하다"는 틀리고, "경향이 강하다"가 옳으므로 정답은 ④이다.

06 교차로 황색신호의 개요에 대한 설명이다. 옳지 못한 것에 해당한 문항은?

① 황색신호는 전 신호와 후 신호 사이에 부여되는 신호이다.
② 황색신호는 전 신호 차량과 후 신호 차량이 교차로상에서 상충(상호 충돌)하는 것을 예방한다.
③ 교차로 황색신호시간은 통상 4초를 기본으로 하며, 아직 교차로에 진입하지 못한 차량은 진입해서는 안되는 시간이다.
④ 교통사고를 방지하고자 하는 목적에서 운영되는 신호로서, 황색신호시간은 이미 교차로에 진입한 차량은 신속히 빠져나가야 하는 시간이다.

해설 ③의 문항 중에 "통상 4초를"은 틀리고, "통상 3초를"이 맞으므로 정답은 ③이다.

07 교차로의 황색신호시간은 통상 몇 초를 기본으로 하여 운영하고 있는가로 옳은 문항은?

① 황색신호시간은 통상 2초를 기본으로 운영하고 있다.
② 황색신호시간은 통상 3초를 기본으로 운영하고 있다.
③ 황색신호시간은 통상 4초를 기본으로 운영하고 있다.
④ 황색신호시간은 통상 6초를 기본으로 운영하고 있다.

해설 "통상 3초를 기본으로 운영하고 있다"이므로 정답은 ②이다. ④의 문항은 "지극히 부득이한 경우가 아니라면 6초를 초과하는 것은 금기로 한다"이다.

08 황색신호 시 사고유형에 대한 설명이다. 잘못된 것에 해당된 문항은?

① 교차로 상에서 전 신호 차량과 후 신호 차량의 충돌
② 횡단보도 전 앞차 정지 시 앞차 추돌
③ 횡단보도 통과 시 보행자, 자전거 또는 이륜차 충돌
④ 유턴차량과의 추돌

해설 ④의 문항 중에 "추돌"은 틀리고, "충돌"이 맞으므로 정답은 ④이다.

09 커브길 주행방법에서 "완만한 커브길 주행 시 주의"에 대한 설명이다. 다른 문항은?

① 커브길의 편구배(경사도)나 도로의 폭을 확인하고 가속 페달에서 발을 떼어 엔진브레이크가 작동되도록 하여 속도를 줄인다.
② 엔진브레이크만으로 속도가 충분히 떨어지지 않으면 풋 브레이크만을 사용하여 실제 커브를 도는 중에 더 이상 감속할 필요 없을 정도까지 속도를 줄인다.
③ 커브가 끝나는 조금 앞부터 핸들을 돌려 차량의 모양을 바르게 한다.
④ 가속 페달을 밟아 속도를 서서히 높인다.

해설 ②의 문항 중 "풋 브레이크만을 사용하여"는 틀리고, "풋 브레이크를 사용하여"가 옳으므로 정답은 ②이다.

10 커브길에서 핸들조작방법의 순서에 대한 설명이다. 틀린 문항은?

① 커브길에서 핸들조작은 슬로우-인, 패스트-아웃(Slow-in, Fast-out) 원리에 입각한다.

② 커브 진입 직전에 핸들조작이 자유로울 정도로 속도를 감속한다.

③ 커브가 끝나는 조금 앞에서 핸들을 조작하여 차량의 방향을 안정되게 유지한다.

④ 커브가 끝나는 조금 앞에서 속도를 감가(감속)하여 신속하게 통과할 수 있도록 하여야 한다.

해설 ④의 문항 중에 "감가(감속)하여"는 틀리고, "증가(가속)하여"가 맞는 문항으로 정답은 ④이다.

11 "도로의 차선과 차선 사이의 최단거리"를 차로폭이라 하는데 차로 폭의 기준으로 틀린 문항은?

① 대개 3.0~3.5m 기준으로 한다.

② 교량 위, 터널 내(부득이한 경우) : 2.75m

③ 유턴(회전)차로(부득이한 경우) : 2.75m

④ 가변차로 : 3.0~3.5m 이내 기준으로 설치

해설 가변차로의 너비도 부득이한 경우로 2.75m로 할 수 있어 정답은 ④이다.

12 차로폭에 따른 안전운전 및 방어운전에 대한 설명이다. 틀린 문항은?

① 차로폭이 넓은 경우 : 계기판의 속도계에 표시되는 객관적인 속도를 준수할 수 있도록 노력한다.

② 차로폭이 넓은 경우 : 객관적인 판단을 가급적 자제한다.

③ 차로폭이 좁은 경우 : 보행자, 노약자, 어린이 등에 주의하여야 한다.

④ 차로폭이 좁은 경우 : 즉시 정지할 수 있는 안전한 속도로 주행속도를 감속하여 운행한다.

해설 ②의 문항 중에 "객관적인 판단을"이 아니고, "주관적인 판단을"이 맞는 문항으로 정답은 ②이다.

13 언덕길에서 배기 브레이크가 장착된 차량이 배기 브레이크를 사용하면 운행의 안전도를 더욱 높일 수 있다. 그 효과가 아닌 문항은?

① 브레이크액의 온도상승 억제에 따른 베이퍼 록 현상을 방지한다.

② 드럼의 온도상승을 억제하여 페이드 현상을 방지한다.

③ 브레이크 사용 감소로 라이닝의 수명을 증대시킬 수 있다.

④ 브레이크 사용을 자주하여 라이닝의 수명을 단축시킨다.

해설 ④의 문항은 배기 브레이크 장착 차량의 안전도 효과에 해당되지 않으므로 정답은 ④이다.

14 언덕길에서 교행방법의 설명이다. 틀린 문항은?

① 올라가는 차량과 내려오는 차량의 교행 시에는 내려오는 차에 통행 우선권이 있다.

② 내려오는 차량과 올라가는 차량의 교행 시에는 올라가는 차가 통행 우선권이 있다.

③ 올라가는 차량이 양보한다.

④ 이것은 내리막 가속에 의한 사고위험이 더 높다는 점을 고려한 것이다.

해설 ②의 문항은 "올라가는 차가 우선권이 있다"로 되어 있어 틀리고, "내려오는 차에 통행 우선권이 있다"가 맞으므로 정답은 ②이다.

15 다른 차가 자차를 앞지르기할 때 안전운전 및 방어운전이다. 다른 문항은?

① 앞차의 오른쪽으로 앞지르기하지 않는다.

② 자차의 속도를 앞지르기를 시도하는 차의 속도 이하로 적절히 감속한다.

③ 앞지르기를 시도하는 차가 안전하고 신속하게 앞지르기를 완료할 수 있도록 함으로써 자차와의 사고 가능성을 줄일 수 있기 때문이다.

④ 앞지르기 금지 장소나 앞지르기를 금지하는 때에도 앞지르기하는 차가 있다는 사실을 항상 염두에 두고 주의 운전한다.

해설 ①의 문항은 "자차가 앞지르기할 때 안전운전 및 방어운전의 요령" 중의 하나로 달라 정답은 ①이다.

16 철도와 도로법에서 정한 도로가 평면 교차하는 곳을 의미하는 용어 명칭에 해당하는 문항은?

① 철길 건널목

② 제1종 건널목

③ 제2종 건널목

④ 제3종 건널목

해설 "철길 건널목"이라 하므로 정답은 ①이며, 철길 건널목의 종류는 3가지로 구분한다.

17 철길 건널목 종류의 설명이다. 틀린 문항은?

① 일반 건널목 : 차단기, 경보기, 건널목 교통안전표지, 근무자도 있는 건널목

② 제1종 건널목 : 차단기, 경보기, 건널목 교통안전표지를 설치하고, 차단기를 주·야간 계속 작동하거나 건널목 안내원이 근무하는 건널목

③ 제2종 건널목 : 경보기와 건널목 교통안전 표지만 설치하는 건널목

④ 제3종 건널목 : 건널목 교통안전표지만 설치하는 건널목

해설 ①의 "일반 건널목"은 규정에 없는 건널목으로 정답은 ①이다.

18 일단 사고가 발생하면 인명피해가 큰 대형사고가 주로 발생하는 사고에 해당하는 사고는?

① 교차로 사고

② 내리막길 전복사고

③ 오르막길 사고

④ 철길 건널목 사고

해설 "철길 건널목 사고"가 해당되어 정답은 ④이다.

19 철길 건널목 내 차량고장 시 대처방법에 대한 설명이다. 잘못된 문항은?

① 즉시 동승자를 대피시킨다.

② 철도공사 직원에게 알리고 차를 건널목 밖으로 이동시키도록 조치한다.

③ 시동이 걸리지 않을 때는 당황하지 말고 기어를 2단 위치에 넣는다.

④ 기어를 1단 위치에 넣은 후 크러치 페달을 밟지 않은 상태에서 엔진 키를 돌리면 시동 모터의 회전으로 바퀴를 움직여 철길을 빠져나올 수 있다.

해설 ③의 문항 내용에서 "기어를 2단 위치에 넣는다"는 틀리고, "기어를 1단 위치에 넣는다"가 옳으므로 정답은 ③이다.

20 야간 안전운전방법이다. 틀린 문항은?

① 해가 저물면 곧바로 실내등을 점등하고, 주간보다 속도를 낮추어 주행할 것

② 야간에 흑색이나 감색의 복장을 입은 보행자는 발견하기 곤란하므로 보행자의 확인에 더욱 세심한 주의를 기울일 것

③ 실내를 불필요하게 밝게 하지 말 것이며, 가급적 전조등이 비치는 곳 끝까지 살필 것

④ 자동차가 교행할 때에는 조명장치를 하향 조정할 것이며, 술에 취한 사람이 차도에 뛰어드는 경우를 조심할 것

해설 ①의 문항 중에 "실내등을 점등할 것"은 틀리고 "전조등을 점등할 것"이 맞으므로 정답은 ①이다.

21 안갯길(안개 낀 도로)에서 안전운전방법이다. 잘못된 문항은?

① 안개로 인해 시야의 장애가 발생하면 우선 차간거리를 충분히 확보한다.

② 앞차의 제동이나 방향지시등의 신호를 예의주시하며 천천히 주행해야 안전하다.

③ 운행 중 앞을 분간하지 못할 정도로 짙은 안개가 끼었을 때는 차를 안전한 곳에 세우고 잠시 기다리는 것이 좋다.

④ 잠시 기다리는 동안 지나가는 차에 내 자동차의 존재를 알리기 위해 전조등을 점등시켜 충돌사고 등에 미리 예방하는 조치를 취한다.

해설 ④의 문항 중에 "전조등을 점등시켜"는 틀리고, "미등과 비상경고등을 점등시켜"가 맞는 문항으로 정답은 ④이다.

22 봄철 교통사고의 특징이다. 다른 문항은?

① 보행량 및 교통량의 증가에 따라 어린이 관련 교통사고가 겨울에 비하여 많이 발생하고, 춘곤증에 의한 교통사고에 주의한다.

② 도로조건 : 지반 붕괴로 도로의 균열이나 낙석의 위험이 크며, 노변의 붕괴 및 함몰로 대형사고 위험이 높다.

③ 운전자 : 춘곤증에 의한 졸음운전으로 전방주시태만과 관련된 사고의 위험이 높다.

④ 보행자 : 모든 운전자들은 때와 장소 구분 없이 보행자 보호에 많은 주의를 기울여야 한다. 특히 날씨가 온화해짐에 따라 사람들의 활동이 활발해지는 계절이다.

해설 ④의 문항 후단의 설명이 "봄철의 계절 특성"의 하나로 달라 교통사고의 특성은 아니므로 정답은 ④이다.

23 춘곤증으로 인하여 시속 60km로 달리는 자동차의 운전자가 1초를 졸았을 경우 무의식중의 자동차의 주행거리에 해당된 것으로 맞는 문항은?

① 16.7m　　　② 19.4m

③ 20.8m　　　④ 22.2m

해설 ①의 6,000m÷3,600초=16.7m로 정답은 ①이다(참고 : ② 70km=19.4m, ③ 75km=20.8m, ④ 80km=22.2m).

24 여름철 계절의 특성과 기상 특성에 대한 설명이다. 맞지 않는 문항은?

① 계절 특성 : 봄철에 비해 기온이 상승하며, 6월 말부터 7월 말일까지 장마전선의 북상으로 비가 많이 오고 있다.

② 계절 특성 : 장마 이후에는 무더운 날이 지속되며, 저녁 늦게까지 기온이 내려가지 않는 열대야 현상이 나타난다.

③ 기상 특성 : 태풍을 동반한 집중 호우 및 돌발적인 악천후, 본격적인 무더위에 의해 기온이 높고 습기가 많아진다.

④ 기상 특성 : 한밤중에도 이러한 현상이 계속되어 운전자들이 짜증을 느끼게 되고 쉽게 피로해지며 주의 집중이 어려워진다.

해설 ①의 문항 중에 "6월 말부터 7월 말일까지"는 틀리고, "6월 말부터 7월 중순까지"가 맞는 문항으로 정답은 ①이다.

25 여름철 교통사고의 특징에 대한 설명이다. 다른 것에 해당하는 문항은?

① 도로조건 : 돌발적인 악천후 및 무더위 속에서 운전하다 보면 시각적 변화와 긴장·흥분·피로감 등이 복합적 요인으로 작용하여 교통사고를 일으킬 수 있으므로 기상 변화에 잘 대비하여야 한다.

② 운전자 : 수면부족과 피로로 인한 졸음운전 등도 집중력 저하 요인으로 작용한다.

③ 보행자 : 장마 이후에는 무더운 날이 지속되며, 저녁 늦게까지 기온이 내려가지 않는 열대야 현상이 나타난다.

④ 보행자 : 불쾌지수가 증가하여 위험한 상황에 대한 인식이 둔해지고, 안전수칙을 무시하려는 경향이 강하게 나타난다.

해설 ③의 기상 특성의 내용은 "여름철 계절 특성"의 내용의 하나로 달라 정답은 ③이다.

26 여름철 자동차관리에 대한 설명이다. 잘못되어 있는 문항은?

① 냉각장치 점검 : 엔진이 과열하기 쉬우므로 냉각수의 양은 충분한지, 냉각수 누수 여부, 팬벨트 장력이 적절한지 수시 확인과 팬벨트 여유분 휴대가 바람직하다.

② 와이퍼의 작동상태 점검 : 장마철 운전에 꼭 필요한 와이퍼의 작동이 정상적인가 확인해야 하는데, 모터의 작동은 정상적인지, 노즐의 분출구가 막히지 않았는지, 등을 점검한다.

③ 타이어 마모상태 점검 : 노면과 맞닿는 부분인 요철형 무늬의 깊이(트레드 홈 깊이)가 최저 1.6mm 이하가 되는지를 확인하고 적정 공기압을 유지하고 있는지 점검한다.

④ 차량 내부의 습기 제거 : 차량 내부에 습기가 찰 때에는 습기를 제거하여 차체의 부식과 악취발생을 방지한다.

해설 ③의 문항 중에 "최저 1.6mm 이하가 되는지를"은 틀리고, "최저 1.6mm 이상이 되는지를"이 맞으므로 정답은 ③이다.

27 여름철 자동차 관리사항 중 타이어 마모상태 점검으로 "노면과 맞닿는 부분인 요철형 무늬의 깊이(트레드 홈 깊이)"에 대한 설명으로 맞는 문항은?

① 트레드 홈 깊이 : 최저 1.6mm 이상 되는지
② 트레드 홈 깊이 : 최저 1.7mm 이상 되는지
③ 트레드 홈 깊이 : 최저 1.8mm 이상 되는지
④ 트레드 홈 깊이 : 최저 1.9mm 이상 되는지

해설 문제의 확인 점검은 "요철형 무늬의 깊이(트레드 홈 깊이)가 1.6mm 이상 되는지를 확인"하여야 하므로 정답은 ①이다.

28 심한 일교차로 일 년 중 가장 많이 안개가 집중적으로 발생되어 대형사고의 위험도가 높은 계절에 해당한 문항은?

① 가을철의 아침
② 겨울철의 아침
③ 봄철의 아침
④ 여름철의 아침

해설 하천이나 강을 끼고 있는 곳에서는 짙은 안개가 자주 발생하므로 정답은 ①이다.

29 가을철 기상 특성이다. 틀린 문항은?

① 해양성 고기압의 세력이 약해져 대륙성 고기압이 전면에 들어온다.

② 대륙성 고기압으로부터 분리된 고기압이 자주 통과하여 기온이 높아지고 맑은 날이 많으며 강우량이 줄어든다.
③ 아침에는 안개가 빈발하며 일교차가 심하다.
④ 특히 하천이나 강을 끼고 있는 곳에서는 짙은 안개가 자주 발생한다.

해설 ②의 문항 중에 "기온이 높아지고"는 틀리고, "기온이 낮아지고"가 맞는 문항으로 정답은 ②이다.

30 겨울철의 계절 특성과 기상 특성에 대한 설명이다. 틀린 문항은?

① 계절 특성 : 차가운 대륙성 고기압의 영향으로 북서 편서풍이 불어와 날씨는 춥고 눈이 많이 내리는 특성을 보인다.
② 계절 특성 : 교통의 3대 요소인 사람, 자동차, 도로환경 등이 다른 계절에 비해 열악한 계절이다.
③ 기상 특성 : 겨울철은 습도가 낮고 공기가 매우 건조하다.
④ 기상 특성 : 한냉성 고기압 세력의 확장으로 기온이 급강하고 한파를 동반한 눈이 자주 내린다. 눈길, 빙판길, 바람과 추위 등이 운전에 악영향을 미치는 기상 특성을 보인다.

해설 ①의 문항 중에 "북서 편서풍이 불어와"는 틀리고, "북서 계절풍이 불어와"가 맞으므로 정답은 ①이다.

31 위험물의 성질에 대한 설명이다. 다른 문항은?

① 발화성   ② 인화성
③ 유독성   ④ 폭발성

해설 유독성은 위험물의 성질이 아니므로 정답은 ③이다.

32 독성가스를 차량에 적재하고 운반하는 때에 해당 차량에 재해발생 시 응급조치할 수 있는 휴대품이다. 해당되지 않는 문항은?

① 방독면, 보호구
② 소독제, 소독약품
③ 고무장갑과 장화
④ 자재, 제독제, 공구 등

해설 ②의 "소독제, 소독약품"은 해당 없어 정답은 ②이다(재해발생 시 응급조치를 취하고, 소방관서, 기타 관계기관에 통보하여 조치를 받아야 한다).

33 교통사고 및 고장발생 시 대처요령 중 2차사고 예방 안전행동요령에 대한 설명이다. 틀린 문항은?

① 신속히 비상등을 켜고 다른 차의 소통에 방해가 되지 않도록 갓길로 차량을 이동시킨다.
② 후방에서 접근하는 차량의 운전자가 쉽게 확인할 수 있도록 고장자동차의 표지(안전삼각대)를 설치한다.
③ 야간에는 적색 섬광신호 · 전기제등 또는 불꽃신호를 추가로 설치한다.
④ 운전자와 탑승자는 고장 자동차 주변에서 대기하고 있다.

해설 ④의 경우 "운전자와 탑승자는 위험하므로 가드레일 밖 등 안전한 장소로 대피하여야 한다."가 맞는 내용이므로 정답은 ④이다.

34 고속도로 2504 긴급견인서비스(1588−2504, 한국도로공사 콜센터)를 받을 수 있는 대상 자동차이다. 대상차량이 아닌 차의 문항은? (무료견인서비스 대상 자동차)

① 1.4톤 이하 화물차
② 1.4톤 이상 화물차
③ 승용 자동차
④ 16인 이하 승합차

해설 ①, ③, ④의 자동차는 긴급견인 대상차량이며, ②의 "1.4톤 이상 화물차"는 무료 견인대상차량이 아니고 "1.4톤 이하 화물차"가 대상차량으로 정답은 ②이다.

35 터널 내 화재 시 행동요령에 대한 설명으로 옳지 못한 문항은?

① 운전자는 차량과 함께 터널 밖으로 신속히 이동하며, 터널 밖으로 이동이 불가능한 경우 최대한 갓길 쪽으로 정차한다.
② 비상벨을 누르거나 비상전화로 화재발생을 알려줘야 한다(119 비상전화나 한국도로공사 1588−2504).
③ 조기진화가 불가능한 경우 젖은 수건이나 손등으로 코와 입을 막고 낮은 자세로 유도등을 따라 신속히 터널 외부로 대피한다.
④ 대형차량 화재 시 약 1,000℃까지 온도가 상승하여 구조물에 심각한 피해를 유발하게 된다.

해설 ④의 문항 중 "약 1,000℃"가 아니라, "약 1,200℃"가 맞아 정답은 ④이다.

36 고속도로 "운행 제한차량 종류와 적재 불량차량"에 대한 설명이다. 운행 제한 차량이 아닌 차량의 문항은?

① 차량의 축하중 10톤, 총중량 40톤을 초과한 차량

② 적재물을 포함한 차량의 길이(16.7m), 폭(2.5m), 높이(4m)를 초과한 차량

③ 편중 적재, 스페어 타이어 고정 불량, 덮개를 씌우지 않았거나 묶지 않아 결속상태가 불량한 차량 또는 좌우측 후사경이 불량한 차량

④ 액체 적재물 방류차량, 견인 시 사고차량파손품 유포 우려가 있는 차량

해설 문항 ③의 설문 중에 "또는 좌우측 후사경이 불량한 차량"은 해당이 없어 정답은 ③이다. 이외에 "기타 적재 불량으로 인하여 적재물 낙하 우려가 있는 차량"이 있다.

37 "도로관리청의 차량 회차, 적재물 분리 운송, 차량 운행중지 명령에 따르지 아니한 자"에 대한 벌칙으로 맞는 문항은?

① 1년 이상 징역 또는 1천만 원 이상 벌금

② 1년 이하 징역 또는 1천만 원 이하 벌금

③ 2년 이하 징역 또는 2천만 원 이하 벌금

④ 10년 이하 징역이나 5천만 원 이하의 벌금

해설 벌칙의 정답은 ③의 벌칙이 옳다.

38 적재량 측정을 위한 공무원의 차량 동 승요구 및 관계서류 제출요구를 거부한 자 또는 적재량 재측정 요구에 따르지 아니한 자에 대한 벌칙이다. 옳은 문항은?

① 1년 이하 징역 또는 1천만 원 이하 벌금

② 1년 이상 징역 또는 1천만 원 이상 벌금

③ 2년 이하 징역 또는 1천만 원 이하 벌금

④ 2년 이상 징역 또는 1천만 원 이상 벌금

해설 문제의 정답은 ①의 벌칙이 맞는 문항이다.

39 "총중량 40톤, 축하중 10톤, 폭 2.5m, 높이 4m, 길이 16.7m를 초과하여 운행 제한을 위반한 운전자"에 대한 벌칙이다. 맞는 문항은?

① 500만 원 이하 과태료를 부과한다.

② 500만 원 이상 과태료를 부과한다.

③ 600만 원 이하 과태료를 부과한다.

④ 600만 원 이상 과태료를 부과한다.

해설 문제의 과태료는 500만 원 이하 과태료를 부과하므로 정답은 ①이다.

40 임차한 화물 적재차량이 운행제한을 위반하지 않도록 관리하지 아니한 임차인에 대한 벌칙이다. 옳은 문항은?

① 500만 원 이하 과태료를 부과한다.

② 500만 원 이상 과태료를 부과한다.

③ 600만 원 이하 과태료를 부과한다.

④ 600만 원 이상 과태료를 부과한다.

문제의 과태료는 500만 원 이하 과태료가 부과되므로 정답은 ①이다.

41 고속도로에서 "운행제한 위반의 지시·요구·금지를 위반하였을 때" 부과되는 과태료로 맞는 문항은?

① 500만 원 이하
② 500만 원 이상
③ 600만 원 이하
④ 600만 원 이상

문제의 과태료는 500만 원 이하의 과태료가 부과되므로 정답은 ①이다.

42 고속도로 운행 제한차량 통행이 도로 포장에 미치는 영향에 대한 설명이다. 틀린 문항은?

① 축하중 10톤 : 승용차 7만 대 통행과 같은 도로파손
② 축하중 11톤 : 승용차 11만 대 통행과 같은 도로파손
③ 축하중 13톤 : 승용차 21만 대 통행과 같은 도로파손
④ 축하중 15톤 : 승용차 40만 대 통행과 같은 도로파손

④의 문항 중에 "승용차 40만 대"는 틀리고. "승용차 39만 대"가 맞는 문항으로 정답은 ④이다.

제 4 편

운송서비스

01 핵심이론

핵심 001 물류

과거와 같이 단순히 장소적 이동인 운송 (Phoysieal distribution)을 의미하는 것이 아니라, 생산과 마케팅기능 중에 물류와 관련된 영역까지도 포함하여 이를 로지스틱스 (Logisties)라고 한다(대고객서비스 수준을 높이는 자는 "일선근무 운전자"임).

핵심 002 접점제일주의(나는 회사를 대표하는 사람)

고객을 직접 대하는 직원이 바로 회사를 대표하는 중요한 사람이라는 것이다[나는 회사를 대표하는 사람(현장 직원)임].

핵심 003 고객만족

고객이 무엇을 원하고 있으며, 무엇이 불만인지 알아내어 고객의 기대에 부응하는 좋은 제품과 양질의 서비스를 제공하는 것

핵심 004 고객의 욕구

① 기억되기를 바란다.
② 환영받고 싶어 한다.
③ 관심을 가져주기 바란다.
④ 중요한 사람으로 인식되기를 바란다.
⑤ 편안해지고 싶어 한다.
⑥ 칭찬받고 싶어 한다.
⑦ 기대와 욕구를 수용하여 주기를 바란다.

핵심 005 고객만족을 위한 서비스 품질의 분류

① 상품 품질 : 성능 및 사용방법을 구현한 하드웨어 품질

② 영업 품질 : 고객만족 실현을 위한 소프트웨어 품질
③ 서비스 품질 : 고객의 신뢰를 획득하기 위한 휴먼웨어 품질

핵심 006 서비스 품질이 고객의 결정에 영향을 끼치는 요인

① 구전(口傳)에 의한 의사소통
② 개인적인 성격이나 환경적 요인
③ 과거의 경험
④ 서비스 제공자들의 커뮤니케이션 등

핵심 007 서비스 품질을 평가하는 고객의 기준

① 신뢰성 : 정확하고 약속기일을 잘 지킨다.
② 신속한 대응 : 재빠른 처리, 적절한 시간 맞추기
③ 정확성 : 상품 및 서비스에 대한 지식이 충분함
④ 편의성 : 의뢰하기 쉽고, 언제라도 곧 연락이 된다.
⑤ 태도 : 경의, 배려, 느낌이 좋다.
⑥ 커뮤니케이션 : 알기 쉽게 설명한다.
⑦ 신용도 : 회사를 신뢰하고, 담당자가 신용이 있다.
⑧ 안전성 : 신체적 및 재산적 안전, 비밀유지
⑨ 고객의 이해도 : 사정을 잘 이해하여 만족시킨다.
⑩ 환경 : 쾌적한 환경, 좋은 분위기, 깨끗한 시설 등 완비

핵심 008 직업운전자의 "기본예절"

① 상대방을 알아준다.

② 자신의 것만 챙기는 이기주의는 인간관계 형성의 저해요소

③ 약간의 어려움을 감수하는 것은 인간관계 유지의 투자이다.

④ 예의란 인간관계에서 지켜야 할 도리이다.

⑤ 연장자는 선배로 존중하고, 공사를 구분하여 예우한다.

⑥ 관심을 가짐으로써 인간관계는 더욱 성숙된다.

⑦ 상대방의 입장을 이해하고 존중한다.

⑧ 상대의 존중은 돈 한 푼들이지 않고, 상대를 접대하는 효과가 있다.

⑨ 모든 인간관계는 성실을 바탕으로 한다.

⑩ 항상 변함없는 진실한 마음으로 상대를 대한다.

⑪ 성실성으로 상대는 신뢰를 갖게 되어 관계는 깊어지게 된다.

⑫ 상대방에게 도움이 되어야 신뢰관계가 형성된다.

핵심009. 인사의 의미

① 인사는 서비스의 첫 동작이요, 마지막 동작이다.

② 인사는 서로 만나거나 헤어질 때 말, 태도 등으로 존경, 사랑, 우정을 표현하는 행동 양식이다.

핵심010. 인사의 중요성

① 인사는 애사심, 존경심, 우애, 자신의 교양과 인격의 표현이다.

② 인사는 서비스의 주요 기법이다.

③ 인사는 고객과 만나는 첫걸음이다.

④ 인사는 고객에 대한 마음가짐의 표현이다.

⑤ 인사는 고객에 대한 서비스 정신의 표현이다.

핵심011. 인사의 마음가짐

① 정성과 감사의 마음으로

② 예절 바르고 정중하게

③ 밝고 상냥한 미소로

④ 경쾌하고 겸손한 인사말과 함께

핵심012. 올바른 인사방법

① 가벼운 인사 : 머리와 상체를 15° 숙인다.

② 보통인사 : 머리와 상체를 30° 숙인다.

③ 정중한 인사 : 머리와 상체를 45° 숙인다.

④ 상대방과의 거리는 약 2m 내외가 적당

⑤ 턱을 내밀지 않으며, 손을 주머니에 넣거나 의자에 앉아서 하지 말 것

핵심013. 표정의 중요성

① 표정은 첫인상을 크게 좌우한다.

② 첫인상이 좋아야 그 이후의 대면이 호감있게 이루어질 수 있다.

③ 밝은 표정은 좋은 인간관계의 기본이다.

④ 밝은 표정과 미소는 자신을 위한 것이라 생각한다.

핵심014. 고객응대 마음가짐 10가지

① 사명감을 갖는다.

② 고객의 입장에서 생각한다.

③ 원만하게 대한다.

④ 항상 긍정적으로 생각한다.

⑤ 고객이 호감을 갖도록 한다.

⑥ 공과 사를 구분하고 공평하게 대한다.

⑦ 투철한 서비스 정신을 가진다.

⑧ 예의를 지켜 겸손하게 대한다.

⑨ 자신을 가져라.

⑩ 부단히 반성하고 개선하라.

핵심015. 운전자가 가져야 할 기본적 자세

① 교통법규의 이해와 준수

② 여유 있고 양보하는 마음으로 운전

③ 주의력 집중
④ 심신상태의 안정
⑤ 추측 운전의 삼가
⑥ 운전기술의 과신은 금물
⑦ 저공해 등 환경보호, 소음공해 최소화 등

핵심016 운전자의 사명

① 남의 생명도 내 생명처럼 존중(사람의 생명은 이 세상 무엇보다도 존귀하므로 인명존중)
② 운전자는 "공인(公認)"이라는 자각이 필요하다.

핵심017 운전자의 기본적 주의사항

① 법규 및 사내 안전관리규정 준수
② 운행 전 준비
③ 운행상 주의
④ 교통사고 발생 시 조치
⑤ 신상변동 등의 보고

핵심018 운전예절의 중요성

① 일상생활의 대인관계에서 예의범절 중시
② 예절은 인간 고유의 것이다.
③ 예의 바른 운전습관은 명랑한 교통질서를 가져온다.
④ 예의 바른 운전습관은 교통사고를 예방하고, 교통문화를 선진화하는 데 지름길이 되기 때문이다.

핵심019 운전자가 지켜야 할 운전예절

① 과신은 금물
② 횡단보도에서의 예절
③ 전조등 사용법
④ 고장차량의 유도
⑤ 올바른 방향전환 및 차로변경
⑥ 여유 있는 교차로 통과

핵심020 화물자동차 운전자의 운전자세

① 다른 운전자가 끼어들더라도 안전거리를 확보하는 여유를 가진다.
② 일반 자동차를 운전하는 자가 추월을 시도하는 경우에는 적당한 장소에서 후속자동차에게 진로를 양보하는 미덕을 갖는다.
③ 직업 운전자는 다른 차가 끼어들거나 운전이 서툴러도 상대에게 성을 내거나 보복하지 말아야 한다.

핵심021 직업의 4가지 의미

① 경제적 의미
② 정신적 의미
③ 사회적 의미
④ 철학적 의미

핵심022 직업의 윤리

① 직업에는 귀천이 없다.
② 천직의식
③ 감사하는 마음

핵심023 직업의 3가지 태도

① 애정(愛情)
② 긍지(矜持)
③ 열정(熱情)

핵심024 물류(物流, 로지스틱스 : Logistics)

공급자로부터 생산자, 유통업자를 거쳐 최종 소비자에 이르는 재화의 흐름을 의미한다.

핵심025 물류의 기능

① 운송기능
② 포장기능
③ 보관기능
④ 하역기능
⑤ 정보기능
⑥ 유통가공기능

핵심 026 물류시설

① 물류에 필요한 화물의 운송, 보관, 하역을 위한 시설
② 화물의 운송, 보관, 하역 등에 부가되는 가공, 조립, 분류, 수리, 포장, 상표부착, 판매, 정보통신 등을 위한 시설
③ 물류 공동화, 자동차 및 정보화를 위한 시설
④ 물류터미널 및 물류단지시설

핵심 027 경영정보시스템(MIS)

기업경영에서 의사결정의 유효성을 높이기 위해 경영 내외의 관련 정보를 필요에 따라 즉각적으로 그리고 대량으로 수집, 전달, 처리, 저장, 이용할 수 있도록 편성한 인간과 컴퓨터와의 결합시스템을 말한다.

핵심 028 전사적 자원관리(ERP)

기업 활동을 위해 사용되는 기업 내의 모든 인적·물적 자원을 효율적으로 관리하여 궁극적으로 기업의 경쟁력을 강화시켜주는 역할을 하는 통합정보시스템을 말한다.

핵심 029 공급망관리의 기능

① 제조업의 가치사슬은 보통 "부품조달 ⇒ 조립, 가공 ⇒ 판매유통"으로 구성된다.
② 가치사슬의 주기가 단축되어야 생산성과 운영의 효율성을 증대시킬 수 있다.

핵심 030 물류관리의 7R 기본원칙

① 적절한 품질(Right Quality)
② 적절한 양(Right Quantity)
③ 적절한 시간(Right Time)
④ 적절한 장소(Right Place)
⑤ 좋은 인상(Right Impression)
⑥ 적절한 가격(Right Price)
⑦ 적절한 상품(Right Commodity)

핵심 031 3S 1L 원칙

① 신속하게(Speedy)
② 안전하게(Safety)
③ 확실하게(Surely)
④ 저렴하게(Low)

핵심 032 제3의 이익원천

매출증대, 원가절감에 이은 물류비 절감은 이익을 높일 수 있는 세 번째 방법이다.

핵심 033 기업물류의 범위

① 물적 공급과정 : 원재료 부품, 반제품, 중간재료 조달, 생산하는 물류과정
② 물적 유통과정 : 생산된 재화가 최종 고객이나 소비자에게까지 전달되는 물류과정

핵심 034 기업물류의 활동

① 주활동 : 대고객서비스 수준, 수송, 재고관리, 주문처리
② 지원활동 : 보관, 자재관리, 구매, 포장, 생산량과 생산일정 조정, 정보관리

핵심 035 프로액티브(Proactive)의 물류전략

사업목표와 소비자서비스의 요구사항에서부터 시작, 경쟁업체에 대항하는 공격적인 전략임

핵심 036 크래프팅(Crafting) 중심의 물류전략

특정한 프로그램이나 기법을 필요로 하지 않으며, 뛰어난 통찰력이나 영감에 바탕을 둠

핵심 037 노드(Node)

운송결절점(보관지점)

핵심 038 링크(Link)

제품의 이동경로(운송경로)

핵심 039 모드(Mode)

수송서비스(수송기관)

핵심 040 로지스틱스 전략관리의 기본요건 중 "전문가의 자질"

① 분석력 : 최적의 물류 흐름 구현을 위한 분석능력
② 기획력 : 물류전략을 입안하는 능력
③ 창조력 : 시스템 모델을 표현하는 능력
④ 판단력 : 기술동향을 판단하여 선택하는 능력
⑤ 기술력 : 물류시스템 구축에 활용하는 능력
⑥ 행동력 : 이상적인 인프라 구축을 실행하는 능력
⑦ 관리력 : 신규 및 프로젝트를 수행하는 능력
⑧ 이해력 : 시스템 사용자의 요구를 명확히 파악하는 능력

핵심 041 제3자 물류업의 정의

화주기업이 고객서비스 향상, 물류비 절감 등 물류 활동을 효율화할 수 있도록 공급망상의 기능 전체 혹은 일부를 대행하는 업종으로 정의되고 있음

핵심 042 물류 활동의 본류

① 제1자 물류(자사물류) : 화주기업이 직접 물류 활동을 처리하는 자사물류
② 제2자 물류(자회사 물류) : 물류자회사에 의해 처리하는 경우
③ 제3자 물류(물류 아웃소싱) : 화주기업이 자기의 모든 물류 활동을 외부에 위탁하는 경우

핵심 043 제4자 물류의 개념 1

다양한 조직들의 효과적인 연결을 목적으로 사용하는 통합체로서 공급망의 모든 활동과 계획 관리를 전담하는 것임

핵심 044 제4자 물류의 개념 2

제3자 물류기능에 컨설팅업무를 추가 수행하는 것임(제4자 물류 개념은 컨설팅 기능까지 수행할 수 있는 제3자 물류로 정의를 내릴 수도 있음)

핵심 045 제4자 물류의 공급망관리 4단계

① 제1단계 : 재창조
② 제2단계 : 전환
③ 제3단계 : 이행
④ 제4단계 : 실행

핵심 046 운송

물품을 장소적·공간적으로 이동시키는 것

핵심 047 수·배송의 개념(비교 설명)

수송	배송
• 단거리 소량화물의 이동	• 단거리 소량화물의 이동
• 거점 ⇔ 거점 간의 이동	• 기업 ⇔ 고객과의 이동
• 지역 간 화물이동	• 지역 내 화물의 이동
• 1개소의 목적지에 1회에 직송	• 다수의 목적지를 순회하면서 소량 운송

※ 배송 : 상거래가 성립된 후 상품을 고객이 지정하는 수하인에게 발송 및 배달하는 것으로 물류센터에서 각 점포나 소매점에 상품을 납입하기 위한 수송을 말한다.

핵심 048 운송(수송)관련 용어의 의미

① 교통 : 현상적인 시각에서의 재화의 이동
② 운송 : 서비스 공급 측면에서의 재화의 이동
③ 운수 : 행정상 또는 법률상의 운송
④ 운반 : 한정된 공간과 범위 내에서의 재화의 이동
⑤ 통운 : 소화물 운송

핵심049 간선수송의 뜻

제조공장과 물류거점(물류센터 등) 간의 장거리 수송으로 컨테이너 또는 파렛트(Pallet)를 이용, 유닛화(Unitization)되어 일정단위로 취합하여 수송되는 것

핵심050 선박 및 철도와 비교한 화물자동차 운송의 특징

① 원활한 기동성과 신속한 수·배송
② 신속하고 정확한 문전운송
③ 다양한 고객요구 수용, 운송단위가 소량, 에너지 다소비형의 운송기관 등

핵심051 보관

① 물품을 저장, 관리하는 것을 의미
② 시간, 가격조정에 관한 기능을 수행한다.
③ 수요와 공급의 시간적 간격을 조정함으로써 경제 활동의 안정과 촉진을 도모한다.

핵심052 유통가공

① 보관을 위한 가공 및 동일기능의 형태전환을 위한 가공 등 유통단계에서 상품에 가공이 더해지는 것을 의미한다.
② 절단, 상세분류, 천공, 굴절, 조립 등이 포함
③ 보조작업 : 유닛화, 가격표, 상표부착·선별, 검품 등이 있다.

핵심053 포장

물품의 운송, 보관 등에 있어서 물품의 가치와 상태를 보호하는 것으로 공업포장(품질유지를 위한 포장)과 상업포장(상품가치를 높임, 판매촉진의 기능)으로 구분한다.

핵심054 물류시스템의 기능

① 작업서브시스템 : 운송, 하역, 보관, 유통가공, 포장
② 정보서브시스템 : 수·발주, 재고·출하

핵심055 물류비용과 서비스 사이에 작용되는 법칙

수확 체감의 법칙이 작용한다.

핵심056 화물자동차 운송의 효율성 지표

① 가동률 : 일정기간에 걸쳐 실제로 가동한 일수
② 실차율 : 주행거리에 대해 실제로 화물을 싣고 운행한 거리의 비율
③ 적재율 : 최대적재량 대비 적재화물의 비율
④ 공차율 : 통행화물차량 중 빈차의 비율
⑤ 공차거리율 : 주행거리에 대해 화물을 싣지 않고 운행한 거리의 비율
※ 트럭운송의 효율성을 최대로 하는 것 : 적재율이 높은 실차상태로 가동률을 높이는 것

핵심057 수·배송 활동의 각 단계(계획-실시-통제)에서의 물류정보처리기능

① 계획 : 수송수단 선정, 수송경로 선정, 수송로트(Lot) 결정, 다이어그램 시스템 설계, 배송센터의 수 및 위치 선정, 배송지역 결정 등
② 실시 : 배차 수·배화물 적재지시, 배송지시, 발송정보 착하지에의 연락, 반송화물 정보관리, 화물의 추적파악 등
③ 통제 : 운임계산, 차량 적재효율 분석, 차량 가동률 분석, 반품운임·빈용기운임 분석, 오송 분석, 교착수송 분석, 사고 분석 등

핵심058 현상의 변혁에 성공하는 비결

개혁을 적시에 착수하는 것이다. 즉 회사 창립기념일이나 종사기념일, 실적이 호조를 보일 때, 위기에 직면했을 때, 새 건물이나 새 차량을 구입하였을 때, 신규노선이나 신지역에 진출하였을 때 등

핵심 059 공급망관리(SCM)

최종 고객의 욕구를 충족시키기 위하여 원료공급자로부터 최종 소비자에 이르기까지 공급망 내의 각 기업 간에 긴밀한 협력을 통한 공급망인 전체의 물자의 흐름을 원활하게 하는 공동전략을 말한다.

핵심 060 전사적 물품관리(TQC)

제품이나 서비스를 만드는 모든 작업자가 품질에 대한 책임을 나누어 갖는다는 개념이다.

핵심 061 파트너십(Partner ship)

상호협의한 일정기간 동안 편익과 부담을 함께 공유하는 물류채널 내의 두 주체 간의 관계를 의미한다.

핵심 062 제휴(Alliance)

특정목적과 편익을 달성하기 위한 물류채널 내의 독립적인 두 주체 간의 계약적인 관계를 의미한다.

핵심 063 전략적 파트너십 또는 제휴

참여 주체들이 중장기적인 상호 편익을 추구하는 물류채널 관계의 한 형태를 의미한다.

핵심 064 물류아웃소싱(Out sourcing)

기업이 사내에서 수행하던 물류업무를 전문업체에 위탁하는 것을 의미한다.

핵심 065 신속대응(QR ; Quik Response)

생산유통기간의 단축, 재고의 감소, 반품손실 감소 등 생산, 유통의 각 단계에서 효율화를 실현하고 그 성과를 생산자, 유통관계자, 소비자에게 골고루 돌아가게 하는 기법을 말한다.

※ 신속대응(QR) 활용의 혜택
 ① 소매업자 : 유지비용의 절감, 고객서비스의 제고, 높은 상품회전율, 매출과 이익증대
 ② 제조업자 : 정확한 수요예측, 주문량에 따른 생산의 유연성 확보, 높은 자산 회전율
 ③ 소비자 : 상품의 다양화, 낮은 소비자가격, 품질개선, 소비자 패턴 변화에 대응한 상품구매

핵심 066 효율적 고객대응(ECR)

제품의 생산, 도매, 소매에 이르기까지 전 과정을 하나의 프로세스로 보아 관련 기업들의 긴밀한 협력을 통해, 전체로서의 효율 극대화를 추구하는 기법이다.

※ 신속대응(QR)과의 차이점 : 섬유산업뿐만 아니라 식품 등 다른 산업부분에도 활용할 수 있다는 것

핵심 067 범지구 측위시스템(GPS)의 도입효과

① 각종 자연재해로부터 사전대비를 통해 재해를 회피할 수 있다.
② 토지조성공사에도 작업자가 건설용지를 돌면서 지반침하와 침하량을 측정하여 리얼타임으로 신속하게 대응할 수 있다.
③ 대도시의 교통혼잡 시에 차량에서 행선지 지도와 도로사정을 파악할 수 있다.
④ 공중에서 온천탐사도 할 수 있다.

핵심 068 통합판매, 물류, 생산시스템(CALS)

① 무기체제의 설계, 제작, 군수 유통체계 지원을 위해 디지털 기술의 통합과 정보공유를 통한 신속한 자료처리 환경을 구축
② 제품설계에서 폐기에 이르는 모든 활동을 디지털 정보기술의 통합을 통해 구현하는 산업화 전략이다.
③ 컴퓨터에 의한 통합생산이나 경영과 유통의 재설계 등을 총칭한다.

핵심069 통합판매, 물류, 생산시스템(CALS)의 도입효과

① CALS/EC는 새로운 생산, 유통, 물류의 패러다임으로 등장하고 있다.
　　㉠ 이는 민첩생산시스템으로써 패러다임의 변화에 따른 새로운 생산시스템
　　㉡ 첨단생산시스템
　　㉢ 신속하게 대응하는 고객만족시스템
　　㉣ 규모경제를 시간경제로 변화
　　㉤ 정보인프라로 광역대 ISDN(B-ISDN)으로서 효과를 나타냄
② CALS/EC가 기업통합과 가상기업을 실현할 수 있을 것이란 점이다.

핵심070 가상기업

급변하는 상황에 민첩하게 대응하기 위한 전략적 기업제휴를 의미한다.

핵심071 물류고객서비스의 요소

① 주문처리시간 : 주문을 받아서 출하까지 소요되는 시간
② 주문품의 상품구색시간 : 주문품을 준비하며 조장하는데 소요되는 시간
③ 납기 : 상품구색을 갖춘 시점에서 고객에게 주문품을 배송하는데 소요되는 시간
④ 재고의뢰성 : 재고품으로 주문품을 공급할 수 있는 정도
⑤ 주문량의 제약 : 주문량과 배달 방법
⑥ 혼재 : 다품종 주문품의 배달 방법
⑦ 일관성 : 각각의 서비스 표준이 허용하는 변동측

핵심072 물류고객서비스 요소(거래 전·거래 시·거래 후 요소)

① 거래 후 요소 : 설치, 보증, 변경, 수리, 부품, 제품의 추적, 고객의 클레임, 고충·반품처리, 제품의 일시적 교체, 예비품의 이용 가능성
② 거래 전 요소 : 서비스 정책, 접근가능성, 조직구조 등
③ 거래 시 요소 : 재고품절 수준, 발주정보, 주문 사이클, 환적, 대체제품 등

핵심073 택배종사자의 서비스 자세

택배종사자는 애로사항이 있더라도 극복하고, 고객만을 위하여 최선을 다하며, 진정한 택배종사자로서 대접을 받을 수 있도록 행동한다. 택배종사자는 상품을 판매하고 있다고 생각한다.

핵심074 대리인수 기피인물

노인, 어린이, 가게 등

핵심075 화물의 인계 장소

① 아파트 : 현관문 안
② 단독주택 : 집에 달린 문 안
※ 사후 확인전화 : 대리인계 시는 반드시 귀점 후 통보할 것

핵심076 미배달 화물에 대한 조치

① 미배달 사유를 기록하여 관리자에게 제출한다.
② 화물은 재입고한다.

핵심077 집하의 중요성

① 집하가 배달보다 우선되어야 한다.
② 배달 있는 곳에 집하가 있다.

핵심078 방문집하 요령

① 방문약속시간의 준수 : 사전전화
② 기업화물 집하 시 행동 : 작업을 도와주어야 하고, 출하담당자와 친구가 되도록 할 것
③ 운송장 기록의 중요성 : 오배달, 배달불가, 배상금액확대, 화물파손 등 문제점 발생

④ 포장 확인 : 화물의 종류에 따른 포장의 안정성 확인(판단), 미리 전화하여 부탁해야 함.
* 정확히 기재해야 할 사항 : 수하인 전화번호, 정확한 화물명, 화물가격

핵심079 철도·선박과 비교한 트럭수송의 장단점

장점	단점
• 문전에서 문전으로 배송서비스를 탄력적으로 행할 수 있다. • 중간하역이 불필요하고 포장의 간소화, 간략화가 가능하다. • 신고 부리는 횟수가 적다. • 다른 수송기간과 연동하지 않고, 일관된 서비스를 할 수 있다.	• 수송단위가 적고, 연료비나 인건비 등 수송단가가 높다. • 진동, 소음, 광화학 스모크 등 공해문제, 유류의 다량소비에서 오는 자원 및 에너지 절약문제 등이 많이 남아 있다.

핵심080 사업용(영업용) 트럭운송의 장단점

장점	단점
• 수송비가 저렴하다. • 융통성이 높다. • 물동량의 변동에 대응한 안정수송이 가능하다. • 수송능력이 높다. • 설비투자가 필요 없다. • 인적 투자가 필요 없다. • 변동비처리가 가능하다.	• 운임의 안정화가 곤란하다. • 관리기능이 저해된다. • 기동성이 부족하다. • 시스템의 일관성이 없다. • 인터페이스가 약하다. • 마케팅 사고가 희박하다.

핵심081 자가용 트럭운송의 장단점

장점	단점
• 높은 신뢰성이 확보된다. • 상거래에 기여한다. • 작업의 기동성이 높다. • 리스크(위험부담도)가 낮다. • 안정적 공급이 가능하다. • 시스템 일관성이 유지된다. • 인적 교육이 가능하다.	• 수송량의 변동에 대응하기가 어렵다. • 비용의 고정비화 • 설비투자가 필요하다. • 인적 투자가 필요하다. • 수송능력에 한계가 있다. • 사용하는 차종, 차량에 한계가 있다.

핵심082 트럭운송의 전망

① 고효율화
② 왕복 실차율을 높인다.
③ 트레일러 수송과 토킹시스템
④ 바꿔 태우기 수송과 이어 태우기 수송
⑤ 컨테이너 및 파렛트 수송의 강화
⑥ 집배수송용 차의 개발과 이용
⑦ 트럭터미널

핵심083 국내화주기업 물류의 문제점

① 각 업체의 독자적 물류기는 보유(합리화 장애)
② 제3자 물류(3PL) 기능의 약화(제한적·변형적 형태)
③ 시설 간·업체 간 표준화 미약
④ 제조업체와 물류업체 간 협조성이 미비한 이유
⑤ 물류전문업체의 물류 인프라 활용도 미약

02 출제예상문제

01 직업 운전자의 기본자세

01 물류는 과거와 같이 단순히 장소적 이동을 의미하는 운송(Physiccal distribution)이 아니라 생산과 마케팅 기능 중에 물류 관련 영역까지 포함하는 용어의 명칭이 있다. 해당되는 문항은?

① 로지스틱스
② 운전자
③ 최고경영자
④ 최일선 현장 직원

해설 문제의 문항 명칭은 "로지스틱스"이므로 정답은 ①이다.

02 고객을 만족시키기 위하여 "친절이 중요한 이유"로서 한 업체에서 고객이 거래를 중단하는 이유에 대한 조사 결과이다. 가장 큰 이유에 해당되는 문항은?

① 제품에 대한 불만
② 종업원의 불친절
③ 경쟁사의 회유
④ 가격이나 기타

해설 "종업원의 불친절(68%)"이 제일 많아 정답은 ②이며, 제품에 대한 불만(14%), 경쟁사의 회유(9%), 가격이나 기타(9%) 순위이다.

03 고객서비스 형태의 설명이다. 잘못된 문항은?

① 무형성 : 보이지 않는다(측정도 어렵지만 누구나 느낄 수는 있다).
② 동시성 : 생산과 소비가 동시에 발생한다(서비스는 재고가 없고, 고치거나 수리할 수도 없다).
③ 인간주체(이질성) : 사람에 의존한다(사람에 따라 품질의 차이가 발생하기 쉽다).
④ 소생성 : 즉시 사라진다(제공한 즉시 사라져 남아있지 않는다).

해설 ④의 문항은 "소멸성 : 즉시 사라진다(제공한 즉시 사라져서 남아 있지 않는다)"가 옳은 문항으로 정답은 ④이며, 외에 "무소유권 : 가질 수 없다(서비스는 누릴 수는 있으나 소유할 수는 없다)"가 있다.

04 고객만족을 위한 서비스 품질의 분류에 대한 설명이다. 해당 없는 문항은?

① 상품품질(하드웨어(Hard-ware) 품질)
② 영업품질(소프트웨어(Soft-ware) 품질)
③ 서비스 품질(휴먼웨어(Human-ware) 품질)
④ 품질보증(제조원료 양질)

해설 ④의 문항은 본 문제에서는 해당 없어 정답은 ④이다.

05 고객만족 행동예절에서 "인사"에 대한 설명이다. 잘못된 것에 해당되는 문항은?

① 인사는 서비스의 첫 동작이다.
② 인사는 서비스의 마지막 동작이다.
③ 인사는 서로 만나거나 헤어질 때 말·태도만으로 하는 것이다.
④ 인사는 서로 만나거나 헤어질 때 말·태도 등으로 존경·사랑·우정을 표현하는 행동 양식이다.

해설 ③의 문항은 "말·태도만으로 하는 것이다"는 틀리고, "말·태도 등으로 존경·사랑·우정을 표현하는 행동 양식이다"가 옳으므로 정답은 ③이다.

06 고객만족 행동예절에서 "인사의 중요성"에 대한 설명이다. 틀린 것의 문항은?

① 인사는 평범하고 대단히 쉬운 행위이지만 습관화되지 않으면 실천에 옮기기 어렵다.
② 인사는 애사심, 존경심, 우애, 자신의 교양과 인격의 표현과는 관계없는 것이다.
③ 인사는 서비스의 주요기법이며, 고객과 만나는 첫걸음이다.
④ 인사는 고객에 대한 마음가짐의 표현이며, 고객에 대한 서비스 정신의 표시이다.

해설 ②의 문항 중에 "인격의 표현과는 관계없는 것이다"는 틀리고, "인격의 표현이다"가 옳으므로 정답은 ②이다.

07 고객만족 행동예절 중 "올바른 인사방법에서 머리와 상체를 숙이는 도"에 대한 설명이다. 해당 없는 문항은?

① 가벼운 인사 : 15° 정도 숙여서 인사한다.
② 보통 인사 : 30° 정도 숙여서 인사한다.
③ 정중한 인사 : 45° 정도 숙여서 인사한다.
④ 양손을 이마에 올리고 허리를 굽혀 엎드려서 하는 인사

해설 ④의 문항 "인사"는 맞지 않으므로 정답은 ④이다.

08 올바른 인사방법에서 "인사하는 지점의 상대방과의 거리"에 대한 설명이다. 옳은 문항은?

① 약 1m 내외
② 약 2m 내외
③ 약 3m 내외
④ 약 4m 내외

해설 "약 2m 내외"가 적당하여 정답은 ②이다.

09 호감받는 표정관리에서 "표정의 중요성"에 대한 설명이다. 틀린 문항은?

① 표정은 첫인상을 크게 좌우하며, 첫인상은 대면 직후 결정되는 경우가 적다.
② 첫인상이 좋아야 그 이후의 대면이 호감 있게 이루어질 수 있다.
③ 밝은 표정은 좋은 인간관계의 기본이다.
④ 밝은 표정과 미소는 자신을 위하는 것이라 생각한다.

해설 ①의 문항 끝에 "경우가 적다"는 틀리고, "경우가 많다"가 옳은 문항으로 정답은 ①이다.

10 호감받는 표정관리에서 "고객응대 마음가짐 10가지"에 대한 설명이다. 잘못된 문항은?

① 사명감을 가지고, 고객 입장에서 생각한다.

② 원만하게 대하며, 항상 인간적으로 생각하고, 자신감을 가지며 꾸준히 반성하고 개선한다.

③ 고객이 호감을 갖도록 한다. 또는 공·사를 구분하고 공평하게 대한다.

④ 투철한 서비스 정신을 가진다. 또는 예의를 지켜 겸손하게 대한다.

해설 ②의 문항 중에 "항상 인간적으로"는 틀리고, "항상 긍정적으로"가 맞는 문항으로 정답은 ②이다.

11 흡연예절에서 "흡연을 삼가야 할 곳"에 대한 설명이다. 다른 문항은?

① 담배꽁초는 반드시 재떨이에 버린다.

② 운행 중 차내에서, 보행 중

③ 사무실 내에서 다른 사람이 담배를 안 피울 때, 혼잡한 식당 등 공공장소

④ 재떨이가 없는 응접실, 회의실

해설 ①의 문항은 "담배꽁초의 처리방법"의 하나로 달라 정답은 ①이다.

12 운전자의 사명에 대한 설명이다. 틀린 문항은?

① 남의 생명도 내 생명처럼 존중한다.

② 사람의 생명은 이 세상의 다른 무엇보다도 존귀하므로 인명을 존중한다.

③ 운전자는 '공인'이라는 자각이 필요 없다.

④ 운전자는 안전운전을 이행하고 교통사고를 예방하여야 한다.

해설 ③의 문항에서 "자각이 필요 없다"는 틀리고, "자각이 필요하다"가 맞으므로 정답은 ③이다.

13 운전자가 가져야 할 기본적 자세에 대한 설명이다. 다른 것에 해당되는 문항은?

① 교통법규의 이해와 준수 : 적당한 판단으로 교통규칙을 준수한다.

② 여유 있고 양보한 마음으로 운전 : 항상 마음의 여유를 갖고 서로 양보하는 마음의 자세로 운전한다.

③ 주의력 집중 : 방심으로 인한 전방 주시 태만, 과속, 운전부주의 등은 대형사고의 주요 원인이 되고 있다.

④ 심신상태의 안정 : 냉정하고 침착한 자세로 운전을 하여야 한다.

해설 ①의 문항 중 "적당한 판단으로"의 내용은 틀리고, "적절한 판단으로"가 옳으므로 정답은 ①이다. 이외에 "추측 운전의 삼가", "운전기술의 과신은 금물", "저공해 등 환경보호, 소음공해 최소화"가 있다.

14 운송종사자의 서비스 자세에서 "화물운송업의 특성"에 대한 설명이다. 틀린 문항은?

① 화물 적재차량이 출고되면 모든 책임은 회사의 간섭을 받지 않고 운전자의 책임으로 이어진다.

② 물류수송 중 육로수송은 직접 차량을 운행하게 되므로 직업적 특성을 가진다.

③ 운전자의 이동에 따라 사업장 자체가 이동되는 특성을 갖는다.

④ 화물과 서비스가 함께 수송되어 목적지까지 운반된다.

해설 ②의 문항 중에 "직업적 특성을 가진다"는 틀리고, "작업적 특성을 가진다"가 맞는 문항으로 정답은 ②이다.

15 운전자의 인성과 습관의 중요성 또는 운전자의 습관 형성에 대한 설명이다. 잘못된 문항은?

① 운전자의 습관은 운전행동에 영향을 미치게 된다.

② 운전자의 운전태도를 보면 그 사람의 인격을 알 수 있으므로 올바른 운전습관을 개선하기 위해 노력해야 한다.

③ 습관은 본능에 가까운 강력한 힘을 발휘하게 되어 나쁜 운전습관이 몸에 배면 지금 당장 고치기 어려우며 잘못된 습관은 교통사고로 이어진다.

④ 습관은 후천적으로 형성되는 조건반사 현상이므로 무의식중에 어떤 것을 반복적으로 행하게 될 때 자기도 모르게 습관화된 행동이 나타난다.

해설 ③의 문항 중에 "지금 당장"은 틀리고, "나중에"가 맞으므로 정답은 ③이다.

16 고객만족 행동예절에서 운전자의 기본원칙에 대한 설명이다. 잘못된 문항은?

① 편한 신발을 신되, 샌들이나 슬리퍼를 삼가

② 깨끗하게, 단정하게

③ 품위 있게, 멋이 있게

④ 통일감 있게, 계절에 맞게

해설 ③의 문항 후단에 "멋이 있게"는 틀리고, "규정에 맞게"가 맞으므로 정답은 ③이다.

17 고객만족 행동예절에서 단정한 용모ㆍ복장의 중요성에 대한 설명이다. 틀린 문항은?

① 첫인상

② 활기찬 직장 분위기 조성

③ 일의 성과, 기분 전환

④ 사원과의 신뢰 형성

해설 ④의 문항 중에 "사원과의 신뢰 형성"은 틀리고, "고객과의 신뢰 형성"이 옳으므로 정답은 ④이다.

18 운전자의 기본적 주의사항이다. 잘못된 문항은?

① 교통사고 발생 시 조치 : 교통사고 발생 시 임의 처리 후 회사에 보고

② 법규 및 사내 안전관리 규정준수 : 배차지시 없이 임의 운행금지 등

③ 운행 전 준비 : 용모 및 복장 확인 (단정하게)

④ 운행상 주의 : 보행자, 이륜자동차, 자전거 등과 교행, 병진, 추월운행 시 서행하며 안전거리를 유지하면서 저속으로 운행

해설 ①의 문항 "교통사고 발생 시 조치 : 어떠한 사고라도 임의 처리는 불가하며 사고발생 경위를 육하원칙에 의거 거짓 없이 정확하게 회사에 즉시 보고"가 맞는 문항으로 정답은 ①이며, 이외에 "신상변동 등의 보고(결근, 지각, 조퇴, 운전면허 행정처분 사항 등)"가 있다.

19 직업관에서 직업의 4가지 의미에 대한 설명이다. 해당하지 않는 문항은?

① 경제적 의미 : 일터, 일자리, 경제적 가치를 창출하는 곳
② 정신적 의미 : 직업의 사명감과 소명의식을 갖고 정성과 정열을 쏟을 수 있는 곳
③ 철학적 의미 : 일한다는 인간의 기본적인 권리를 갖는 곳
④ 사회적 의미 : 자기가 맡은 역할을 수행하는 능력을 인정받는 곳

해설 ③의 철학적 의미의 문항 내용에서 "기본적인 권리를"은 틀리고, "기본적인 리듬을"이 맞는 문항으로 정답은 ③이다.

20 운전자의 직업관에서 직업의 윤리에 대한 설명이다. 틀린 문항은?

① 직업에는 귀천이 있다(불평등).
② 직업에는 귀천이 없다(평등).
③ 천직의식(운전으로 성공한 운전기사는 긍정적인 사고방식으로 어려운 환경을 극복)
④ 감사하는 마음(본인, 부모, 가정, 직장, 국가에 대하여 본인의 역할이 있음을 감사하는 마음)

해설 ①의 문항은 직업윤리에서는 틀린 문항으로 정답은 ①이다.

21 직업관에서 직업의 3가지 태도에 대한 설명이다. 아닌 문항은?

① 성실(誠實)
② 긍지(矜持)
③ 열정(熱情)
④ 애정(愛情)

해설 ①의 성실(誠實)은 해당 없는 문항으로 정답은 ①이다.

22 고객응대예절에서 집하 시 행동요령에 대한 설명이다. 맞지 않는 문항은?

① 집하는 서비스의 출발점이라는 자세로 한다.
② 2개 이상의 화물은 반드시 분리 집하한다.
③ 취급제한물품은 그 취지를 알릴 필요 없이 집하를 한다.
④ 화물인수 후 감사의 인사를 한다.

해설 ③의 문항 중 "알릴 필요 없이 집하를 한다"는 틀리고 "알리고 정중히 집하를 거절한다"가 옳으므로 정답은 ③이다.

23 고객응대예절에서 배달 시 행동방법에 대한 설명이다. 틀린 문항은?

① 방문 시 밝고 명랑한 목소리로 인사하고 화물을 정중하게 고객이 원하는 장소에 가져다 놓으며, 배달은 서비스의 완성이라는 자세로 한다.
② 긴급배송을 요하는 화물은 우선 처리하고, 모든 화물은 반드시 기일 내 배송한다.
③ 인수증 서명은 인수자의 마음대로 정자 또는 필기체로 실명 기재 후 받는다.
④ 고객이 부재 시에는 "부재 중 방문표"를 반드시 이용한다.

해설 ③의 문항에 "인수자의 마음대로 정자 또는 필기체로 실명 기재 후"는 틀리고, "반드시 정자로 실명 기재 후"가 맞으므로 정답은 ③이며, 이외에, 배달 후 돌아갈 때에는 "이용해 주셔서 고맙다는 뜻을 밝히며 밝게 인사한다" 등이 있다.

24 고객불만 발생 시 행동방법에 대한 설명이다. 행동방법으로 잘못된 문항은?

① 고객의 감정을 상하게 하지 않도록 불만내용을 끝까지 참고 듣는다.
② 불만사항에 대하여 정중히 사과하고, 고객의 불만·불편사항이 더 이상 확대되지 않도록 한다.
③ 고객불만사항을 해결하기 어려운 경우 적당히 답변한 후 관련 부서와 협의 후에 답변을 하도록 한다.
④ 불만전화 접수 후 우선적으로 빠른 시간 내에 확인하여 고객에게 알린다.

해설 ③의 문항 중 "적당히 답변한 후"가 아니고 "적당히 답변하지 말고"가 맞으므로 정답은 ③이다.

25 고객상담 시의 대처방법이다. 틀린 문항은?

① 전화벨이 울리면 즉시 받는다(3회 이내).
② 밝고 명랑한 목소리로 받는다.
③ 집하의뢰 전화는 회사가 원하는 날, 시간 등에 맞추도록 한다.
④ 배송확인 문의전화는 영업사원에게 시간을 확인한 후 고객에게 답변한다.

해설 문제의 ③의 문항 중 "회사가"는 틀리고 "고객이" 맞으므로 정답은 ③이다.

02 ▶ 물류의 이해

01 물류의 기능에 대한 설명이다. 아닌 문항은?

① 운송(수송)기능
② 정보기능
③ 상표기능
④ 보관기능

해설 ③의 "상표기능"은 해당 없고, 정답은 ③이며, 이외에 "하역기능"과 "포장기능"이 있다.

02 물류(로지스틱스 : Logistics) 개념의 용어를 미국의 마케팅 학자인 클라크(F.E. Clark) 교수가 처음 사용한 연도에 해당한 문항은?

① 1962년   ② 1950년
③ 1956년   ④ 1922년

해설 문제의 연도는 "1922년"으로 정답은 ④이다.

03 우리나라(한국)에 물류(로지스틱스)는 제2차 경제개발 5개년 계획이 시작된 이후 소개되었는데 그 연도에 해당하는 해(年)의 문항은?

① 1950년   ② 1956년
③ 1958년   ④ 1962년

해설 "1962년 이후에 소개되었으므로" 정답은 ④이다.

04 기업경영에서 의사결정의 유효성을 높이기 위해 경영 내외의 관련 정보를 필요에 따라 즉각적으로 그리고 대량으로 수집, 전달, 처리, 저장, 이용할 수 있도록 편성한 인간과 컴퓨터와의 결합시스템의 명칭에 해당한 용어 문항은?

① 전사적자원관리(ERP)
② 경영정보시스템(MIS)
③ 공급망관리(SCM)
④ 공급계획시스템(APS)

해설 문제의 용어는 "경영정보시스템(MIS) 단계"로 정답은 ②이다.

05
기업활동을 위해 사용되는 기업 내의 모든 인적, 물적 자원을 효율적으로 관리하여 궁극적으로 기업의 경쟁력을 강화시켜주는 역할을 하는 통합정보시스템의 용어로 맞는 문항은?

① 공급망관리(SCM)
② 경영정보시스템(MIS)
③ 전사적자원관리(ERP)
④ 효율적고객대응(ECR)

해설 문제의 용어는 "전사적자원관리(ERP) 단계"이므로 정답은 ③이다.

06
고객 및 투자자에게 부가가치를 창출할 수 있도록 최초의 공급업체로부터 최종 소비자에게 이르기까지의 상품·서비스 및 정보의 흐름이 관련된 프로세스를 통합적으로 운영하는 경영전략의 용어에 해당하는 문항은?

① 경영정보시스템(MIS)
② 전사적자원관리(ERP)
③ 공급망관리(SCM)
④ 공급계획시스템(APS)

해설 문제의 용어는 "공급망관리(SCM)"이므로 정답은 ③이다.

07
공급망관리의 기능에서 "제조업의 가치사슬 구성"의 순서이다. 옳은 것에 해당되는 문항은?

① 조립·가공 → 판매유통 → 부품조달
② 판매유통 → 조립·가공 → 부품조달
③ 부품조달 → 판매유통 → 조립·가공
④ 부품조달 → 조립·가공 → 판매유통

해설 문제의 구성 순서는 "부품조달 → 조립·가공 → 판매유통" 순서가 맞으므로 정답은 ④이다.

08
인터넷 비즈니스에서 물류가 중시됨에 따른 인터넷유통에서 3대 물류원칙이다. 틀린 문항은?

① 적정수요 예측
② 배송기간의 최소화
③ 유통채널 관리
④ 반송과 환불시스템

해설 ③의 문항은 공급망관리의 사항으로 정답은 ③이다.

09
물류에 대한 개념적 관점에서의 물류의 역할에 대한 설명이다. 아닌 문항은?

① 국민경제적 관점
② 국가경제적 관점
③ 사회경제적 관점
④ 개별기업적 관점

해설 "국가경제적 관점"은 본 문제에서는 해당 없는 문항으로 정답은 ②이다.

10
판매기능 촉진에서 물류관리의 기본 7R 원칙에 대한 설명이다. 틀린 문항은?

① Right price(적절한 가격)
② Right time(적절한 시간)
③ Right safety(적절한 안전)
④ Right quality(적절한 품질)

해설 ③의 문항 "Right safety(적절한 안전)"는 해당 없어 정답은 ③이며, 이외에 "Right quantity(적절한 양), Right place(적절한 장소), Right impression(좋은 인상), Right commodity(적절한 상품)"이 있다.

11 물류관리의 기본원칙 중 "3S 1L 원칙"에 대한 설명으로 "3S"가 아닌 문항은?

① 신속하게(Speedy)
② 안전하게(Safely)
③ 공급망(Supply chain)
④ 확실하게(Surely)

> **해설** ③의 "공급망(Supply chain)"은 "3S"에 포함되지 않으므로 정답은 ③이다. "1L"는 "저렴하게(Low)"가 있다.

12 물류의 기능에 대한 설명이다. 아닌 문항은?

① 운송기능　　② 하역기능
③ 보관기능　　④ 유통기능

> **해설** ④의 "유통기능"은 없고 "유통가공기능"으로 정답은 ④이며, ①, ②, ③ 외에 "포장기능, 정보기능, 유통가공기능"이 있다.

13 물류의 기능에서 "생산과 소비와의 시간적 차이를 조정하여 시간적 효용을 창출하는 기능"의 명칭으로 옳은 것은?

① 보관기능　　② 포장기능
③ 운송기능　　④ 유통가공기능

> **해설** 문제의 기능의 명칭은 "보관기능"으로 정답은 ①이다.

14 물류의 각 기능은 서로 연계를 유지함에 따라 효율을 발휘하는데, 이것을 가능하게 하는 것에 해당하는 기능은?

① 하역기능
② 보관기능
③ 유통가공기능
④ 정보기능

> **해설** 문제의 기능 명칭은 "정보기능"으로 정답은 ④이다.

15 기업물류의 범위 중 물류 활동 범위에서 "원재료, 부품, 반제품, 중간재를 조달·생산하는 과정"의 용어인 문항은?

① 물적 유통과정
② 물적 공급과정
③ 주활동
④ 지원활동

> **해설** "물적 공급과정"이 옳으므로 정답은 ②이다.

16 기업물류의 범위에서 "생산된 재화가 최종 고객이나 소비자에게까지 전달되는 과정"의 용어인 문항은?

① 물적 유통과정
② 주활동
③ 물적 공급과정
④ 지원활동

> **해설** "물적 유통과정"이 맞으므로 정답은 ①이다.

17 기업물류의 발전방향의 주된 문제에 대한 설명이다. 다른 문항은?

① 비용절감
② 요구되는 수준의 서비스 제공
③ 기업의 성장을 위한 물류전략의 개발
④ 주문처리의 중요성

> **해설** ④의 문항은 "물류체계의 수준 결정" 사항 중의 하나로 달라 정답은 ④이다.

18 기업전략의 훌륭한 전략수립을 위한 4가지 요소를 고려할 사항이다. 틀린 문항은?

① 기업 이윤　　② 소비자
③ 공급자　　④ 경쟁사

해설 ①의 문항은 "기업 이윤"이 아니고, "기업 자체"가 맞으므로 정답은 ①이다.

※ "세부계획 수립 시 고려사항 : 기업의 비용, 재무구조, 시장점유율 수준, 자산기준과 배치, 외부 환경, 경쟁력, 고용자의 기술 등을 이해, 기업의 위험과 가능성을 고려하여 대안전략 선택"

19 사업목표와 소비자서비스 요구사항에서부터 시작되며, 경쟁업체에 대항하는 공격적인 전략의 용어에 해당하는 문항은?

① 크래프팅(Crafting) 물류전략
② 기업전략
③ 프로액티브(Proactive) 물류전략
④ 물류관리

해설 "프로액티브 물류전략"으로 정답은 ③이다.

20 특정한 프로그램이나 기법을 필요로 하지 않으며, 뛰어난 통찰력이나 영감에 바탕을 둔다는 용어에 해당하는 문항은?

① 크래프팅(Crafting) 중심의 물류전략
② 기업의 물류전략
③ 물류관리의 목표
④ 프로액티브(Proactive) 물류전략

해설 "크래프팅 중심의 물류전략"으로 정답은 ① 이다.

21 물류관리 전략의 필요성과 중요성에서 "전략적 물류"에 대한 설명이다. 틀린 문항은?

① 코스트 중심
② 효율중심의 개념
③ 기능별 독립 수행
④ 전체 최적화 지향

해설 ④의 문항 중 "전체 최적화 지향"은 틀리고, "부분 최적화 지향"이 맞으므로 정답은 ④이며, 이외에 "제품효과 중심"이 있다.

22 물류관리 전략의 필요성과 중요성에서 "로지스틱스"에 대한 설명이다. 틀린 것의 문항은?

① 가치창출 중심, 전체 최적화 지향
② 시장진출 중심(고객 중심)
③ 기능의 합리화 수행
④ 효과(성과) 중심의 개념

해설 ③의 문항 "기능의 합리화 수행"이 아니라, "기능의 통합화 수행"이 옳은 문항으로 정답은 ③이다.

23 로지스틱스 전략관리의 기본요건에서 "전문가의 자질"에 대한 설명이다. 틀린 문항은?

① 창조력 · 판단력
② 행정력 · 계획력
③ 기술력 · 행동력
④ 관리력 · 이해력

해설 ②의 문항 중 "행정력 · 계획력"은 틀리고, "분석력 · 기획력"이 옳으므로 정답은 ②이다.

24 로지스틱스 전략관리의 기본요건에서 "전문가의 자질"에 대한 설명이다. 틀린 문항은?

① 기획력 : 경험과 관리기술을 바탕으로 물류전략을 입안하는 능력
② 판단력 : 물류관련 물류동향을 파악하여 선택하는 능력
③ 기술력 : 정보기술을 물류시스템 구축에 활용하는 능력
④ 창조력 : 지식이나 노하우를 바탕으로 시스템모델을 표현하는 능력

해설 ②의 문항 중에 "물류동향을"이 아니고, "기술동향을"이 맞는 문항으로 정답은 ②이다. 또한 이외에 행동력 : 이상적인 물류 인프라 구축을 위하여 실행하는 능력, 이해력 : 시스템 사용자의 요구(Needs)를 명확히 파악하는 능력, 관리력 : 신규 및 개발프로젝트를 원만히 수행하는 능력"이 있다.

25 물류전략의 8가지 핵심영역 중 "전략수립" 사항에 대한 설명이다. 해당되는 문항은?

① 공급망 설계
② 고객서비스 수준 결정
③ 창고설계・운영
④ 정보・기술관리

해설 ②의 "고객서비스 수준 결정"이 옳으므로 정답은 ②이다.

26 물류전략의 8가지 핵심영역 중 "기능정립"에 대한 설명이다. 다른 문항은?

① 창고설계・운영
② 수송관리
③ 정보・기술관리
④ 자재관리

해설 ③의 "정보・기술관리"는 "실행"의 8가지 사항의 하나로 달라 정답은 ③이다.

27 화주기업이 고객서비스 향상, 물류비절감 등 물류 활동을 효율화할 수 있도록 공급망(Supply chain)상의 기능 전체 혹은 일부를 대행하는 업종의 용어에 해당하는 문항은?

① 제1자 물류업
② 제2자 물류업
③ 자사 물류업
④ 제3자 물류업

해설 문제의 물류업은 "제3자 물류업"으로 정답은 ④이다.

28 물류의 이해에 대한 설명이다. 틀린 문항은?

① 자사물류 : 기업이 사내에 물류조직을 두고 물류업무를 직접 수행하는 경우
② 제1자 물류 : 화주기업이 직접 물류활동을 처리하는 자사물류
③ 제2자 물류 : 외부의 전문물류업체에게 물류업무를 아웃소싱하는 경우
④ 제3자 물류 : 화주기업이 자기의 모든 물류 활동을 외부에 위탁하는 경우(단순 물류아웃소싱 포함)

해설 ③의 문항 설명은 "제3자 물류"의 설명으로 틀린 문항으로 정답은 ③이다. "제2자 물류 : 물류자회사에 의해 처리하는 경우"를 말한다.

29 물류아웃소싱과 제3자 물류의 비교에서 "제3자 물류"에 대한 설명이다. 다른 문항은?

① 화주와의 관계 : 계약기반, 전략적 제휴(거래기반, 수발주 관계)
② 관계내용 : 장기(1년 이상), 협력(일시 또는 수시)
③ 도입결정권한 : 최고 경영층(중간관리자)
④ 도입방법 : 수의계약(경쟁계약)

※ ( ) 안의 내용은 물류아웃소싱 내용

해설 ④의 문항은 "물류아웃소싱의 도입방법 : 경쟁계약(수의계약)"이 옳으므로 정답은 ④이며, 이외에 "서비스 범위 : 통합물류서비스(기능별 개별서비스)" "정보공유 여부 : 반드시 필요(불필요)"가 있다.

30 물류아웃소싱과 제3자 물류 비교에서 "물류아웃소싱"에 대한 설명이다. 다른 문항은?

① 호주와의 관계 : 거래기반, 수발주 관계
② 관계내용 : 일시 또는 수시
③ 서비스 범위 : 기능별 개별서비스
④ 정보공유 여부 : 반드시 필요

해설 ④의 문항은 "제3자 물류"의 정보공유 여부의 문항이며, "불필요"가 맞아 정답은 ④이며, 물류아웃소싱의 "정보공유 여부 : 불필요"가 맞는 문항이다. 이외에 "도입결정권한 : 중간관리자"와 "도입방법 : 수의계약"이 있다.

31 제3자 물류의 도입이유의 설명이다. 틀린 것의 문항은?

① 세계적인 조류로서 제3자 물류의 비중 축소
② 자가 물류 활동에 의한 물류 효율화의 한계
③ 물류 자회사에 의한 물류 효율화의 한계
④ 제3자 물류 → 물류산업 고도화를 위한 돌파구

해설 ①의 문항 중에 "비중 축소"는 틀리고, "비중 확대"가 맞는 문항으로 정답은 ①이다.

32 물류업체 측면의 기대효과에 대한 설명이다. 잘못된 문항은?

① 제3자 물류의 활성화는 물류산업의 수요기반 확대로 이어진다.
② 물류업체는 규모의 경제효과에 의해 효율성, 생산성 향상을 달성한다.
③ 물류업체는 서비스 혁신을 위한 신규투자를 더욱 활발하게 추진할 수 있다.

④ 물류업체는 고품질의 물류서비스를 개발·제공함에 따라 과거보다 높은 수익률을 확보할 수 있다.

해설 ④의 문항 중에 "과거보다 높은"은 틀리고, "현재보다 높은"이 맞으므로 정답은 ④이다.

33 화주기업이 제3자 물류를 사용하지 않는 주된 이유이다. 틀린 문항은?

① 화주기업은 물류 활동을 직접 통제하기를 원하기 때문이다.
② 자사물류이용과 제3자 물류서비스 이용에 따른 비용을 일대일로 직접 비교하기가 곤란하다.
③ 자사물류서비스에 대해 더 만족하기 때문이다.
④ 운영시스템의 규모와 복잡성으로 인해 자체 운영이 효율적이라 판단한다.

해설 ③의 문항 중에 "자사물류서비스에 대해"는 틀리고, "자사물류인력에 대해"가 맞으므로 정답은 ③이다.

34 공급망관리에 있어서의 제4자 물류의 4단계에 대한 설명이다. 옳은 사항에 해당한 문항은?

① 1단계-재창조, 2단계-전환, 3단계-이행, 4단계-실행
② 1단계-전환, 2단계-이행, 3단계-실행, 4단계-재창조
③ 1단계-이행, 2단계-실행, 3단계-재창조, 4단계-전환
④ 1단계-실행, 2단계-재창조, 3단계-전환, 4단계-이행

해설 제4자 물류의 4단계 순서는 ①문항의 순서가 맞으므로 정답은 ①이다.

35 참여자의 공급망을 통합하기 위해서 비즈니스 전략을 공급망 전략과 제휴하면서 전통적인 공급망 컨설팅 기술을 강화하는 것의 4단계 중 해당하는 단계 문항은?

① 1단계－재창조　② 2단계－전환
③ 3단계－이행　　④ 4단계－실행

해설 "1단계－재창조"이므로 정답은 ①이다.

36 판매, 운영계획, 유통관리, 구매전략, 고객서비스, 공급망 기술을 포함한 특정한 공급망에 초점을 맞추며, 전략적 사고, 조직변화관리, 고객의 공급망 활동과 프로세스를 통합하기 위한 기술을 강화하는 것의 4단계 중 해당하는 단계 문항은?

① 1단계－재창조　② 2단계－전환
③ 3단계－이행　　④ 4단계－실행

해설 "2단계－전환"에 해당되어 정답은 ②이다.

37 제4자 물류(4PL)는 비즈니스 프로세스 제휴, 조직과 서비스의 경계를 넘은 기술의 통합과 배송운영까지를 포함하여 실행하며, 인적 자원관리가 성공의 중요한 요소로 인식되는 것의 4단계 중 해당하는 단계의 문항은?

① 1단계－재창조　② 2단계－전환
③ 3단계－이행　　④ 4단계－실행

해설 "3단계－이행"에 해당되어 정답은 ③이다.

38 제4자 물류(4PL) 제공자는 다양한 공급망 기능과 프로세스를 위한 운영상의 책임을 지고, 그 범위는 전통적인 운송관리와 물류아웃소싱보다 범위가 크며, 조직은 공급망 활동에 대한 전체적인 범위를 제4자 물류(4PL) 공급자에게 아웃소싱할 수 있는 것의 4단계 중 해당하는 단계의 문항은?

① 1단계－재창조　② 2단계－전환
③ 3단계－이행　　④ 4단계－실행

해설 "4단계－실행"에 해당되어 정답은 ④이다.

39 물류시스템의 구성의 설명이다. 틀린 문항은?

① 운송 : 물품을 장소적·공간적으로 이동시키는 것을 말한다.
② 운송시스템 : 터미널이나 야드 등을 포함한 운송결절점인 노드(Node), 운송경로인 링크(Link), 운송기관(수단)인 모드(Mode)를 포함한 소프트웨어적인 요소이다.
③ 운송의 컨트롤과 오퍼레이션 등을 포함하는 소프트웨어적인 측면이다.
④ ②, ③의 각종 요소가 조직적으로 결합되고 통합됨으로써 전체적인 효율성이 발휘된다.

해설 ②의 문항 말미에 "소프트웨어적인 요소이다"는 틀리고, "하드웨어적인 요소이다"가 맞는 문장으로 정답은 ②이다.

40 물류시스템의 구성에서 수·배송의 개념 중 "수송"에 대한 설명이다. 틀린 문항은?

① 장거리 대량화물의 이동
② 거점 ↔ 거점 간 이동
③ 지역 간 화물의 이동
④ 1개소의 목적지에 2회에 직송

해설 ④의 문항 중 "2회에 직송"은 틀리고, "1회에 직송"이 옳으므로 정답은 ④이다.

41 물류시스템 구성에서 수·배송의 개념 중 "배송"에 대한 설명이다. 틀린 문항은?

① 단거리 소형화물의 이동
② 기업 ↔ 고객 간 이동
③ 지역 내 화물의 이동
④ 다수의 목적지를 순회하면서 소량 운송

해설 ①의 문항 중 "소형화물의 이동"은 틀리고, "소량화물의 이동"이 맞으므로 정답은 ①이다.

42 상거래가 성립된 후 상품을 고객이 지정하는 수하인에게 발송 및 배달하는 것으로 물류센터에서 각 점포나 소매점에 상품을 납입하기 위한 수송 용어의 문항은?

① 운송
② 배송
③ 운반
④ 운수

해설 "배송"에 해당하므로 정답은 ②이다.

43 제조공장과 물류거점(물류센터 등) 간의 장거리 수송으로 컨테이너 또는 파렛트(Pallet)를 이용, 유닛화(Unitization)되어 일정단위로 취합하여 수송하는 것의 용어 문항은?

① 간선수송
② 배송
③ 교통
④ 통운

해설 "간선수송"에 해당하므로 정답은 ①이다.

44 수요와 공급의 시간적 간격을 조정함으로써 시간·가격조정에 관한 기능을 수행하여, 경제활동의 안정과 촉진을 도모하는 용어의 문항은?

① 유통가공
② 정보
③ 하역
④ 보관

해설 "보관"에 해당되어 정답은 ④이다.

45 보관을 위한 가공 및 동일 기능의 형태 전환을 위한 가공 등 유통단계에서 상품에 가공이 더해지는 것을 의미하는 용어의 문항은?

① 유통가공
② 유통단계
③ 포장
④ 보관

해설 "유통가공"에 해당되어 정답은 ①이다.

46 물품의 운송, 보관 등에 있어서 물품의 가치와 상태를 보호하는 기능의 용어의 문항은?

① 유통가공
② 보관
③ 정보
④ 포장

해설 "포장"에 해당되므로 정답은 ④이다.

47 컴퓨터와 정보통신기술에 의해 물류시스템의 고도화가 이루어져 수주, 재고관리, 주문품 출하, 상품조달(생산), 운송, 피킹 등을 포함한 5가지 요소기능과 관련한 업무 흐름의 일괄처리가 실현되고 있는 기능의 용어의 문항은?

① 재고관리
② 정보
③ 운송
④ 수·발주업무

해설 "정보"에 해당되어 정답은 ②이다.

48 운송합리화 방안에서 "화물자동차 운송의 효율성 지표"에 대한 설명이다. 틀린 문항은?

① 가동률 : 화물자동차가 일정기간 (예를 들어, 1개월)에 걸쳐 실제로 가동한 일수
② 실차율 : 주행거리에 대해 실제로 화물을 싣고 운행한 거리의 비율
③ 공차거리율 : 주행거리에 대해 화물을 싣지 않고 운행한 거리의 비율
④ 적재율 : 차량적재톤수 대비 적재된 화물의 비율

해설 ④의 문항 설명 중 "차량적재톤수 대비"는 틀리고, "최대적재량 대비"가 맞으므로 정답은 ④이다.
※ 적재율이 높은 실차상태로 가동률을 높이는 것이 트럭운송의 효율성을 최대로 하는 것이다.

49 화물운송정보시스템의 이해의 구분에 대한 설명이다. 아닌 문항은?

① 수・배송관리시스템
② 화물정보시스템
③ 터미널화물정보시스템
④ 전산시스템

해설 ④의 "전산시스템"은 본 문제의 구분으로 해당이 없어 정답은 ④이다.

50 주문상황에 대해 적기 수・배송체제의 확립과 최적의 수・배송계획을 수립함으로써 수송비용을 절감하려는 체제의 용어의 문항은?

① 화물정보시스템
② 수・배송관리시스템
③ 터미널화물정보시스템
④ 전산시스템

해설 "수・배송관리시스템"이므로 정답은 ②이다.

51 화물이 터미널을 경유하여 수송될 때 수반되는 자료 및 정보를 신속하게 수집하여 이를 효율적으로 관리하는 동시에 화주에게 적기에 정보를 제공해 주는 시스템의 용어에 해당한 문항은?

① 수・배송관리시스템
② 전산시스템
③ 터미널화물정보시스템
④ 화물정보시스템

해설 "화물정보시스템"이므로 정답은 ④이다.

52 수출계약이 체결된 후 수출품이 트럭 터미널을 경유하여 항만까지 수송되는 경우, 국내 거래 시 한 터미널에서 다른 터미널까지 수송되어 수하인에게 이송될 때까지의 전 과정에서 발생하는 각종 정보를 전산시스템으로 수집, 관리, 공급, 처리하는 종합정보관리체제의 용어의 문항은?

① 터미널화물정보시스템
② 화물정보시스템
③ 수・배송관리시스템
④ 전산시스템

해설 "터미널화물정보시스템"에 해당되어 정답은 ①이다.

53 수・배송활동의 각 단계에서의 물류정보처리 기능이다. 아닌 문항은?

① 계획
② 실시
③ 정보
④ 통제

해설 "정보"는 해당 없어 정답은 ③이다.

54 물류정보처리 기능에서 "수송수단 선정, 수송경로 선정, 수송로트(Lot) 결정, 다이어그램 시스템 설계, 배송센터의 수 및 위치 선정, 배송지역 결정 등"의 기능 용어에 해당하는 것은?

① 실시 　　　② 계획
③ 통제 　　　④ 정보

해설 물류정보처리 기능 중 "계획"에 해당되어 정답은 ②이다.

55 물류정보처리 기능에서 "배차 수배, 화물적재 지시, 배송지시, 발송정보 착하지에의 연락, 반송화물 정보처리, 화물의 추적 파악 등"의 기능 용어에 해당한 문항은?

① 계획 　　　② 통제
③ 실시 　　　④ 정보

해설 물류정보처리 기능 중 "실시"에 해당되어 정답은 ③이다.

56 물류정보처리 기능에서 "운임계산, 차량적재효율 분석, 차량가동률 분석, 반품운임 분석, 빈 용기 운임 분석, 오송분석, 교착수송 분석, 사고분석 등"의 기능 용어에 해당한 문항은?

① 계획 　　　② 실시
③ 정보 　　　④ 통제

해설 물류정보처리 기능 중 "통제"에 해당되어 정답은 ④이다.

03　화물운송서비스의 이해

01 "총물류비 절감"에 대한 설명이다. 옳지 못한 문항은?

① 고빈도·소량의 수송체계는 필연적으로 물류코스트의 상승을 가져온다.
② 물류가 기업 간 경쟁의 중요한 수단으로 되면, 자연히 물류의 서비스체제에 비중을 두게 된다.
③ 물류코스트가 과대하게 되면 코스트 면에서 경쟁력을 상승시키는 요인으로 되며, 물류가 시스템이고, 수송과 보관은 물류시스템의 한 요소이다.
④ 물류의 세일즈는 컨설팅 세일즈이다.

해설 ③의 문항 중에 "상승시키는 요인으로"는 틀리고, "저하시키는 요인으로"가 맞으므로 정답은 ③이다.

02 혁신과 트럭운송에서 "기업존속 결정의 조건"에 대한 설명이다. 틀리게 설명된 조건의 문항은?

① 사업의 존속을 결정하는 조건은 "매상을 올릴 수 있는가" "코스트를 내릴 수 있는가"라는 2가지이다.
② ①의 사항 2가지 중에 어느 한 가지라도 실현시킬 수 있다면 사업의 존속이 가능하지만, 어느 쪽도 달성할 수 없다면 살아남기 힘들 것이다.
③ 잊어서는 안 되는 것은 코스트를 상향 조정하는 것도 이익의 원천이 된다고 하는 것이다.
④ 기업은 매상만이 이익의 원천이 아니라는 것을 알고 있어도, 대부분의 사람들은 매상액을 제일 중시하는 습성을 갖고 있다.

해설 ③의 문항 중에 "코스트를 상향 조정하는 것도"는 틀리고, "코스트를 줄이는 것도"가 맞는 문항으로 정답은 ③이다.

---

03 기술혁신과 트럭운송사업에서 "성숙기의 포화된 경제환경하에서 거시적 시각의 새로운 이익원천"에 대한 설명이다. 해당 없는 문항은?

① 인구의 증가
② 경영혁신
③ 영토의 확대
④ 기술의 혁신

[해설] "경영혁신"은 해당 없는 문항으로 정답은 ②이다.

04 기술혁신과 트럭운송사업에서 "트럭운송업계가 당면하고 있는 영역을 들어보는 사항"에 대한 설명이다. 틀린 영역의 설명에 해당한 문항은?

① 고객인 화주기업의 시장개척의 일부를 담당할 수 있는가
② 소비자가 참가하는 물류의 신 경쟁시대에 무엇을 무기로 하여 싸울 것인가
③ 고도 물류화시대, 그리고 살아남기 위한 진정한 협업화에 참가할 수 있는가
④ 트럭이 새로운 운송기술을 개발할 수 있는가

[해설] ③의 문항 "고도 물류화시대"는 틀리고, "고도 정보화시대"가 옳으므로 정답은 ③이며, 이외에 "의사결정에 필요한 정보를 적시에 수집할 수 있는가"가 있다.

05 트럭업계가 원가절감이라고 하는 용어에 대해 반응을 보이고 있는 사항들이다. 해당 없는 문항은?

① 연료의 리터당 주행거리나 연료구입단가
② 차량 수리비
③ 타이어가 견딜 수 있는 킬로 수
④ 원가의 무한한 절감추구

[해설] ④의 문항은 해당 없는 것으로 정답은 ④이다.

06 조직이든 개인이든 변혁을 일으키지 않으면 안 되는 이유가 있다. 잘못 설명된 요인의 문항은?

① 외부적 요인 : 물류관련조직이나 개인은 어지러운 시장동향에 대해 화주를 거쳐 직접적으로 영향을 받게 되는 경우가 많기 때문에 감도가 둔해지는 경우가 있다.
② 외부적 요인 : 물류관련조직이나 개인을 둘러싼 환경의 변화, 특히 고객의 욕구행동의 변화에 대응하지 못하는 조직이나 개인은 언젠가는 붕괴하게 된다.
③ 내부적 요인 : 조직이나 개인의 변화를 말한다(가치관이나 의식).
④ 내부적 요인 : 조직이든 개인이든 환경에 대한 오픈시스템으로 부단히 변화하는 것이다(행동패턴 등이 변화).

[해설] ①의 문항 중에 "직접적으로 영향을"은 틀리고, "간접적으로 영향을"이 맞으므로 정답은 ①이다.

07 현상의 변혁에 성공하는 비결에 대한 설명이다. 틀리게 설명된 문항은?

① 현상의 변혁에 성공하는 비결은 개혁을 적시에 착수하는 것이다(회사 창립기념일 등).

② 현상의 부정, 타파, 창조변혁을 이룬다고 하는 변혁의 행동이 더욱 좋게 한다.

③ 천하의 대기업이라 할지라도 더욱 좋게 하기 위한 방법을 끊임없이 연구하지 않으면 안 된다.

④ 문제는 업종에 있는 것이 아니라 운송기술의 개발이나 새로운 서비스방식의 개발에 의해 이익을 올릴 여지는 충분히 있다는 것이다.

해설 ②의 문항 중에 "변혁의 행동이"는 틀리고, "변혁의 철학이"가 맞으므로 정답은 ②이다.

08 트럭운송을 통한 새로운 가치 창출에 대한 설명이다. 틀리게 설명된 문항은?

① 트럭운송은 사회의 공유물이다. 트럭운송은 사회와 깊은 관계를 가지고 있으며, 물자의 운송 없이 사회는 존재할 수 없다(트럭은 사회의 공기(公器)라 할 수 있다).

② 화물운송종사업무는 새로운 업무를 창출하고 사회에 무엇인가 공헌을 하고 있다는 데에 존재의의가 있다(생활의 원천인 임금만으로 일을 하고 있다).

③ 트럭이 해야만 하는 제1의 원칙은 사회에 대하여 운송활동을 통해 새로운 가치를 창출해 낸다고 하는 것이다(생선가격).

④ 이익은 자본배분 중의 하나의 요소이며, 조직이든 종사자든 목적으로 하는 것은 이 가치(부가가치)의 창출이다(임금, 자본, 경비배분).

해설 ②의 문항 중에 "새로운 업무를"은 틀리고, "새로운 가치를"이 맞는 문항으로 정답은 ②이다.

09 공급망관리(SCM)의 개념에 대한 설명이다. 잘못된 문항은?

① 공급망은 상류(商流)와 하류(荷流)를 연결시키는, 즉 최종소비자의 손에 상품과 서비스 형태의 가치를 가져다주는 여러 가지 다른 과정과 활동을 포함하는 조직의 네트워크를 말한다.

② 공급망 내의 각 기업은 상호협력하여 공급망 프로세스를 재구축하고, 업무협약을 맺으며, 공동전략을 구사하게 된다.

③ 공급망관리는 기업간 협력을 기본 배경으로 하는 것이다.

④ 공급망관리는 "수직계열화"와는 같다. 수직계열화는 보통 상류의 공급자와 하류의 고객을 소유하는 것을 의미한다.

해설 ④의 문항 중에 "수직계열화와는 같다"는 틀리고, "수직계열화와는 다르다"가 맞으므로 정답은 ④이다.

10 전사적 품질관리(TQC ; Total Quality Control)에 대한 설명이다. 틀린 설명에 해당한 문항은?

① 제품이나 서비스를 만드는 모든 작업자가 품질에 대한 책임을 나누어 갖는다는 개념이다(모두가 물류서비스 품질의 실천자).

② 물류서비스의 문제점을 파악하여 그 데이터를 정량화 하는 것이 중요하다(데이터 정량화).

③ 물류서비스의 품질관리를 보다 효율적으로 하기 위해서는 물류현상을 다량화하는 것이 중요하다(물류현상의 정량화가 중요).

④ 전사적 품질관리(TQC)는 통계적인 기법이 주요 근간을 이루나 조직 부문 또는 개인 간 협력, 소비자 만족, 원가절감, 납기, 보다 나은 개선이라는 "정신"의 문제가 핵이 되고 있다(보다 나은 개선이란 정신이 핵).

해설 ③의 문항 중에 "물류현상을 다량화 하는"은 틀리고, "물류현상을 정량화 하는"이 맞는 문항으로 정답은 ③이다.

11 기업이 물류아웃소싱을 도입하는 이유에 대한 설명이다. 틀리게 설명되어 있는 문항인 것은?

① 전문물류서비스의 활동을 통해 고객서비스를 향상시킬 수 없다.

② 물류관련 자산비용의 부담을 줄임으로써 비용절감을 기대할 수 있다.

③ 자사의 핵심사업 분야에 더욱 집중할 수 있다.

④ 전체적인 경쟁력을 제고할 수 있다는 기대에서 출발한다.

해설 ①의 문항 중에 "고객서비스를 향상시킬 수 없다"는 틀리고, "고객서비스를 향상시킬 수 있다"가 맞으므로 정답은 ①이다.

※ 물류아웃소싱 : 기업이 사내에서 수행하던 물류업무를 전문업체에 위탁하는 것을 의미한다.

12 신속대응(QR ; Quick Response)에 대한 설명으로 잘못 설명된 문항은?

① 생산·유통기간의 단축, 재고의 감소, 반품손실 감소 등 생산·유통의 각 단계에서 효율화를 실현하고 그 성과를 생산자, 유통관계자, 소비자에게 골고루 돌아가게 하는 기법을 말한다.

② 생산·유통관련업자가 전략적으로 제휴하여 소비자의 선호 등을 즉시 파악하여 시장변화에 신속하게 대응함으로써 시장에 적합한 상품을 적시에, 적소로, 적당한 가격으로 제공하는 것을 원칙으로 하고 있다.

③ 제조업자는 정확한 수요예측, 주문량에 따른 생산의 유연성 확보, 높은 자산회전율 등의 혜택을 볼 수 있다.

④ 소매업자는 유지비용의 절감, 고객서비스 제고, 높은 상품회전율, 매출과 이익증대 등의 혜택을 볼 수 없고, 소비자는 상품의 다양화, 낮은 소비자 가격, 품질개선, 소비패턴 변화에 대응한 상품구매 등의 혜택을 볼 수 있다.

해설 ④의 문항 중간에 "혜택을 볼 수 없고"는 틀리고, "혜택을 볼 수 있고"가 맞으므로 정답은 ④이다.

13 효율적 고객대응(ECR) 전략에 대한 설명이다. 잘못된 문항은?

① 제품의 생산단계에서부터 도매·소매에 이르기까지 전 과정을 하나의 프로세스로 보아 관련 기업들의 긴밀한 협력을 통해 전체로서의 효율 극대화를 추구하는 효율적 고객대응기법이다.

② 제조업체와 유통업체가 상호 밀접하게 협력하여 기존의 상호기업 간에 존재하던 비효율적이고 비생산적인 요소들을 제거하여 보다 효용이 큰 서비스를 소비자에게 제공하자는 것이다.

③ 효율적 고객대응(ECR)이 단순한 공급망 통합전략과 다른 점은 산업체와 산업체 간에도 통합을 통하여 표준화와 최적화를 도모할 수 있다.

④ 제조업자 만족에 초점을 둔 공급망 관리의 효율성을 극대화하기 위한 모델이다.

〔해설〕 ④의 문항에 "제조업자 만족에"는 틀리고, "소비자 만족에"가 맞으므로 정답은 ④이다.

14 주파수 공동통신(TRS ; Trunked Radio System)의 개념에 대한 설명이다. 옳지 못한 문항은?

① 이동자동차나 선박 등 운송수단에 탑재하여 이동 간의 정보를 리얼타임(Real-time)으로 송·수신할 수 있는 통신서비스이다.

② 중계국에 할당된 여러 개의 채널을 공동으로 사용하는 무전기시스템이다.

③ 현재 꿈의 로지스틱스의 실현이라고 부를 정도로 혁신적인 화물추적망시스템으로서 주로 물류관리에 많이 사용한다.

④ 음성통화, 공중망접속통화, TRS 데이터통신, 첨단차량군 관리 등 서비스를 할 수 없다.

〔해설〕 ④의 문항 중 "서비스를 할 수 없다"는 틀리고, "서비스를 할 수 있다"가 맞아 정답은 ④이다.

15 주파수 공용통신(TRS)에서 여러 가지 서비스를 행할 수 있는데 그 대표적인 서비스로 틀린 문항은?

① 음성통화(Voise dispatch)
② 공중망접속통화(PSTN I/L)
③ TAS 데이터통신
④ TRS 데이터통신

〔해설〕 ③의 문항 중 "TAS"가 아니고, "TRS"가 맞는 문항으로 정답은 ③이며, 이외에 "첨단차량군 관리"가 있다.

16 범지구측위시스템(GPS ; Global Positioning System)에 대한 설명이다. 잘못된 문항은?

① 인공위성을 이용한 범지구측위시스템은 지구의 어느 곳이든 실시간으로 자기 위치와 타인의 위치를 확인할 수 있다.

② GPS란 관성항법(慣性航法)과 더불어 어두운 밤에도 목적지에 유도하는 측위(側衛)통신망으로서 주로 차량위치추적을 통한 차량관리에 이용되는 통신망이다.

③ GPS는 미국방성이 관리하는 새로운 시스템으로 고도 2만km 또는 24개의 위성으로부터 전파를 수신하여 그 소요시간으로 이동체의 거리를 산출한다.

④ 미국의 페덱스(Federal Express)사는 항공화물서비스로 국내 30분, 해외 72시간 내에 도달하는 것을 서비스 포인트로 삼고 있다.

해설 ②의 문항 중에 "차량관리에 이용되는"은 틀리고, "물류관리에 이용되는"이 맞으므로 정답은 ②이다.

17 이동체의 운항에 범지구측위시스템(GPS)을 사용할 경우 측정오차 또는 고정점 측정에 대한 설명이다. 줄일 수 있는 오차의 설명이 맞는 문항은?

① 측정오차는 10~100m 정도. 고정점 측정에서는 2~3m까지 줄일 수 있다.
② 측정오차는 10~110m 정도. 고정점 측정에서는 2~4m까지 줄일 수 있다.
③ 측정오차는 10~120m 정도. 고정점 측정에서는 2~5m까지 줄일 수 있다.
④ 측정오차는 10~130m 정도. 고정점 측정에서는 2~6m까지 줄일 수 있다.

해설 측정오차 또는 고정점 측정에서 줄일 수 있는 문항은 ①에 해당되므로 정답은 ①이다.

18 GPS(범지구측위시스템)의 도입효과에 대한 설명이다. 도입효과로 잘못된 문항은?

① 각종 자연재해로부터 사후대비를 위해 재해를 회피할 수 있다.
② 토지조성공사에도 작업자가 건설용지를 돌면서 지반침하와 침하량을 측정하여 리얼타임으로 신속하게 대응할 수 있다.
③ 대도시의 교통혼잡 시에 차량에서 행선지 지도와 도로 사정을 파악할 수 있다.
④ 공중에서 온천탐사도 할 수 있다.

해설 ①의 문항 중에 "사후대비를 위해"는 틀리고, "사전대비를 통해"가 맞으므로 정답은 ①이다.

19 제품의 생산에서 유통 그리고 로지스틱스의 마지막 단계인 폐기까지 전 과정에 대한 정보를 한곳에 모은다는 의미의 용어에 해당되는 문항은?

① 신속대응(QR)
② 통합판매·물류·생산시스템(CALS)
③ 효율적 고객대응(ECR)
④ 제3자 물류(3PL)

해설 "통합판매·물류·생산시스템(CALS)"에 해당되어 정답은 ②이다.

20 CALS의 도입에서 "급변하는 상황에 민첩하게 대응하기 위한 전략적 기업제휴"를 의미하는 용어로 맞는 문항은?

① 가상기업　　② 벤처기업
③ 상장기업　　④ 한계기업

해설 "가상기업"에 해당되므로 정답은 ①이다.

---

04 화물운송서비스와 문제점

01 물류고객서비스의 정의에 대한 설명이다. 틀린 정의에 해당되는 문항은?

① 주문처리, 송장작성 내지는 고객의 고충처리와 같은 것을 관리해야 하는 활동이다.
② 수취한 주문을 48시간 이내에 배송할 수 있는 능력과 같은 성과척도이다.
③ 물류고객서비스는 "장기적으로 고객수요를 만족시킬 것을 목적으로 주문이 제시된 시점과 재화를 수취한 시점과의 사이에 계속적인 서비스를 제공하려고 조직된 시스템"이라고 말할 수 있다.
④ 하나의 활동 내지는 일련의 성과척도라기보다는 전체적인 기업철학의 한 요소이다.

해설 ③의 문항 중에 "계속적인 서비스를"은 틀리고 "계속적인 연계성을"이 맞아 정답은 ③이다.

02 물류고객서비스의 요소에 대한 설명이다. 잘못된 요소에 해당되는 문항은?

① 주문처리 시간 : 고객주문의 수취에서 상품 구색의 준비를 마칠 때까지의 경과시간(주문을 받아서 출하까지 소요되는 시간)

② 주문품의 상품구색시간 : 출하에 대비해서 주문품 준비에 걸리는 시간(모든 주문품을 준비하여 포장하는 데 소요되는 시간)

③ 재고 신뢰성 : 품절, 백오더, 주문충족률, 납품률 등(재고품으로 주문품을 공급할 수 있는 정도)

④ 납기 : 고객에게로의 배송시간(상품구색을 갖춘 시점에서 고객에게 주문품을 납품하는 데 소요되는 시간)

해설 ④의 문항 중에 "납품하는 데 소요되는 시간"은 틀리고, "배송하는 데 소요되는 시간"이 맞으므로 정답은 ④이다. 이외에 "주문량의 제약 : 허용된 최소주문량과 최소주문금액(주문량과 주문금액의 하한선), 혼재 : 수 개소로부터 납품되는 상품을 단일의 발송화물인 혼재화물로 종합하는 능력(다품종 주문품의 배달방법), 일관성 : 전술한 요소들의 각각의 변화 폭(각각의 서비스 표준이 허용하는 변동 폭)"이 있다.

03 물류고객서비스의 요소에서 "거래 전·거래 시·거래 후 요소"에 대한 설명이다. 해당 없는 문항은?

① 거래 전 요소 : 문서화된 고객서비스 정책 및 고객에 대한 제공, 접근 가능성, 조직구조, 시스템의 유연성, 매니지먼트서비스

② 거래 시 요소 : 재고품절 수준, 발주정보, 주문사이클, 배송촉진, 환적(還積 : transship), 시스템의 정확성, 발주의 편리성, 대체제품, 주문상황 정보

③ 거래 중 요소 : 품절, 상품신선도, 주문충족률, 납품률 등

④ 거래 후 요소 : 설치, 보증, 변경, 부품, 제품의 추적, 고객의 클레임, 고충·반품처리, 제품의 일시적 교체, 예비품의 이용가능성

해설 ③의 문항은 해당 없는 문항으로 정답은 ③이다.

04 거래 전 요소의 사항들이다. 다른 사항의 문항은?

① 문서화된 고객서비스 정책, 접근 가능성

② 고객에 대한 제공, 조직구조

③ 재고품절 수준, 발주정보, 주문사이클 등

④ 시스템의 유연성, 매니지먼트 서비스

해설 ③의 요소는 "거래 시 요소"에 해당되어 정답은 ③이다.

05 거래 시 요소의 사항이다. 다른 사항의 문항은?

① 재고품절 수준, 발주정보, 주문사이클

② 배송촉진, 환적(還積), 시스템의 정확성

③ 설치, 보증, 변경, 수리, 부품, 제품의 추적

④ 발주의 편리성, 대체제품, 주문상황 정보

해설 ③의 문항은 "거래 후 요소"에 해당되므로 정답은 ③이다.

06 택배운송서비스에서 "고객의 불만사항"이다. 잘못된 다른 문항은?

① 약속시간을 지키지 않는다(특히 집하요청 시, 전화도 없이 불쑥 나타난다 등).

② 불친절하다(인사를 잘 하지 않는다. 빨리 배달 확인을 해 달라고 재촉한다. 용모가 단정치 못하다).

③ 화물을 무단으로 방치해 놓고 간다(길거리에서 화물을 건네준다. 할인을 요구한다. 배달이 지연된다. 전화로 불러낸다).

④ 화물을 함부로 다룬다(화물을 발로 차면서 들어온다. 화물이 파손되어 배달된다 등).

해설 ③의 문항 중 "할인을 요구한다"는 본 문제의 내용과는 다른 내용으로 정답은 ③이다.

07 택배운송서비스에서 "고객의 요구사항"에 대한 설명이다. 요구사항으로 잘못된 문항은?

① 냉동화물 특별 배달, 판매용 화물 오전 배달

② 할인 요구 또는 포장불비로 화물포장 요구

③ 착불 요구(확실한 배달을 위해)

④ 규격초과 화물, 박스화되지 않은 화물 인수 요구

해설 ①의 문항 중에 "냉동화물 특별 배달"은 틀리고, "냉동화물 우선 배달"이 옳으므로 정답은 ①이다.

08 택배종사자의 서비스 자세에 대한 설명이다. 틀린 서비스 자세에 해당되는 문항은?

① 애로사항이 있더라도 극복하고 고객만족을 위하여 최선을 다한다(송하인, 화물의 종류, 고객 부재, 주소불명 표준화가 어렵다).

② 진정한 택배종사자로서 대접받을 수 있도록 행동한다(단정한 용모, 반듯한 언행, 등).

③ 택배종사자의 용모와 복장(복장과 용모, 언행을 통제한다 등)

④ 상품을 판매하고 있다고 생각한다(회사가 판매한 상품을 배달하고 있다고 생각하면서 배달한다).

해설 ④의 문항 중에 "회사가 판매한 상품을"은 틀리고, "내가 판매한 상품을"이 맞으므로 정답은 ④이다.

09 택배종사자의 용모와 복장에 대한 설명이다. 틀린 규정에 해당되는 문항은?

① 고객도 복장과 용모에 따라 대하지는 않는다.

② 복장과 용모, 언행을 통제한다.

③ 신분확인을 위해 명찰을 패용한다.

④ 항상 웃는 얼굴로 서비스 한다.

해설 ①의 문항 중에 "용모에 따라 대하지는 않는다"는 틀리고, "용모에 따라 대한다"가 맞는 문항으로 정답은 ①이다. 이외에 "선글라스는 강도, 깡패로 오인할 수 있다. 슬리퍼는 혐오감을 준다"가 있다.

10 택배차량의 안전운행과 차량관리에 대한 설명이다. 틀린 문항은?

① 사고와 난폭운전은 회사와 자신의 이미지 실추 → 이용 기피

② 골목길 처마, 간판주의, 어린이, 노인 주의

③ 골목길 난폭운전은 고객들의 이미지 손상, 차량의 외관은 항상 청결하게 관리

④ 후진주의(반드시 뒤로 돌아 탈것), 교차로 네거리 주의 통과, 후문은 확실히 잠그고 출발(과속방지턱 통과 시 뒷문 열림 사고)

해설 ④의 문항 중에 "교차로 네거리 주의 통과"는 틀리고, "골목길 네거리 주의 통과"가 맞으므로 정답은 ④이다.

11 택배화물의 배달방법에서 "수하인 문전 행동방법"에 대한 설명이다. 틀린 문전 행동의 문항은?

① 인사방법 : 초인종을 누른 후 인사한다. 그러나 사람이 안 나온다(용변 중, 통화 중, 샤워 중, 장애인 등)고 문을 쾅쾅 두드리거나 발로 차지 않는다.

② 배달표 수령인 날인 확보 : 반드시 정자 이름과 사인(또는 날인)의 둘 중 하나만 받는다(가족, 대리인이 인수 시는 관계를 확인).

③ 화물인계방법 : ○○○한테서 또는 ○○에서 소포(상품을 배달하러)

가 왔습니다 등 겉포장 이상 유무를 확인한 후 인계한다.

④ 불필요한 말과 행동을 하지 말 것 (오해소지) : 배달과 관계없는 말 (잠옷 차림 등 여자 혼자 있는 가정 방문 시 눈길 주의, 상품의 품질에 대한 말 등)과 행동을 하지 말 것

해설 ②의 문항 중에 "이름과 사인(또는 날인) 둘 중 하나만 받는다"는 틀리고, "이름과 사인(또는 날인)을 동시에 받는다"가 맞으므로 정답은 ②이다.

12 택배화물의 배달방법에서 "고객부재 시 배달방법"에 대한 설명이다. 틀린 문항은?

① 대리인 인수 시는 인수처를 명기하여 찾도록 해야 한다.

② 부재안내표의 작성 및 투입 : 방문 시간, 송하인, 화물명, 연락처 등을 기록하여 문 밖 잘 보이는 곳에 부착한다.

③ 대리인 인계가 되었을 때는 귀점 중 다시 전화로 확인 및 귀점 후 재확인 한다.

④ 밖으로 불러냈을 때의 방법 : 반드시 죄송하다는 인사를 하며, 소형 화물 외에는 집까지 배달한다(길거리 인계는 안 됨).

해설 ②의 문항 중에 "문 밖 잘 보이는 곳에 부착한다"는 틀리고, "문 안에 투입(문밖에 부착은 절대 금지)한다"가 맞으므로 정답은 ②이다.

13 택배화물의 배달방법에서 "미배달화물에 대한 조치"로 옳은 문항은?

① 불가피한 경우가 아님에도 불구하고, 옆집에 맡겨 놓고 수하인에게 전화하여 찾아가도록 조치한다.

② 배달화물차에 실어 놓았다가 다음 날 배달을 한다.

③ 미배달 사유(주소불명, 전화불통, 장기부재, 인수거부, 수하인 불명 등)를 기록하여 관리자에게 제출하고, 화물은 재입고한다.

④ 인수자가 장기부재인 경우 계속 싣고 다니다가 배달을 한다.

해설 ③의 문항이 옳은 방법이므로 정답은 ③이다.

14 택배 집하 방법에서 "방문 집하 방법"에 대한 설명이다. 틀린 문항은?

① 포장의 확인 : 화물종류에 따른 포장의 안전성 판단·안전하지 못할 경우에는 보완 요구 또는 귀점 후 보완하여 발송. 포장에 대한 사항은 미리 전화하여 부탁할 필요가 없다.

② 방문 약속시간의 준수 : 고객 부재 상태에서는 집하 곤란, 약속시간이 늦으면 불만이 가중된다(사전 전화).

③ 기업화물 집하 시 행동 : 화물이 준비되지 않았다고 운전석에 앉아 있거나 빈둥거리지 말 것(작업을 도와주어야 함), 출하담당자와 친구가 되도록 할 것

④ 운송장 기록의 중요성 : 운송장 기록을 정확하게 기재하지 않고 부실하게 기재하면 오도착, 배달 불가, 배상금액 확대, 화물파손 등의 문제점이 발생한다.

해설 ①의 문항 끝에 "미리 전화하여 부탁할 필요가 없다"는 틀리고, "미리 전화하여 부탁할 필요가 있다"가 맞으므로 정답은 ①이다.

15 택배 집하 방법에서 "집하의 중요성"이다. 틀린 문항은?

① 배달이 집하보다 우선되어야 한다.

② 집하는 택배사업의 기본이다.

③ 배달 있는 곳에 집하가 있다.

④ 집하를 잘 해야 고객불만이 감소한다.

해설 ①의 문항은 "반대로 되어 있어" 틀리고, "집하가 배달보다 우선되어야 한다"가 옳으므로 정답은 ①이다.

16 택배화물 방문 집하 방법에서 "화물에 대해 정확히 기재해야 할 사항"이다. 아닌 문항은?

① 수하인 전화번호 : 주소는 정확해도 전화번호가 부정확하면 배달이 곤란하다.

② 정확한 화물명 : 포장의 안전성 판단기준, 사고 시 배상기준, 화물수탁 여부 판단기준, 화물취급요령

③ 집하인 : 성명, 전화번호 등

④ 화물가격 : 사고 시 배상기준, 화물수탁 여부 판단기준, 할증여부 판단기준

해설 ③의 문항은 해당 없는 문항으로 정답은 ③이다.

17 철도와 선박과 비교한 트럭 수송의 장단점에서 "트럭 수송의 장점"에 대한 설명이다. "단점"의 사항에 해당한 문항은?

① 문전에서 문전으로 배송서비스를 탄력적으로 행할 수 있고 중간 하역이 불필요하다.
② 포장의 간소화·간략화가 가능할 뿐만 아니라 다른 수송기관과 연동하지 않고서도 일괄된 서비스를 할 수가 있다.
③ 수송 단위가 작고 연료비나 인건비(장거리의 경우) 등 수송단가가 높다는 점이 있다.
④ 화물을 신고 부리는 횟수가 적어도 된다는 점이 있다.

해설 ③의 문항은 단점에 해당되므로 정답은 ③이며, ③의 단점 외에 "진동, 소음, 광화학 스모그 등의 공해 문제, 유류의 다량소비에서 오는 자원 및 에너지 절약 문제 등, 편익성의 이면에는 해결해야 할 문제도 많이 남겨져 있다"가 있다.

18 사업용(영업용) 트럭운송의 장단점에서 "장점"에 대한 설명이다. "단점"에 해당되는 문항은?

① 수송비가 저렴하다. 수송능력이 높다.
② 인적·설비 투자가 필요 없다.
③ 운임의 안정화가 곤란하다. 관리기능이 저해된다.
④ 융통성이 높다. 변동비 처리가 가능하다.

해설 ③의 문항은 "단점"의 문항으로 정답은 ③이다. 이외의 장점으로 "물동량의 변동에 대응한 안정수송이 가능하다"가 있다.

19 사업용(영업용) 트럭운송의 장단점에서 "단점"에 대한 설명이다. "장점"에 해당되는 문항은?

① 운임의 안정화가 곤란하다.
② 관리기능이 저해된다. 기동성이 부족하다.
③ 인적·설비 투자가 필요 없다.
④ 인터페이스가 약하다.

해설 ③의 문항은 본 문제의 "장점"에 해당되어 달라 정답은 ③이며, ①, ②, ④ 단점 외에 "시스템에 일관성이 없다. 마케팅 사고가 희박하다"가 있다.

20 자가용 트럭운송의 장단점에 대한 설명이다. "장점"의 문항이 아닌 "단점"의 문항은?

① 수송능력에 한계가 있다.
② 높은 신뢰성이 확보된다.
③ 작업의 기동성이 높다.
④ 리스크가 낮다(위험부담도가 낮다).

해설 ①의 문항은 본 문제의 "단점"에 해당되어 정답은 ①이며, ②, ③, ④ 장점 외에 "상거래에 기여한다. 안정적 공급이 가능하다. 시스템의 일관성이 유지된다. 인적 교육이 가능하다"가 있다.

21 자가용 트럭운송의 장단점에서 "단점"에 대한 설명이다. "장점"인 문항에 해당되는 문항은?

① 설비·인적 투자가 필요하다.
② 수송의 변동에 대응하기가 어렵다.
③ 높은 신뢰성이 확보된다. 상거래에 기여한다. 작업의 기동성이 높다.
④ 사용하는 차종, 차량에 한계가 있다.

 Answer 17 ③ 18 ③ 19 ③ 20 ① 21 ③

해설 ③의 문항은 본 문제의 "장점"에 해당되므로 정답은 ③이며, ①, ②, ④ 단점 외에 "수송력에 한계가 있다"가 있다.

22 국내 화주기업 물류의 문제점에서 "제조업체와 물류업체가 상호협력을 하지 못하는 가장 큰 이유" 등에 대한 설명이다. 틀린 이유에 해당한 문항은?

① 신뢰성의 문제
② 물류아웃소싱 미약
③ 비용부분
④ 물류에 대한 통제력

해설 "물류아웃소싱 미약"은 이유에 들지 아니하므로 정답은 ②이다.

23 국내 화주기업 물류의 문제점에 대한 설명이다. 문제점으로 잘못된 문항은?

① 각 업체의 독자적 물류기능 보유 (합리화 장애)
② 제3자 물류기능의 약화(제한적·변형적 형태)
③ 시설·업체 간 표준화 미약 또는 제조·물류 업체 간 협조성 양호
④ 물류전문업체의 물류인프라 활용도 미약

해설 문제의 ③의 문항 중 "협조성 양호"는 맞지 않고, "협조성 미비"가 옳으므로 정답은 ③이다.

부록

실전 모의고사

• 실전 모의고사

부록 실전 모의고사

01 교통 및 화물 관련 법규, 화물취급요령

01 도로교통법의 제정목적에 대한 설명이다. 잘못된 문항은?

① 안전하고 원활한 교통의 확보
② 도로운송차량의 안정성 확보와 공공복리 증진
③ 도로교통상의 모든 위험과 장해의 방지 제거
④ 공공복리 증진과 자동차의 성능 및 안전 확보

02 연석선, 안전표지 또는 그와 비슷한 인공구물을 이용하여 경계(境界)를 표시하여 모든 차가 통행할 수 있도록 설치된 부분의 용어로 맞는 문항은?

① 차선(車線)
② 차도(車道)
③ 차로(車路)
④ 연석선(連石線)

03 "도로를 횡단하는 보행자나 통행하는 차마의 안전을 위하여 안전표지나 이와 비슷한 인공구조물로 표시한 도로의 부분"의 용어 명칭에 해당되는 문항은?

① 전용도로
② 안전지대
③ 횡단보도
④ 길가장자리구역

04 농어촌지역 주민의 교통 편익과 생산. 유통활동 등에 공용(共用)되는 공로(公路) 중 고시된 도로의 명칭으로 해당 없는 문항은?

① 농도(農道)
② 이도(里道)
③ 사도(私道)
④ 면도(面道)

05 농어촌 정비법에 따른 농어촌 도로에 대한 설명이다. 해당되지 아니한 도로 문항은?

① 면도(面道) : 군도(郡道) 및 그 상위 등급의 도로(군도 이상의 도로)와 연결되는 읍·면 지역의 기간(基幹)도로
② 이도(里道) : 군도 이상의 도로 및 면도와 갈라져 마을 간이나 주요 산업단지 등과 연결되는 도로
③ 농도(農道) : 경작지 등과 연결되어 농어민의 생산활동에 직접 공용되는 도로
④ 차도(車道) : 연석선, 안전표지 또는 그와 비슷한 인공구조물을 이용하여 경계를 표시하여 모든 차가 통행할 수 있도록 설치된 도로의 부분

Answer 01 ④ 02 ② 03 ② 04 ③ 05 ④

06 차마는 다른 교통 또는 안전표지의 표시에 주의하면서 진행할 수 있는 차량신호등(원형등화)으로 맞는 문항은?

① 적색등화의 점멸
② 적색화살표등화의 점멸
③ 황색등화의 점멸
④ 황색화살표등화의 점멸

07 다음 교통안전표지 중 "지시표지"가 아닌 표지의 문항은?

①
②
③
④

08 노면표시의 기본 색상에 대한 설명이다. 잘못 설명되어 있는 문항은?

① 백색 : 동일방향의 교통류 분리 및 경계표시
② 황색 : 반대방향의 교통류 분리 또는 도로이용의 제한 및 지시(중앙선 표시, 주차금지 표시, 도로중앙장애물 표시, 정차·주차금지 표시 등)
③ 적색은 어린이보호구역 또는 주거지역 안내 설치하는 속도제한 표시의 테두리선에 사용
④ 청색 : 동일방향의 교통류 분리 표시(버스전용차로 표시 및 다인승차량 전용차선 표시)

09 비탈진 좁은 도로에서 자동차가 서로 마주 보고 진행하는 경우 진로양보의 무로 옳은 설명에 해당하는 문항은?

① 내려가는 자동차가 우측가장자리로 양보
② 내려가는 자동차가 진로양보
③ 올라가는 자동차가 진로양보
④ 교행할 수 있는 도로까지 후진한다.

10 차의 운전자가 업무상 과실 또는 중대한 과실로 인하여 사람을 사상에 이르게 한 운전자의 벌칙에 해당한 문항은?

① 2년 이상의 징역 또는 500만 원 이상의 벌금
② 5년 이하의 금고 또는 2천만 원 이하의 벌금
③ 2년 이하의 금고 또는 500만 원 이하의 벌금
④ 5년 이하의 징역 또는 2천만 원 이하의 벌금

11 교통안전법 시행령 별표 3의 2에서 규정된 교통사고로 인한 "사망사고"에 대한 설명이다. 잘못 설명된 문항은?

① 교통안전법 시행령에서 규정된 사망은 교통사고가 주된 원인이 되어 교통사고 발생 시부터 30일 이내에 사람이 사망한 사고를 말한다.
② 피해자가 교통사고 발생 후 72시간 내 사망하면 벌점 90점이 부과된다.
③ 사고로부터 72시간이 경과된 이후 사망한 경우에는 사망사고가 아니다.
④ 사망사고는 반의사불벌죄의 예외로 규정하여 형법 제268조에 따라 처벌하고 있다.

12 화물자동차 운수사업법의 제정목적에 대한 설명이다. 해당되지 아니한 문항은?

① 운수사업을 효율적 관리하고 건전하게 육성
② 화물의 원활한 운송을 도모
③ 공공복리의 증진에 기여
④ 화물자동차 운전자의 효율적 관리

13 자동차관리법상 "특수자동차의 세부기준"에 대한 설명이다. 규준에 틀린 문항은?

① 경형 : 배기량 1,000cc 미만으로서, 길이 3.6m, 너비 1.6m, 높이 2.0m 이하인 것
② 소형 : 총중량 3.0톤 이하인 것
③ 중형 : 총중량 3.5톤 초과 10톤 미만인 것
④ 대형 : 총중량 10톤 이상인 것

14 화물자동차 운송사업의 종류이다. 옳은 문항은?

① 일반화물자동차 운송사업 : 일정 대수 이상의 화물자동차를 사용하여 화물을 운송하는 사업
② 개별화물자동차 운송사업 : 화물자동차 1대를 사용하여 화물을 운송하는 사업
③ 용달화물자동차 운송사업 : 소형 화물자동차를 사용하여 화물을 운송하는 사업
④ 개인화물자동차 운송사업 : 소형 화물자동차 1대를 사용하여 화물을 운송하는 사업

15 화물자동차 운수사업의 허가사업의 허가를 받은 후 허가가 취소사유에 해당되어 취소된 후 몇 년이 지나지 아니하면 다시 허가를 받을 수 있는 기간이다. 맞는 기간의 문항은?

① 1년이 지난 후
② 2년이 지난 후
③ 3년이 지난 후
④ 4년이 지난 후

16 화물의 적재물 사고의 규정을 적용할 때 화물의 인도기한이 지난 후 몇 개월 이내에 인도되지 아니하면 그 화물은 멸실된 것으로 보는가이다. 멸실된 것으로 보는 기간의 문항은?

① 2개월 이내
② 3개월 이내
③ 4개월 이내
④ 5개월 이내

17 보험회사 등은 자기와 책임보험계약 등을 체결하고 있는 보험 등 의무가입자에게 그 계약이 끝난다는 사실을 통지하는 기간이다. 그 기간으로 옳은 것에 해당한 문항은?

① 그 계약종료일 20일 전까지 그 계약이 끝난다는 사실을 알려야 한다.
② 그 계약종료일 25일 전까지 그 계약이 끝난다는 사실을 알려야 한다.
③ 그 계약종료일 30일 전까지 그 계약이 끝난다는 사실을 알려야 한다.
④ 그 계약종료일 35일 전까지 그 계약이 끝난다는 사실을 알려야 한다.

18 화물자동차 운송사업자가 "적재물 배상책임보험 또는 공제에 가입하지 않은 경우"에 대한 과태료 부과기준 설명이다. 잘못된 문항은?

① 가입하지 않은 기간이 10일 이내인 경우 : 1만 5천 원
② 가입하지 않은 기간이 10일을 초과한 경우 : 1만 5천 원에 11일째부터 기산하여 1일당 5천 원을 가산한 금액
③ 과태료의 총액 : 자동차 1대당 50만 원을 초과하지 못한다.
④ 과태료의 총액 : 자동차 1대당 50만 원을 초과할 수 있다.

19 자동차관리법의 제정목적이다. 다른 문항은?

① 자동차의 등록, 안전기준, 자기인증, 자동차 제작결함 시정
② 자동차 점검 및 정비, 자동차 검사 및 자동차 관리사업 등
③ 자동차를 효율적으로 관리하고 자동차의 성능 및 안전을 확보하여 공공복리를 증진함에 있다.
④ 도로에서 자동차의 원활한 소통도 제정목적의 하나이다.

20 승합자동차는 11인 이상을 운송하기에 적합하게 제작된 자동차를 말하는데 "승차인원에 관계없이 승합자동차로 보는 승합자동차"가 있다. 아닌 것에 해당하는 문항은?

① 내부의 특수한 설비로 인하여 승차인원이 10인 이하로 된 자동차
② 경형자동차로서 승차정원이 10인 이하인 전방조종자동차
③ 캠핑용 자동차 또는 캠핑용 트레일러

④ 경형자동차로서 승차정원이 10인 이상인 전방조종자동차

21 자동차등록번호판을 가리거나 알아보기 곤란하게 하거나, 그러한 자동차를 운행한 경우의 과태료에 해당하는 것으로 틀린 문항은?

① 1차 : 과태료 50만 원
② 2차 : 과태료 150만 원
③ 3차 : 과태료 250만 원
④ 4차 : 과태료 300만 원

22 도로법에서 정한 도로 종류 또는 대통령령으로 정하는 시설 도로 부속물에 대한 설명이다. 틀린 문항은?

① 차도·보도·자전거도로 및 측도
② 터널·교량·도선장(渡船場) 도로용 엘리베이터는 도로 부속물에 포함되지 않는다.
③ 옹벽·배수로·길도랑·지하통로 및 무덤기 시설
④ 도선장 및 도선의 교통을 위하여 수면에 설치하는 시설

23 자동차전용도로의 통행방법에서 "차량을 사용하지 아니하고 자동차전용도로를 통행하거나 출입을 한 자"에 대한 처벌 규정이다. 이를 위반한 자에 대한 벌칙으로 맞는 문항은?

① 2년 이하의 징역이나 1천만 원 이하의 벌금
② 2년 이상의 징역이나 2천만 원 이상의 벌금
③ 1년 이하의 징역이나 1천만 원 이하의 벌금
④ 1년 이상의 징역이나 2천만 원 이상의 벌금

24 대기환경보전법의 제정목적에 대한 설명이다. 잘못되어 있는 문항은?

① 자동차 운전자 건강을 보호하기 위하여
② 대기오염으로 인한 국민건강이나 환경에 관한 위해(危害)를 예방하기 위함이다.
③ 대기환경을 적정하게 지속가능하도록 관리·보전하기 위함이다.
④ 모든 국민이 건강하고 쾌적한 환경에서 생활할 수 있게 하는 것이 목적이다.

25 저공해자동차로의 전환 또는 개조 명령, 배출가스저감장치의 부착·교체 명령 또는 배출가스 관련 부품의 교체 명령, 저공해엔진(혼소엔진을 포함)으로의 개조 또는 교체 명령을 이행하지 아니한 자에 대한 벌칙이다. 맞는 문항은?

① 100만 원 이하 과태료를 부과한다.
② 200만 원 이하 과태료를 부과한다.
③ 300만 원 이하 과태료를 부과한다.
④ 400만 원 이하 과태료를 부과한다.

26 화물자동차운전자가 불안전하게 화물을 취급할 경우 발생할 수 있는 위험상황 등에 대한 설명이다. 틀리게 설명되어 있는 문항은?

① 본인뿐만 아니라 본인 가족의 안전까지 위험하게 된다.
② 결박상태가 느슨한 화물은 다른 운전자의 긴장감을 고조시키고 차로 변경 또는 서행 등의 행동을 유발하게 된다.
③ ②의 상황으로 인하여 다른 사람들을 다치게 하거나 사망하게 하는 교통사고의 주요한 요인이 될 수 있다.

④ 운행하는 화물자동차에서 적재물이 떨어지는 돌발 상황이 발생하여 갑자기 정지하거나 방향을 전환하는 경우 위험은 더욱 증가한다.

27 운송장의 기능과 운영에 대한 설명이다. 틀린 것에 해당되는 문항은?

① 운송장은 거래 쌍방 간의 법적인 권리와 의무를 나타내는 민법적(民法的) 계약서로서의 기본기능이 있다.
② 화물에 대한 정보를 담고 있는 운송장은 화물을 보내는 송하인으로부터 그 화물을 인수하는 때부터 부착되며, 이후의 취급과정은 운송장을 기준으로 처리된다.
③ 운송장은 화물을 수탁시켰다는 증빙과 함께 만약 사고가 발생하는 경우 이를 증빙으로 손해배상을 청구할 수 있는 증거서류이다.
④ 운송장은 소위 "물표(物標)"로 인식될 수 있으나 택배에서는 그 기능이 매우 중요하다.

28 "집하담당자가 기재할 사항"에 대한 설명이다. 기재할 사항으로 해당 없는 문항은?

① 물품의 품명(종류), 수량, 가격
② 접수일자, 발송점, 도착점, 배달 예정일
③ 집하자 성명 및 전화번호 또는 운송료
④ 수하인용 송장상의 좌측하단에 총 수량 및 도착점 코드 및 물품의 운송에 필요한 사항

29 창고 내 및 입·출고 작업 요령에 대한 설명이다. 틀린 것에 해당하는 문항은?

① 창고 내에서 작업할 때에는 어떠한 경우라도 흡연을 금한다.

② 화물적하 장소에 무단으로 출입하지 않는다.

③ 화물의 붕괴를 막기 위하여 적재규정을 준수하고 있는지 확인하고, 작업종료 후 작업장 주위를 정리해야 한다.

④ 화물의 낙하, 분탄화물의 비산 등의 위험을 사전에 제거하고 작업을 시작한다.

30 화물을 운반할 때에는 다음과 같은 사항에 주의해야 한다. 틀린 문항은?

① 운반하는 물건이 시야를 가리지 않도록 하며, 뒷걸음질로 화물을 운반해서는 안 된다.

② 작업장 주변의 화물상태, 차량통행 등을 항상 살핀다.

③ 원기둥을 굴릴 때는 뒤로 밀어 굴리고 앞으로 끌어서는 안 된다.

④ 화물자동차에서 화물을 내릴 때 로프를 풀거나 옆문을 열 때에는 화물낙하 여부를 확인하고 안전위치에서 행한다.

31 파렛트(Pallet) 화물의 붕괴 방지요령의 "방식"에 대한 설명이다. 아닌 문항은?

① 밴드걸기 방식, 주연어프 방식

② 슬립 멈추기 시트삽입 방식, 슈링크 방식

③ 풀붙이기 접착방식, 스트레치 방식

④ 수평 밴드걸기 풀붙이기 방식, 특수 방식

32 파렛트 화물의 붕괴 방지요령에서 "파렛트(Pallet)의 가장자리를 높게 하여 포장화물을 안쪽으로 기울여, 화물이 갈라지는 것을 방지하는 방법"의 명칭에 해당되는 방식의 문항은?

① 스트레치 방식

② 주연어프 방식

③ 풀붙이기 접착방식

④ 박스 테두리 방식

33 화물자동차 "운행요령의 일반사항"에 대한 설명이다. 틀리게 되어 있는 문항은?

① 배차지시에 따라 차량을 운행하며, 배정된 물자를 지정된 장소로 한정된 시간 내에 정확하게 운행할 책임이 있다.

② 주차할 때에는 엔진을 켜 놓고 주차브레이크 장치로 완전 제동을 하고, 내리막길을 운전할 때에는 기어를 중립에 두지 않는다.

③ 사고예방을 위하여 관계법규를 준수함은 물론 운전 전, 운전 중, 운전 후, 점검 및 정비를 철저히 이행한다.

④ 장거리운송의 경우 고속도로 휴게소 등에서 휴식을 취하다가 잠들어 시간이 지연되는 일이 없도록 하며, 특히 과다한 음주 등으로 인한 장시간 수면으로 운송시간이 지연되지 않도록 주의한다.

34 고속도로 제한차량 및 운행허가에서 "제한제원이 일정한 차량(구조물보강을 요하는 차량 제외)이 일정기간 반복하여 운행한 경우"에는 신청인의 신청에 따라 그 기간을 정할 수 있다. 그 기간으로 맞는 문항은?

① 1년 이내로 할 수 있다.

② 1년 6개월로 이내로 할 수 있다.

③ 6개월 이내로 할 수 없다.

④ 1년 이내로 할 수 없다.

35 화물의 적재요령에 대한 설명이다. 다른 문항은?

① 긴급을 요하는 화물(부패성 식품 등)은 우선순위로 배송될 수 있도록 쉽게 꺼낼 수 있게 적재한다.

② 다수화물이 도착하였을 때에는 추가로 화물이 도착한 수량이 있는지 확인한다.

③ 중량화물은 적재함 하단에 적재하여 타 화물이 훼손되지 않도록 주의한다.

④ 취급주의 스티커 부착 화물은 적재함 별도공간에 위치하도록 한다.

36 화물의 인계요령에 대한 설명이다. 틀린 것에 해당되는 문항은?

① 지점에 도착한 물품에 대해서는 당일 배송을 원칙으로 한다(단, 산간오지 및 당일 배송이 불가능한 경우 소비자의 양해를 구한 뒤 조치하도록 한다).

② 영업소(취급소)는 택배물품을 배송할 때 물품뿐만 아니라 고객의 마음까지 배달한다는 자세로 성심껏 배송하여야 한다.

③ 방문시간에 수하인이 없는 경우에는 부재 중 방문표를 활용하여 방문근거를 남기되 수하인이 볼 수 있는 곳에 붙여 둔다.

④ 물품포장에 경미한 이상이 있는 경우에는 고객에게 사과하고 대화로 해결할 수 있도록 하며, 절대로 남의 탓으로 돌려 고객들의 불만을 가중시키지 않도록 한다.

37 화물자동차의 유형별 세부기준에 대한 설명이다. 다른 문항은?

① 일반형 : 보통의 화물운송용인 것

② 덤프형 : 적재함을 원동기의 힘으로 기울여 적재물을 중력에 의하여 쉽게 미끄러뜨리는 구조의 화물운송용인 것

③ 밴형 : 상자형 화물실을 갖추고 있는 트럭, 다만 지붕이 없는 것(오픈톱형도 포함)

④ 특수용도형 : 특정한 용도를 위하여 특수한 구조로 하거나, 기구를 장치한 것으로서 일반형, 덤프형, 밴형 어느 형에도 속하지 아니하는 화물운송용인 것

38 화물실의 지붕이 없고, 옆판이 운전대와 일체로 되어 있는 소형 트럭의 자동차에 해당하는 차의 명칭의 문항은?

① 밴(Van)

② 픽업(Pickup)

③ 레커차

④ 차량운반차

39 고객이 책임 있는 사유로 약정된 이사화물의 인수일 1일 전까지 사업자에게 계약해제를 통지한 경우 사업자에게 지급할 손해배상액으로 맞는 문항은? (고객이 이미 지급한 계약금이 있는 경우는 그 금액을 공제할 수 있다)

① 계약금
② 계약금의 배액
③ 계약금의 4배액
④ 계약금의 6배액

40 사업자의 책임 있는 사유로 "사업자가 약정된 이사화물의 인수일 2일 전까지 고객에게 계약을 해제 통지한 경우"의 고객에게 지급할 손해배상액이다. 맞는 손해배상액에 해당하는 문항은?

① 계약금의 배액
② 계약금의 4배액
③ 계약금의 6배액
④ 계약금의 10배액

---

02 ▶ 안전운행요령, 운송서비스

01 도로교통체계를 구성하는 요소에 대한 설명이다. 구성하는 요소가 아닌 문항은?

① 운전자 및 보행자를 비롯한 도로사용자
② 도로 및 교통신호등 등의 환경
③ 차량들
④ 차량에 타고 있는 승차자(승객)들

02 교통사고 4대 요인 중 환경요인의 설명으로 틀린 문항은?

① 자연환경(기상 · 일광 등 자연조건에 관한 것)
② 교통환경(차량교통량 등 교통상황에 관한 것)
③ 사회환경(운전자 등 형사처벌에 관한 것)
④ 구조환경(차량교통량 · 교통여건 변화 등)

03 운전자의 인지. 판단, 조작의 의미에 대한 설명이다. 틀린 설명의 문항은?

① 운전자 요인에 의한 교통사고는 인지 · 판단 · 조작과정의 어느 특정한 과정 또는 하나 이상의 연속된 과정의 결함에서 비롯된다.
② 인지 : 교통상황을 알아차리는 것
③ 판단 : 어떻게 자동차를 움직여 운전할 것인가를 결정
④ 조작 : 그 결정에 따라 자동차를 움직이는 운전 행위

04 인간의 뇌세포의 명칭과 그 수는 몇 개로 구성되어 있는 가에 대한 설명이다. 맞는 설명에 해당되는 문항은?

① 뉴런이며, 약 100~120억 개의 세포로 구성
② 뉴런이며, 약 100~130억 개의 세포로 구성
③ 뉴런이며, 약 100~140억 개의 세포로 구성
④ 뉴런이며, 약 100~150억 개의 세포로 구성

---

05 운전과 관련되는 시각의 특성 중 대표적인 것에 대한 설명이다. 틀리게 설명된 문항은?

① 운전자는 운전에 필요한 정보의 대부분을 시각을 통하여 획득한다.
② 속도가 빨라질수록 시력은 떨어진다.
③ 속도가 빨라질수록 시야의 범위가 넓어진다.
④ 속도가 빨라질수록 전방주시점은 멀어진다.

06 우리나라 도로교통법령(시행령 제45조)에 정한 시력에 대한 설명이다. 틀린 문항은?

① 제1종 운전면허 : 두 눈을 동시에 뜨고 잰 시력이 0.8 이상, 양쪽 눈의 시력이 각각 0.5 이상이어야 한다.
② 제2종 운전면허 : 두 눈을 동시에 뜨고 잰 시력이 0.5 이상이어야 한다.
③ 다만, ②의 경우 한쪽 눈을 보지 못하는 사람은 다른 쪽 눈의 시력이 0.6 이상이어야 한다.
④ 붉은색, 녹색, 노란색의 색채구별이 가능하여야 하며, 교정시력은 포함하지 않는다.

07 야간에 하향 전조등만으로 "주시 대상인 사람이 움직이는 방향을 알아맞히는 데 가장 쉬운 옷 색깔과 가장 어려웠던 옷 색깔인 것"에 대하여 설명한 것이다. 맞는 문항은?

① 적색이 가장 쉽고, 흑색이 가장 어렵다.
② 엷은 황색이 가장 쉽고, 흑색이 어렵다.

③ 흰색이 가장 쉽고, 흑색이 가장 어렵다.
④ 황색이 가장 쉽고, 적색이 가장 어렵다.

08 전방에 있는 대상물까지의 거리를 목측하는 것의 용어 명칭은 무엇이며, 그 기능의 용어 명칭은 무엇인지. 맞는 문항은?

① 시야와 주변시력
② 심경각과 심시력
③ 정지시력과 시야
④ 동체시력과 주변시력

09 자동차의 주요 안전장치 중 주행하는 자동차를 감속 또는 정지시킴과 동시에 주차상태를 유지하기 위한 필요한 장치이다. 해당되는 용어의 문항은?

① 제동장치   ② 주행장치
③ 현가장치   ④ 조향장치

10 자동차 주행장치 중 휠(Wheel)의 역할에 대한 설명이다. 틀리게 설명되어 있는 문항은?

① 휠(Wheel)은 타이어와 함께 차량의 중량을 지지한다.
② 휠(Wheel)은 구동력과 제동력을 지면에 전달하는 역할을 한다.
③ 휠(Wheel)은 타이어에서 발생하는 열을 흡수하여 대기 중으로 잘 방출시켜야 한다.
④ 휠(Wheel)은 무게가 무겁고 노면의 충격과 측력에 견딜 수 있는 강성이 있어야 한다.

11 조항장치 앞바퀴 정렬에서 토인(Toe-in)의 상태와 역할에 대한 설명이다. 잘못된 문항은?

① 앞바퀴를 위에서 보았을 때 앞쪽이 뒤쪽보다 좁은 상태를 말한다.
② 캠버에 의해 토아웃 되는 것을 방지한다.
③ 주행저항 및 구동력의 반력으로 토아웃이 되는 것을 방지하여 타이어의 마모를 방지한다.
④ 주행 중 타이어가 안쪽으로 좁아지는 것을 방지한다.

12 원심력에 대한 설명이다. 맞지 않는 문항은?

① 원의 중심으로부터 벗어나려는 이 힘이 원심력이다.
② 원심력은 속도가 빠를수록 속도에 비례해서 커지고, 커브가 작을수록 커진다.
② 원심력은 중량이 무거울수록 커진다.
④ 원심력은 속도의 제곱에 비례하여 작아진다.

13 자동차가 물이 고인 노면을 고속으로 주행할 때 타이어는 그루브(타이어 홈) 사이에 있는 물을 배수하는 기능이 감소되어 물의 저항에 의해 노면으로부터 떠올라 물 위를 미끄러지듯이 되는 현상의 용어 명칭에 해당하는 문항은?

① 스탠딩 웨이브(Standing wave) 현상
② 베이퍼 록(Vapour lock) 현상
③ 수막(Hydroplaning)현상
④ 워터 페이드(Water fade) 현상

14 도로요인에는 도로구조와 안전시설이 있다. 이 중에 "도로구조"에 대한 설명이다. 안전시설에 해당되는 용어의 문항은?

① 도로의 선형
② 신호기
③ 노면, 차로수
④ 노폭, 구배

15 평면선형과 교통사고에서 "곡선부에서 사고를 감소시키는 방법"에 대한 설명이다. 틀린 문항은?

① 편경사를 개선한다.
② 시거를 확보한다.
③ 속도표지와 시선유도표지를 잘 설치한다.
④ 주의표지와 규제표지를 잘 설치하는 것이다.

16 길어깨(갓길)와 교통사고에 대한 설명이다. 잘못 설명된 문항은?

① 길어깨가 넓으면 차량의 이동공간이 넓고, 시계가 넓으며, 고장차량을 주행차로 밖으로 이동시킬 수 있기 때문에 안전성이 큰 것은 확실하다.
② 포장이 되어 있지 않을 경우에는 건조하고 유지관리가 용이할수록 불안전하다.
③ 길어깨가 토사나 자갈 또는 잔디보다는 포장된 노면이 더 안전하다.
④ 차도와 길어깨를 단선의 흰색 페인트칠로 길어깨를 구획하는 경계를 지은 노면표시를 하면 교통사고는 감소한다.

 Answer 11 ④ 12 ④ 13 ③ 14 ② 15 ④ 16 ②

17 운전자가 자동차를 그 본래의 목적에 따라 운행함에 있어서 운전자 자신이 위험한 운전을 하거나 교통사고를 유발하지 않도록 주의하여 운전하는 것의 용어의 명칭에 해당하는 문항은?

① 방어운전　　② 안전운전
③ 횡단운전　　④ 추월운전

18 실전 방어운전 방법이다. 잘못 설명되어 있는 문항은?

① 운전자는 앞차의 전방까지 시야를 멀리 둔다.
② 보행자가 갑자기 나타날 수 있는 골목길이나 주택가에서는 상황을 예견하고 속도를 줄여 충돌을 피할 시간적·공간적 여유를 갖는다.
③ 앞차를 뒤따라 갈 때는 앞차가 급제동을 하더라도 추돌하지 않도록 차간거리를 충분히 유지하고 10여 대 앞차의 움직임까지 살핀다.
④ 교통량이 너무 많은 길이나 시간을 피해 운전하도록 하며, 교통이 혼잡할 때는 조심스럽게 교통의 흐름을 따르고, 끼어들기 등을 삼가한다.

19 신호기의 장단점에서 "장점"에 대한 설명이다. 장점으로 틀린 것에 해당한 문항은?

① 교통류의 흐름을 질서 있게 한다.
② 교통처리용량을 증대시킬 수 있다.
③ 교차로에서의 직각 충돌사고를 줄일 수 있다.
④ 특정 교통류의 소통을 도모하기 위하여 교통흐름을 양호하게 하는 것과 같은 통제에 이용할 수 있다.

20 교차로 황색신호의 개요에 대한 설명이다. 옳지 못한 설명에 해당한 문항은?

① 황색신호는 전 신호와 후 신호 사이에 부여되는 신호이다.
② 황색신호는 전 신호차량과 후 신호차량이 교차로상에서 상충(상호충돌)하는 것을 예방한다.
③ 교차로 황색신호시간은 통상 4초를 기본으로 하며, 아직 교차로에 진입하지 못한 차량은 진입해서는 안 되는 시간이다.
④ 교통사고를 방지하고자 하는 목적에서 운영되는 신호로서, 황색신호시간은 이미 교차로에 진입한 차량은 신속히 빠져나가야 하는 시간이다.

21 교차로의 황색신호시간은 통상 몇 초를 기본으로 하여 운영하고 있는가로 옳은 문항은?

① 황색신호시간은 통상 2초를 기본으로 운영하고 있다.
② 황색신호시간은 통상 3초를 기본으로 운영하고 있다.
③ 황색신호시간은 통상 4초를 기본으로 운영하고 있다.
④ 황색신호시간은 통상 6초를 기본으로 운영하고 있다.

22 커브길의 교통사고 위험에 대한 설명이다. 잘못된 문항은?

① 도로 외 이탈의 위험이 뒤따른다.
② 커브가 끝나는 조금 앞부터 핸들을 돌려 차량의 모양을 바르게 한다.
③ 중앙선을 침범하여 대향차와 충돌할 위험이 있다.
④ 시야불량으로 인한 사고와 위험이 있다.

23 커브길에서 핸들조작 방법의 순서에 대한 설명이다. 틀린 문항은?

① 커브길에서 핸들조작은 슬로우-인, 패스트-아웃(Slow-in, Fast-out) 원리에 입각한다.

② 커브 진입직전에 핸들조작이 자유로울 정도로 속도를 감속한다.

③ 커브가 끝나는 조금 앞에서 핸들을 조작하여 차량의 방향을 안정되게 유지한다.

④ 커브가 끝나는 조금 앞에서 속도를 감가(감속)하여 신속하게 통과할 수 있도록 하여야 한다.

24 "도로의 차선과 차선 사이의 최단거리"를 차로폭이라 하는데 차로폭의 기준으로 틀린 문항은?

① 대개 3.0~3.5m 기준으로 한다.

② 교량 위, 터널 내(부득이한 경우) : 2.75m

③ 유턴(회전)차로(부득이한 경우) : 2.75m

④ 가변차로 : 3.0~3.5m 이내 기준으로 설치

25 앞지르기의 개념과 사고위험에 대한 설명이다. 잘못된 문항은?

① 앞지르기란 뒤차가 앞차의 좌측면을 지나 앞차의 앞으로 진행하는 것을 말한다.

② 앞지르기는 앞차보다 빠른 속도로 가속하여 상당한 거리를 진행해야 하므로 앞지르기할 때의 가속도에 따른 위험이 수반된다.

③ 앞지르기는 필연적으로 진로변경을 수반하며, 진로변경은 동일한 차로로 진로변경 없이 진행하는 경우에 비하여 사고 위험이 높다.

④ 앞지르기란 뒤차가 앞차의 우측면을 지나 앞차의 앞으로 진행하는 것을 의미한다.

26 물류는 과거와 같이 단순히 장소적 이동을 의미하는 운송(Physiccal distribution)이 아니라 생산과 마케팅기능 중에 물류관련 영역까지 포함하는 용어의 명칭이 있다. 해당되는 문항은?

① 로지스틱스

② 운전자

③ 최고경영자

④ 최일선 현장 직원

27 접점제일주의(나는 회사를 대표하는 사람)로 고객만족의 고지를 점령할 사람들에 대한 설명이다. 해당되지 않은 문항은?

① 최일선의 현장 직원

② 최고경영자

③ 운전자

④ 경리사원

28 고객서비스 형태의 설명이다. 잘못된 문항은?

① 무형성 : 보이지 않는다(측정도 어렵지만 누구나 느낄 수는 있다).

② 동시성 : 생산과 소비가 동시에 발생한다(서비스는 재고가 없고, 고치거나 수리할 수도 없다).

③ 인간주체(이질성) : 사람에 의존한다(사람에 따라 품질의 차이가 발생하기 쉽다).

④ 소생성 : 즉시 사라진다(제공한 즉시 사라져 남아있지 않는다).

29 물류의 기능에 대한 설명이다. 아닌 문항은?

① 운송(수송)기능 ② 정보기능
③ 상표기능 ④ 보관기능

30 물류(로지스틱스 : Logistics) 개념의 용어를 미국의 마케팅 학자인 클라크(F.E. Clark) 교수가 처음 사용한 연도에 해당한 문항은?

① 1962년 ② 1950년
③ 1956년 ④ 1922년

31 기업경영에서 의사결정의 유효성을 높이기 위해 경영 내외의 관련 정보를 필요에 따라 즉각적으로 그리고 대량으로 수집, 전달, 처리, 저장, 이용할 수 있도록 편성한 인간과 컴퓨터와의 결합시스템의 명칭에 해당한 용어 문항은?

① 전사적자원관리(ERP)
② 경영정보시스템(MIS)

③ 공급망관리(SCM)
④ 공급계획시스템(APS)

32 공급망관리의 기능에서 "제조업의 가치사슬 구성"의 순서이다. 옳은 것에 해당되는 문항은?

① 조립·가공 → 판매유통 → 부품조달
② 판매유통 → 조립·가공 → 부품조달
③ 부품조달 → 판매유통 → 조립·가공
④ 부품조달 → 조립·가공 → 판매유통

33 "총물류비 절감"에 대한 설명이다. 옳지 못한 문항은?

① 고빈도·소량의 수송체계는 필연적으로 물류코스트의 상승을 가져온다.

② 물류가 기업간 경쟁의 중요한 수단으로 되면, 자연히 물류의 서비스 체제에 비중을 두게 된다.

③ 물류코스트가 과대하게 되면 코스트 면에서 경쟁력을 상승시키는 요인으로 되며, 물류가 시스템이고, 수송과 보관은 물류시스템의 한 요소이다.

④ 물류의 세일즈는 컨설팅 세일즈이다.

34 기술혁신과 트럭운송사업에서 "성숙기의 포화된 경제환경하에서 거시적 시각의 새로운 이익원천"에 대한 설명이다. 해당 없는 문항은?

① 인구의 증가
② 경영혁신
③ 영토의 확대
④ 기술의 혁신

35 조직이든 개인이든 변혁을 일으키지 않으면 안 되는 이유가 있다. 틀린 요인의 문항은?

① 외부적 요인 : 물류관련조직이나 개인은 어지러운 시장동향에 대해 화주를 거쳐 직접적으로 영향을 받게 되는 경우가 많기 때문에 감도가 둔해지는 경우가 있다.

② 외부적 요인 : 물류관련조직이나 개인을 둘러싼 환경의 변화, 특히 고객의 욕구행동의 변화에 대응하지 못하는 조직이나 개인은 언젠가는 붕괴하게 된다.

③ 내부적 요인 : 조직이나 개인의 변화를 말한다(가치관이나 의식).

④ 내부적 요인 : 조직이든 개인이든 환경에 대한 오픈시스템으로 부단히 변화하는 것이다(행동패턴 등이 변화).

36 공급망관리(SCM)의 개념에 대한 설명이다. 잘못된 문항은?

① 공급망은 상류(商流)와 하류(荷流)를 연결시키는, 즉 최종소비자의 손에 상품과 서비스 형태의 가치를 가져다주는 여러 가지 다른 과정과 활동을 포함하는 조직의 네트워크를 말한다.

② 공급망 내의 각 기업은 상호협력하여 공급망 프로세스를 재구축하고, 업무협약을 맺으며, 공동전략을 구사하게 된다.

③ 공급망관리는 기업간 협력을 기본배경으로 하는 것이다.

④ 공급망관리는 "수직계열화"와는 같다. 수직계열화는 보통 상류의 공급자와 하류의 고객을 소유하는 것을 의미한다.

37 물류고객서비스의 정의에 대한 설명이다. 틀린 설명에 해당되는 문항은?

① 주문처리, 송장작성 내지는 고객의 고충처리와 같은 것을 관리해야 하는 활동이다.

② 수취한 주문을 48시간 이내에 배송할 수 있는 능력과 같은 성과척도이다.

③ 물류고객서비스는 "장기적으로 고객수요를 만족시킬 것을 목적으로 주문이 제시된 시점과 재화를 수취한 시점과의 사이에 계속적인 서비스를 제공하려고 조직된 시스템"이라고 말할 수 있다.

④ 하나의 활동 내지는 일련의 성과척도라기보다는 전체적인 기업철학의 한 요소이다.

38 물류고객서비스의 요소에서 "거래 전·거래 시·거래 후 요소"에 대한 설명이다. 틀린 문항은?

① 거래 전 요소 : 문서화된 고객서비스 정책 및 고객에 대한 제공, 접근 가능성, 조직구조, 시스템의 유연성, 매니지먼트서비스

② 거래 시 요소 : 재고품절 수준, 발주정보, 주문사이클, 배송촉진, 환적(還積 : Transship), 시스템의 정확성, 발주의 편리성, 대체제품, 주문상황 정보

③ 거래 중 요소 : 품절, 상품신선도, 주문충족률, 납품률 등

④ 거래 후 요소 : 설치, 보증, 변경, 부품, 제품의 추적, 고객의 클레임, 고충·반품처리, 제품의 일시적 교체, 예비품의 이용가능성

39 택배종사자의 서비스 자세에 대한 설명이다. 틀린 서비스에 해당되는 문항은?

① 애로사항이 있더라도 극복하고 고객만족을 위하여 최선을 다한다(송하인, 화물의 종류, 고객 부재, 주소불명 표준화가 어렵다).

② 진정한 택배종사자로서 대접받을 수 있도록 행동한다(단정한 용모, 반듯한 언행, 등).

③ 택배종사자의 용모와 복장(복장과 용모, 언행을 통제한다 등)

④ 상품을 판매하고 있다고 생각한다(회사가 판매한 상품을 배달하고 있다고 생각하면서 배달한다).

40 택배화물의 배달방법에서 "미배달화물에 대한 조치"에 대한 설명이다. 옳은 조치의 문항은?

① 불가피한 경우가 아님에도 불구하고, 옆집에 맡겨 놓고 수하인에게 전화하여 찾아가도록 조치한다.

② 배달화물차에 실어 놓았다가 다음 날 배달을 한다.

③ 미배달 사유(주소불명, 전화불통, 장기부재, 인수거부, 수하인 불명 등)를 기록하여 관리자에게 제출하고, 화물은 재입고한다.

④ 인수자가 장기부재인 경우 계속 싣고 다니다가 배달을 한다.

화물운송종사 자격시험

2020. 8. 20. 초 판 1쇄 발행
2022. 1. 25. 1차 개정증보 1판 1쇄 발행

지은이 │ 화물운송종사 자격시험연구회
펴낸이 │ 이종춘
펴낸곳 │ **BM** ㈜도서출판 **성안당**

주소 │ 04032 서울시 마포구 양화로 127 첨단빌딩 3층(출판기획 R&D 센터)
      │ 10881 경기도 파주시 문발로 112 파주 출판 문화도시(제작 및 물류)
전화 │ 02) 3142-0036
      │ 031) 950-6300
팩스 │ 031) 955-0510
등록 │ 1973. 2. 1. 제406-2005-000046호
출판사 홈페이지 │ **www.cyber.co.kr**
ISBN │ 978-89-315-2755-1 (13550)
정가 │ **13,000원**

저자와의
협의하에
검인생략

이 책을 만든 사람들
기획 │ 최옥현
진행 │ 박경희
교정·교열 │ 최주연
전산편집 │ 전채영
표지 디자인 │ 박현정
홍보 │ 김계향, 이보람, 유미나, 서세원
국제부 │ 이선민, 조혜란, 권수경
마케팅 │ 구본철, 차정욱, 나진호, 이동후, 강호묵
마케팅 지원 │ 장상범, 박지연
제작 │ 김유석

www.cyber.co.kr
성안당 Web 사이트